电气产品创新设计

主　编　周　杰　李建荣　薛亚平

副主编　李红春　马小燕　孙天智

北京理工大学出版社

BEIJING INSTITUTE OF TECHNOLOGY PRESS

内 容 简 介

本书结合编者及企业一线工程师多年的项目开发和技术改造经验，围绕电气、机电类创新型技术技能人才的工作能力要求，以企业工程真实项目为载体，将电气产品的创新设计划分为电气产品基本模块创新、电气产品原始创新、电气产品集成创新、电气产品升级改造创新4个模块，每个模块包含1个或2个产品设计开发项目，每个项目通过项目学习引导、项目（产品）简介、产品创新评估、产品设计与实施、项目拓展延伸、展示评价6个环节安排教学内容，通过不同类型项目设计开发过程的引导，培养学生从工程项目中发掘创新点的能力以及创新保护意识。

本书既可以作为本专科院校机电一体化技术、电气自动化技术、智能控制技术、工业机器人技术等相关专业专创融合类课程的教材，也可以作为相关专业工程技术人员的自学教程。为方便学生学习，本书配套了大量的微课、视频、拓展习题等学习资源，能够打破知识和学习的边界，方便学生获取和利用教材资源，并提供个性化、互动化的学习方式，无论学生身处何地、任何时间都能够借助网络数据库获取需要的学习资源。

版权专有　侵权必究

图书在版编目（CIP）数据

电气产品创新设计 / 周杰，李建荣，薛亚平主编. -- 北京：北京理工大学出版社，2024.2

ISBN 978-7-5763-3602-3

Ⅰ. ①电…　Ⅱ. ①周…　②李…　③薛…　Ⅲ. ①电气设备-产品设计-高等学校-教材　Ⅳ. ①TM02

中国国家版本馆 CIP 数据核字（2024）第 046371 号

责任编辑：张鑫星　　**文案编辑**：张鑫星
责任校对：周瑞红　　**责任印制**：施胜娟

出版发行 / 北京理工大学出版社有限责任公司
社　　址 / 北京市丰台区四合庄路6号
邮　　编 / 100070
电　　话 /（010）68914026（教材售后服务热线）
（010）63726648（课件资源服务热线）
网　　址 / http://www.bitpress.com.cn

版 印 次 / 2024年2月第1版第1次印刷
印　　刷 / 三河市天利华印刷装订有限公司
开　　本 / 787 mm×1092 mm　1/16
印　　张 / 12
字　　数 / 273 千字
定　　价 / 59.90 元

图书出现印装质量问题，请拨打售后服务热线，负责调换

前言

随着我国大力推进装备制造业的数字化转型和智能化升级改造，对电气领域、机电领域内的创新型复合型人才需求量极大，电气与机电领域内高端人才需要同时具有高级专业技能、具备创新思维及创新实践能力。党的二十大报告指出：“教育、科技、人才是全面建设社会主义现代化国家的基础性、战略性支撑”，强调高等教育要“全面提高人才自主培养质量，着力造就拔尖创新人才，聚天下英才而用之”。为了贯彻落实党的二十大精神，提高应用型人才培养质量，为装备制造业数字化转型和智能化改造提供创新型专业技术人才支撑，推动教育链、人才链与产业链、创新链的有机衔接，是应用型高等院校的重要任务。

根据行业企业对创新型人才的实际需求，本书以企业电气产品的创新设计项目及江苏省大学生创新创业大赛的获奖作品为载体，通过对不同类别电气、机电产品设计开发流程的介绍，实现创新思维的培养及创新意识的引导。本书结合编者及企业一线工程师多年的项目开发和技术改造经验，围绕电气、机电类创新型人才的工作能力要求，将电气产品的创新设计划分为电气产品基本模块创新、电气产品原始创新、电气产品集成创新、电气产品升级改造创新4个模块，每个模块包含1个或2个产品设计开发项目，每个项目通过项目学习引导、项目（产品）简介、产品创新评估、产品设计与实施、项目拓展延伸、展示评价6个环节安排教学内容，通过不同类型项目设计开发过程的引导，培养学生从工程项目中发掘创新点的能力以及创新保护意识。书中所有项目案例只是起到抛砖引玉的作用，读者可以根据项目案例进行更深层次的思考拓展。

本书既可以作为本专科院校机电一体化技术、电气自动化技术、智能控制技术、工业机器人技术等相关专业专创融合类课程的教材，也可以作为相关专业工程技术人员的自学教程。为方便学习，本书配套了大量的微课、视频、拓展习题等学习资源，读者可以在智慧职教平台“电气产品创新设计”课程中获取相关学习资料。

本书由扬州工业职业技术学院周杰、李建荣、薛亚平担任主编，李红春、马小燕、孙天智担任副主编，扬州戎星电气有限公司高级工程师戎大琴、江苏省江都水利工程管理处万福闸管理所高级工程师胡春麟参与了编写工作。此外，扬州欣泰电热元件制造有限公司、江苏海虹电子有限公司等企业工程师和技术人员在编写过程中给予了大力支持和帮助，在此表示衷心的感谢！

本书在编写过程中参考并引用了一些数据、手册、网上资料、某些品牌的产品设备图片及其对应的参数说明。在此，对所有原作者及产品所有者表示感谢！

由于编者水平有限，书中项目类别跨度较大，难免存在疏漏、不当之处，恳请广大师生和读者批评指正！

编　者

目录

模块一　电气产品创新设计概述 …………………………………………………… (1)

模块简介 ………………………………………………………………………………… (1)

一、项目学习引导 ……………………………………………………………………… (1)

二、什么是创新 ………………………………………………………………………… (2)

三、电气产品的创新方法 ……………………………………………………………… (4)

四、创新点检索论证 …………………………………………………………………… (5)

五、拓展与评价…………………………………………………………………………… (11)

模块二　电气产品基本模块创新……………………………………………………… (13)

模块简介…………………………………………………………………………………… (13)

项目 1　高精度磁致伸缩位移传感器的硬件设计 …………………………………… (13)

一、项目学习引导………………………………………………………………………… (13)

二、项目（产品）简介 ………………………………………………………………… (15)

三、产品创新评估………………………………………………………………………… (15)

四、产品设计与实施……………………………………………………………………… (17)

五、项目拓展延伸………………………………………………………………………… (30)

六、展示评价……………………………………………………………………………… (31)

项目复盘…………………………………………………………………………………… (32)

模块三　电气产品原始创新…………………………………………………………… (34)

模块简介…………………………………………………………………………………… (34)

项目 1　随身感智能遥控插座的创新设计 …………………………………………… (34)

一、项目学习引导………………………………………………………………………… (34)

二、项目（产品）简介 …… (36)
三、产品创新评估 …… (36)
四、产品设计与实施 …… (39)
五、项目拓展延伸 …… (67)
六、展示评价 …… (69)
项目2 新型螺旋电缆疲劳测试装置 …… (69)
一、项目学习引导 …… (69)
二、项目（产品）简介 …… (71)
三、产品创新评估 …… (72)
四、产品设计与实施 …… (73)
五、项目拓展延伸 …… (85)
六、展示评价 …… (87)
模块四 电气产品集成创新 …… (89)
模块简介 …… (89)
项目1 轨道式巡检机器人系统集成创新 …… (89)
一、项目学习引导 …… (89)
二、项目（产品）简介 …… (91)
三、产品创新评估 …… (92)
四、产品设计与实施 …… (94)
五、项目拓展延伸 …… (108)
六、展示评价 …… (109)
模块五 电气产品升级改造创新 …… (111)
模块简介 …… (111)
项目1 洗衣机的模糊智能控制 …… (111)
一、项目学习引导 …… (111)
二、项目（产品）简介 …… (113)
三、产品创新评估 …… (114)
四、产品设计与实施 …… (114)
五、项目拓展延伸 …… (133)
六、展示评价 …… (135)
项目2 不锈钢电加热管退火温度系统改造设计 …… (135)
一、项目学习引导 …… (135)
二、项目背景概述 …… (137)

三、系统改造方案设计 …………………………………………………………(139)
四、系统硬件改造设计 …………………………………………………………(141)
五、人机交互 SCADA 系统设计…………………………………………………(144)
六、温度控制与运行调试 ………………………………………………………(148)
七、项目拓展延伸 ………………………………………………………………(151)
八、展示评价 ……………………………………………………………………(152)
九、项目程序 ……………………………………………………………………(153)

模块六 创新点保护与专利申请 ……………………………………………(161)

模块简介 ……………………………………………………………………………(161)
一、项目学习引导 ………………………………………………………………(161)
二、知识产权概述 ………………………………………………………………(162)
三、专利技术文件撰写 …………………………………………………………(165)
四、项目案例解析 ………………………………………………………………(166)
五、项目拓展实践 ………………………………………………………………(181)
六、展示评价 ……………………………………………………………………(182)

参考文献 ……………………………………………………………………………(184)

模块一

电气产品创新设计概述

模块简介

电气产品种类较多，广泛应用于工业生产过程以及日常生活中。电气产品的创新设计是对从事电气、机电类专业技术人员专业知识和技能综合水平的重要评价的载体，对电气产品的创新能力的要求是电气、机电类高端技能型人才必须具备的基本素养。

电气产品创新设计概述模块是本书所涉及的各创新型项目或产品学习的先导模块，本模块重点介绍电气产品创新点发现、挖掘的切入点以及创新点的检索论证的工具及方法，对于开发一个创新型电气类项目或产品的先前准备工作以及开发完成后如何进行创新点挖掘和保护具有一定的参考价值。

一、项目学习引导

1. 学习目标

（1）了解创新的定义与内涵以及创新的分类方法；

（2）理解创新对社会发展的重要性；

（3）掌握电气产品的分类方法；

（4）理解电气产品创新点的切入维度及创新方法；

（5）能够使用多种工具对创新点进行检索论证；

（6）学习培养团队合作、表达、沟通的能力；

（7）学习大国工匠“中国精度，极致匠心”的严谨态度。

2. 项目结构图

模块一的基本结构如图 1-1 所示。

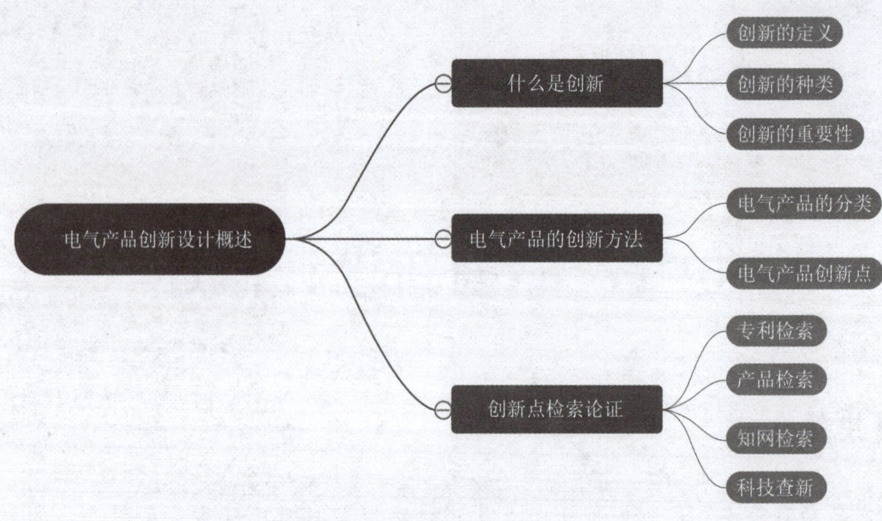

图 1-1　模块一的基本结构

3. 项目学习分组

项目学习小组信息如表 1-1 所示。

表 1-1　项目学习小组信息

组名				
成员姓名	学号	专业	角色	项目/角色分工

二、什么是创新

1. 创新的定义及内涵

创新的定义：

创新是指以现有的思维模式提出有别于常规或常人思路的见解为导向，利用现有的知识和物质，在特定的环境中，本着理想化需要或为满足社会需求而改进或创造新的事物、方法、元素、路径、环境，并能获得一定有益效果的行为。

课程概述

创新的内涵：

创新是人的创造性实践行为，这种实践可以实现利益总量的增加，需要通过对事物和原来认识的利用和再创造来实现，以形成新的物质形态。创意是创新的特定思维形态，意识的新发展是人对于自我的创新。创新也是人类为了自我发展而展现的独特创造力。

创新特点：

（1）有别于常规；

（2）满足社会需求；

（3）获得有益效果。

2. 创新的种类

常见的创新的分类有以下几种：思路创新、方法创新、技术创新、应用创新、集成创新。

（1）思路创新：指的是思维的丰富和活跃，依据意图的需要，把思绪尽量撒开，产生文思如潮的效果。

（2）方法创新：采用有别常规的手段或行为达到某种目的，或解决某个问题并获得有益的效果。

（3）技术创新：是指生产技术的创新，是一种以科学技术知识及其创造的资源为基础，以创造新技术为目的的创新活动。

（4）应用创新：指源于用户的需求，为用户带来有价值的创新应用设计、人性化设计、安全可靠设计。

（5）集成创新：是指围绕一些具有较强技术关联性和产业带动性的战略产品和项目，将各种相关技术有机融合起来，实现一些关键技术的突破。

从实际应用的角度出发，无论哪一种创新都需要通过一定的载体呈现，对于企业来说，这个载体便是产品。产品创新架构如图 1-2 所示。对于某种具体产品的创新，其包含的创新种类可以有一种或多种融合。

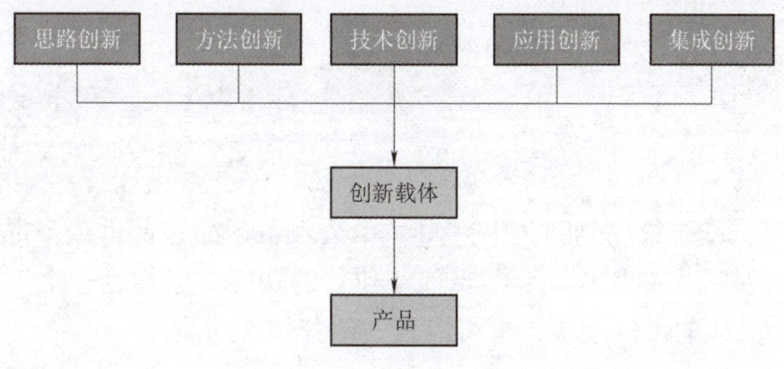

图 1-2　产品创新架构

3. 创新的重要性

创新是国家经济发展的动力，是企业生存发展的重要手段，创新的最终结果是促进各种满足市场需求的新产品的设计、研发。市场上永远没有一种永远畅销的产品，这是由产品的周期理论决定的。产品是为了满足市场上的消费者的需求而产生的，能够适应消费者需求的产品会在市场上生存；相反，不能适应消费者需求的产品必然会被市场淘汰。

企业为了发展，就必须不断改进现有的产品或者研发新的产品，以适应不断变化的市场需求，通过改进或创新活动增加产品的附加值，最终推动经济增长。

三、电气产品的创新方法

1. 电气产品的分类

在进行电气产品创新设计之前，我们必须了解在日常生产生活中，哪些产品属于电气产品。电气产品主要是指使用机械、电气、电子设备所生产的各类具有电气、电子性能的生产设备和生活用机具。一般包括电气设备、电子产品、电器产品、仪器仪表及其零部件、元器件。通常可以分为三大类：

创新方法

(1) 产业类产品：是指用于企业的电气类产品。例如，电力系统设备、自动化生产线、机器人、电机等都属于产业类产品。

(2) 信息类产品：是指用于信息的采集、传输和存储处理的电子产品。例如，传感器、计算机、手机、打印机等都是信息类产品。

(3) 民生类产品：是指用于生活领域的产品。例如，空调、电冰箱、微波炉、全自动洗衣机、汽车电子化产品等都是民生类设备。

2. 电气产品的创新点

了解了电气产品的分类，可以四个维度为切入点进行电气产品的创新设计，如图 1-3 所示。

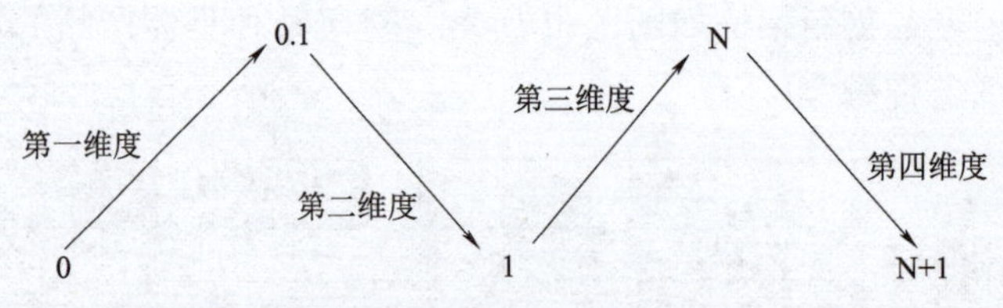

图 1-3　电气产品创新维度

(1) 第一维度：基本模块创新，0→0.1，小数表示产品零部件或产品模块，这一维度设计或创造出来的创新型成果不一定需要具备独立的功能，但却是一个产品不可或缺的一部分，可以是一个具体的硬件模块，也可以是一部分软件功能。

(2) 第二维度：电气产品原始创新，0.1→1，整数表示一个完整的产品。这一维度设计或创造出来的创新型成果是一个完整的产品，能够独立运行且具备有益的效果。

(3) 第三维度：系统集成创新，1→N，N 表示一个功能复杂的产品或一套系统。这一维度设计或创造出来的创新型成果是将多个独立的、有特定功能的产品有机地组合在一起，实现单个产品不具备的功能。

(4) 第四维度：产品升级改造，N→N+1，N+1 表示对产品 N 升级改造完后的产品。这一维度针对现有的产品缺陷或不足之处进行改造或修正，最终减小或克服其存在的不足之处。升级改造可以从硬件的角度去实现，也可以从软件的角度去实现。

这里的维度指的是电气产品创新的角度或方向，在实施电气产品创新活动时需要视实际情况而定。

小试牛刀： 某企业生产的产品是电缆自动绕线设备，其主要功能是将电缆按照人机界面中设定的长度自动缠绕并捆扎包装。客户反映在使用该设备时缠绕的电缆长度有时存在

一定误差。企业工程师仔细观察并发现该设备在绕线过程中，偶尔会出现电缆打滑的现象。为了解决问题，需要对该绕线设备进行：

□基本模块创新　□产品原始创新　□系统集成创新　□升级改造创新

电气产品创新点的各个维度既可以相互独立，也可以相互关联，每一个维度均可以挖掘出独立的创新点，也可以将部分或全部维度整合起来挖掘创新点。电气产品创新点各维度的关系如图 1-4 所示。

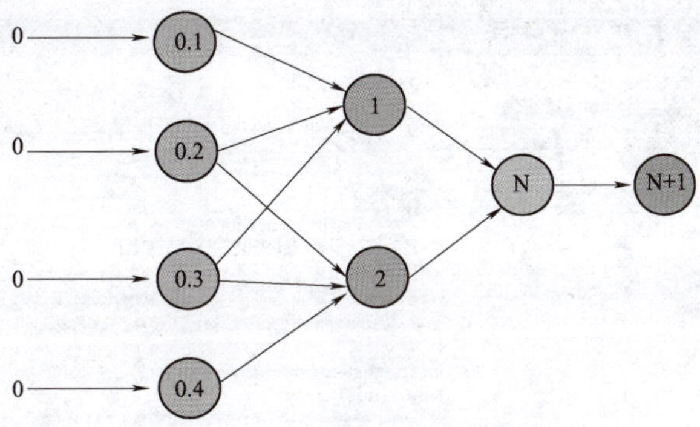

图 1-4　电气产品创新点各维度的关系

四、创新点检索论证

对于发掘的电气产品创新点，需要通过检索论证以确保其新颖性，即创新点没有被发现、没有被申请专利、没有被公开发表交流过。电气产品创新点检索论证可以通过以下几种方式实现，如图 1-5 所示。

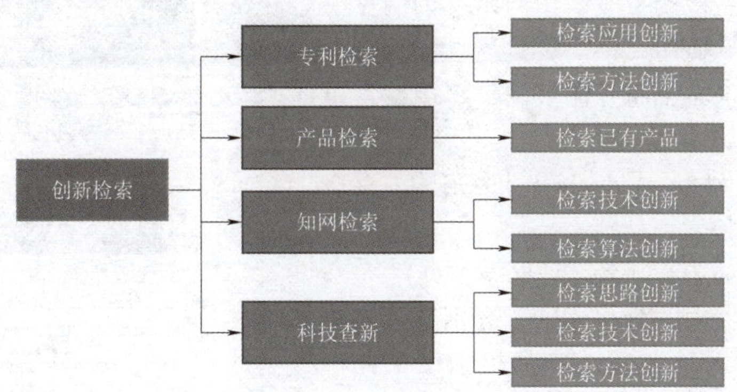

图 1-5　创新检索论证

1. 专利检索

专利检索途径有多种，可以在 PC 端通过网页检索，也可以通过手机 App 检索，这里推荐几种专利检索方式：

（1）epub. cnipa. gov. cn（中国专利公布公告，无须注册）；

（2）www. innojoy. com（需注册登录）；

（3）中国知网专利检索（需注册登录）。

登录中国专利公布公告网，以“农业物联网”为检索词，进行专利检索，可以搜索出目前已经授权和正在审查中的与检索词相关的专利信息，扫描对应的二维码可以了解专利的详细信息，如图 1-6 所示。检索时可以选择发明公布、发明授权、实用新型、外观设计选项，进行不同类别的专利的检索。

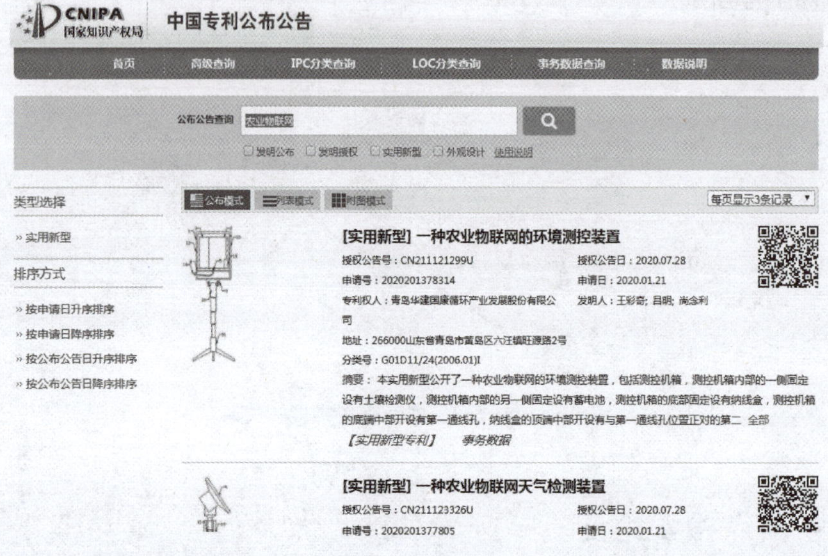

图 1-6　专利检索

2. 产品检索

产品检索的目的是查找是否存在与创新点相关的产品。产品检索一般采用网络查询的方式，常用的检索工具有：

（1）www. taobao. com（淘宝网，直接检索产品）；

（2）https：//b2b. baidu. com（爱采购，百度 B2B 平台直接检索产品）；

（3）企业产品中心（各企业网站主页）。

以“巡检机器人”为检索词，分别通过淘宝网和百度 B2B 平台检索，产品检索结果如图 1-7 所示。

图 1-7　产品检索结果

3. 知网检索

知网检索

中国知网（www. cnki. net）是中国最大、资源最全的集期刊、博士论文、硕士论文、会议论文、报纸、工具书、年鉴、专利、标准、国学、海外文献等资源为一体的、具有国际领先水平的网络出版平台，中心网站的日更新文献量达 5 万篇以上，是目前世界上信息数据量最大的“电子图书馆”。中国知网的主页如图 1-8 所示。

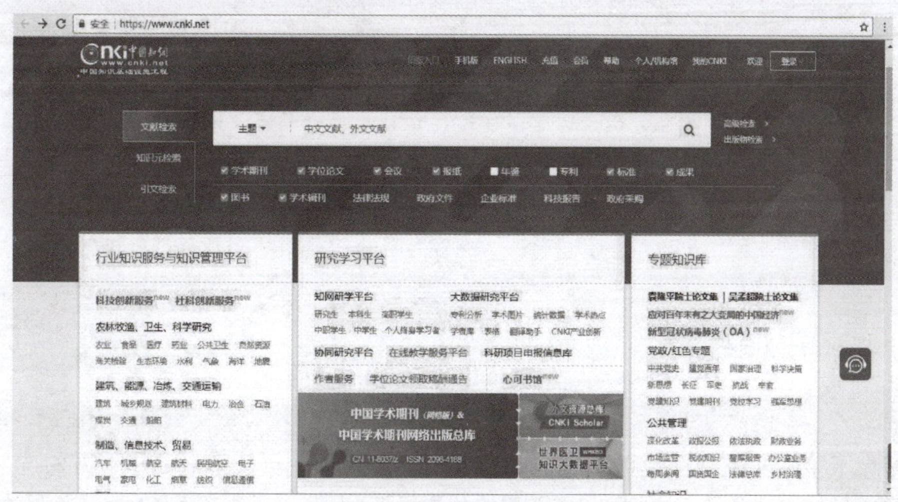

图 1-8 中国知网的主页

在主页面，我们可以根据需要选择按照主题、篇名、关键词等信息进行文献检索，例如在检索对话框中输入“巡检机器人”的主题，单击右侧的放大镜图标进行检索，检索完成后弹出数据库中所有与“巡检机器人”相关的文献，如图 1-9 所示。

主题 | 巡检机器人 | 结果中检索 | 高级检索 | 知识元检索 > 引文检索 >

学术期刊 学位论文 会议 报纸 年鉴 图书 专利 标准 成果

检索范围：总库 主题：巡检机器人 主题定制 检索历史 共找到 2,923 条结果 1/147

全选 已选：0 清除 批量下载 导出与分析 排序：相关度 发表时间 被引 下载 显示 20

	题名	作者	来源	发表时间	数据库	被引	下载	操作
1	电力隧道环境中的智能巡检机器人发展现状	吴炳晖; 庞哲	工业控制计算机	2021-07-21	期刊			
2	张家峁煤矿回风巷道智能巡检机器人系统	毛浩; 薛忠新; 范生军; 赵红菊	煤矿安全	2021-07-20	期刊			
3	福建福州 黑科技助力产好粮	刘晓宇	人民日报海外版	2021-07-19	报纸			
4	机器人技术在燃煤电站系统中的应用探索	林世瑶; 郭平	中国设备工程	2021-07-10	期刊		12	
5	试论电缆隧道巡检机器人机械系统设计与作业性能	段锦晶	中国设备工程	2021-07-10	期刊		16	
6	带死区的PTZ摄像头模糊PID跟踪方法研究	梅权杰; 吴功平; 付博; 殷庆斌	机械设计与制造	2021-07-08	期刊			

图 1-9 检索结果显示页面

想具体了解某文献的内容，单击右侧的下载图标即可下载。这里要说明的是知网的下载是收费的，各学校的图书馆一般都购买了下载权，如果是在学校内，从学校图书馆进入的知网，一般都可以直接下载。

除了普通检索外，还可以进行高级检索。高级检索可以将多个信息组合起来进行检索，比如将关键词和作者姓名结合起来，可以精准地查找出想要的信息，如图 1-10 所示。

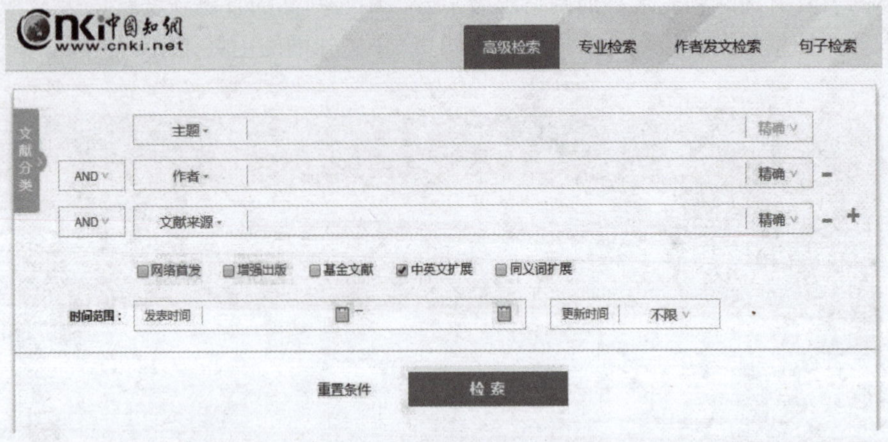

图 1-10　高级检索界面

知网除了检索文献外，也可以进行专利检索，在知网主页检索对话框下方勾选“专利”选项即可通过知网进行专利检索，以“巡检机器人”为例，进行专利检索，专利检索结果如图 1-11 所示，专利的下载方式与文献一样。

检索范围：专利　主题：巡检机器人　主题定制　检索历史　共找到 5,795 条结果　1/290

全选　已选：0　清除　批量下载　导出与分析　排序：相关度　公开日↓　申请日　显示 20

	专利名称	发明人	申请人	数据库	申请日	公开日	操作
1	巡检机器人	刘哲;李轩	深圳优艾智合机器人科技有限公司	中国专利	2021-01-21	2021-07-13	
2	巡检机器人	杨秋琳	深圳优艾智合机器人科技有限公司	中国专利	2021-02-05	2021-07-13	
3	智能室内巡检机器人	袁旭东;赵联彬;余港瑞;黄皓楠	智能移动机器人(中山)研究院	中国专利	2021-03-19	2021-07-13	
4	光伏电站智能巡检机器人	张军;钟定江;洛桑珠巴;旦增朗杰	西藏职业技术学院	中国专利	2021-03-31	2021-07-13	
5	轨道式巡检机器人	刘江	北京佳讯飞鸿电气股份有限公司	中国专利	2021-02-08	2021-07-13	
6	一种巡检机器人的一键返航控制方法及系统	张浩杰;苏波;宋海平;陶进;杨景槐;满艺;苏治宝;金宇春;朱林	中国北方车辆研究所	中国专利	2016-09-29	2021-07-13	
7	一种巡检机器人的到点误差补偿控制方法	章逸丰;张德星;曹慧德;曾骥;方燕翎	浙江大学滨海产业技术研究院;天津迦自机器人科技有限公司	中国专利	2019-01-21	2021-07-13	

图 1-11　专利检索结果

4. 科技查新

科技查新

科技查新是指查新机构根据查新委托人提供的有关科研资料查证其研究的结果是否具有新颖性，并做出结论的过程。查新是文献检索和情报调研相结合的情报研究工作，它以文献为基础，以文献检索和情报调研为手段，以检出结果为依据，并与产品或项目查新点对比，对其新颖性做出结论并出具查新报告。查新报告是论证创新点新颖性的重要依据。

1）科技查新机构

科技查新以通过检出文献的客观事实来对项目的新颖性做出结论。因此，查新有较严格的年限、范围和程序规定，有查全、查准的严格要求，要求给出明确的结论，查新结论具有客观性和鉴证性，但不是全面的成果评审结论。科技查新有着严格的规范和流程，我们可以通过各级情报研究中心、本科院校图书馆、市级以上政府科技管理部门三种途径进行科技查新。科技查新机构如图 1-12 所示。

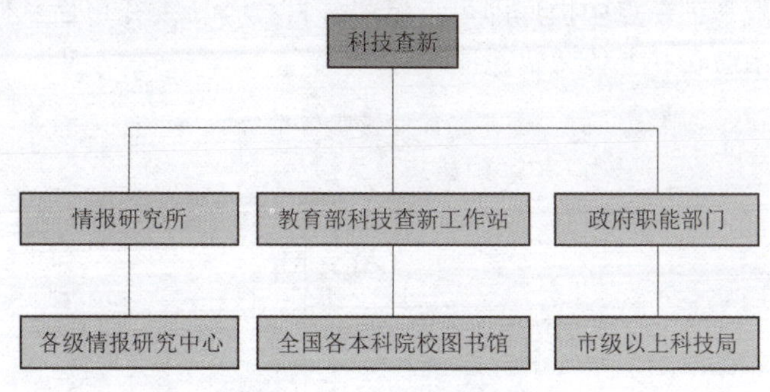

图 1-12　科技查新机构

2）科技查新流程

科技查新首先需要填写查新委托书并递交给查新机构。查新委托书可以在各查新机构的网页上下载，递交委托书后其余流程均由查新机构负责完成，最后索取查新报告，如图 1-13 所示。

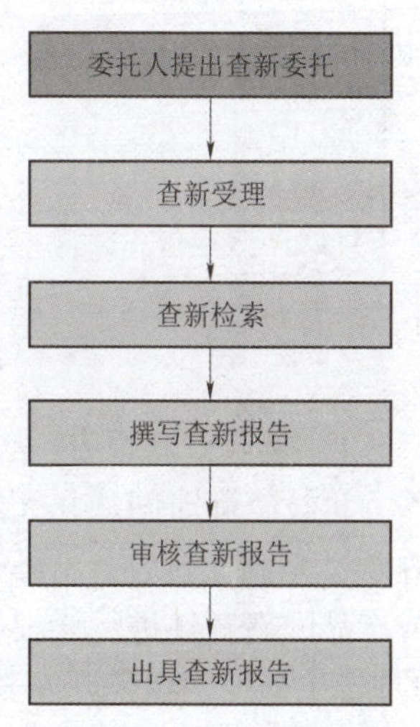

图 1-13　科技查新流程

3）查新示例

下面以某本科院校的图书馆科技查新流程为例，介绍一下科技查新的申请过程。

（1）选择查新服务。进入该学校的图书馆主页，如图 1-14 所示，在服务菜单下选择“科技查新”，在科技查新页面仔细阅读查新的相关步骤及要求并下载“科技查新委托单”。

（2）填写科技查新委托单。按照要求填写科技查新委托单后将委托单电子版发送至机构指定邮箱，待机构工作人员确认后缴费即可。科技查新委托单如图 1-15 所示。图中，首先要填写好项目或产品的名称（中英文对照），填写委托单位（可以填学校的名称，也可以填个人姓名），填写联系人地址、电话等信息（以便接收纸质版查新报

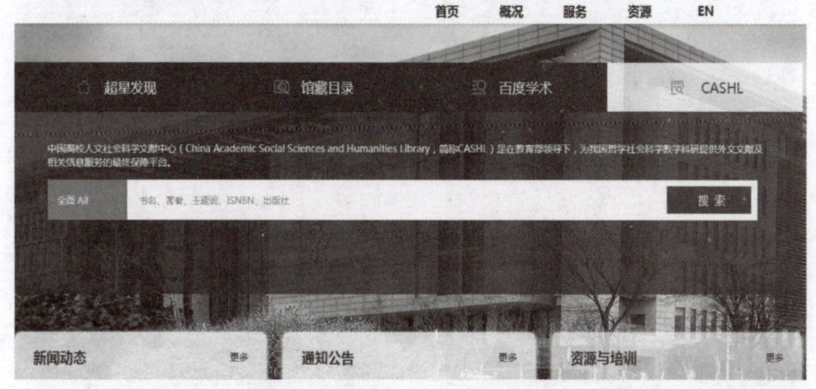

图 1-14　图书馆科技查新服务

告）。填写项目或产品介绍，需要以较精练的语言介绍项目的背景、研究进展、特性参数等信息。填写创新点，这是科技查新中最重要的地方，查新点就是项目或产品的创新点，查新就是检索创新点的新颖性，创新点不宜太多，1~3 个比较合适。最后填写检索词，通常 3~5 个，检索词一般从创新点中提炼即可。填写好科技查新委托单后从原先的网页上传委托单，然后根据提示缴费并上传缴费凭证即可。

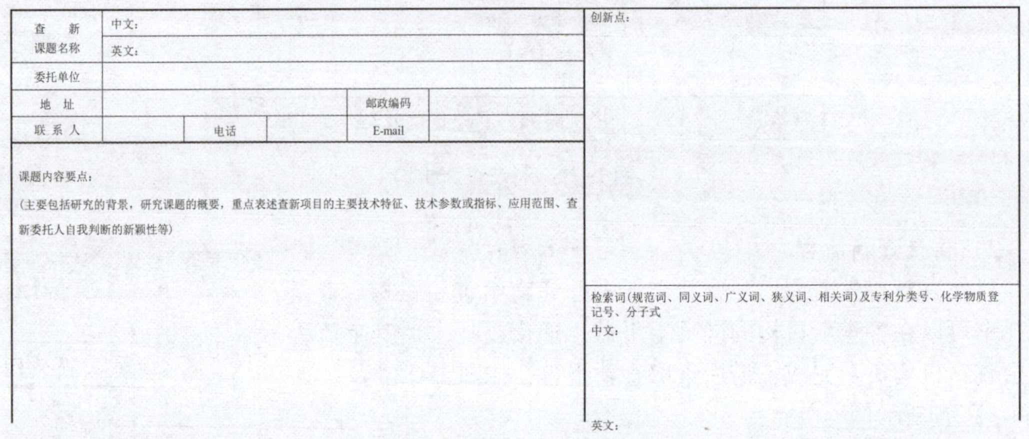

教育部科技查新工作站

科技查新委托单

<table>
<tr><td>查　新
课题名称</td><td colspan="4">中文：
英文：</td><td rowspan="6">创新点：

检索词（规范词、同义词、广义词、狭义词、相关词）及专利分类号、化学物质登记号、分子式
中文：

英文：</td></tr>
<tr><td>委托单位</td><td colspan="4"></td></tr>
<tr><td>地　址</td><td colspan="2"></td><td>邮政编码</td><td></td></tr>
<tr><td>联 系 人</td><td></td><td>电话</td><td>E-mail</td><td></td></tr>
<tr><td colspan="5">课题内容要点：
（主要包括研究的背景，研究课题的概要，重点表述查新项目的主要技术特征、技术参数或指标、应用范围、查新委托人自我判断的新颖性等）</td></tr>
</table>

图 1-15　科技查新委托单

4）接收查新报告

科技查新时间从几天到几周不等，如果要加快速度，可以联系查新机构办理加急手续。查新员完成查新后会出具查新报告，查新报告根据从权威数据库文献中检索的情况对项目或产品的新颖性进行详细严谨的论述并得出结论。如图 1-16 所示科技查新报告案例，案例的查新结论："在公开发表的中文文献中，未见与查新点相同的报道"，说明本项目的研究具有新颖性，具备进一步研究和设计的价值。

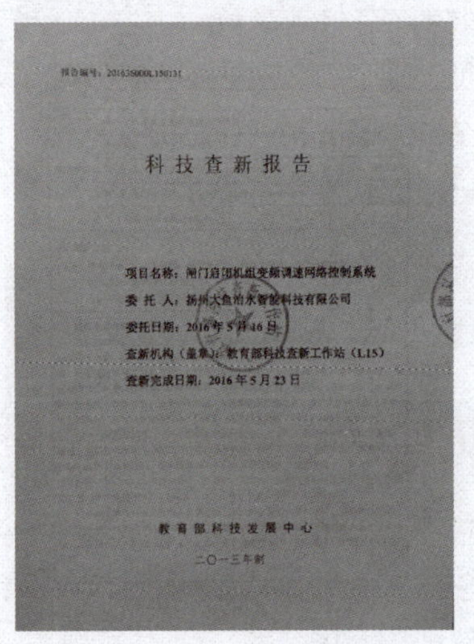

报告编号：2016350000L150131

科技查新报告

项目名称：闸门启闭机组变频调速网络控制系统

委 托 人：扬州大鱼治水智能科技有限公司

委托日期：2016 年 5 月 16 日

查新机构（盖章）：教育部科技查新工作站（L15）

查新完成日期：2016 年 5 月 23 日

教育部科技发展中心

二〇一三年制

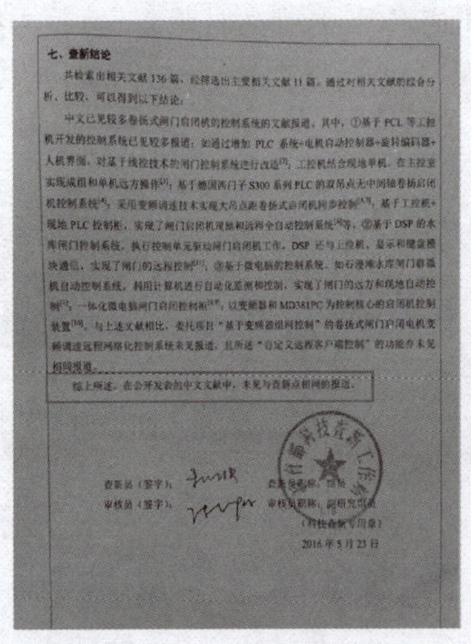

七、查新结论

共检索出相关文献 136 篇，经筛选出主要相关文献 11 篇。通过对相关文献的综合分析、比较，可以得到以下结论：

中文已见较多卷扬式闸门启闭机的控制系统的文献报道。其中，①基于 PCL 等工控机开发的控制系统已见较多报道……以变频器和 MD381PC 为控制核心的启闭机控制装置……与上述文献相比，委托项目"基于变频器组网控制"的卷扬式闸门启闭电机变频调速远程网络化控制系统未见报道，且所述"自定义远程客户端控制"的功能亦未见相同报道。

综上所述，在公开发表的中文文献中，未见与查新点相同的报道。

查新员（签字）：

审核员（签字）：

（科技查新专用章）

2016 年 5 月 23 日

图 1-16　科技查新报告案例

五、拓展与评价

1. 拓展延伸

以小组为单位，针对日常生活学习过程中使用或接触的产品及设备，发现其存在的不足，提出改进的思路或方法，项目名称自拟，完成表1-2。

表1-2　项目拓展延伸

项目名称	
检索词（3~5个）	
检索方式	
检索样本数量	
项目内容描述：	项目创新点：

2. 展示评价

各小组展示拓展延伸的成果，利用多媒体工具，图文并茂地介绍项目名称的来源，采用哪些检索工具，获得了什么样的有益效果。评价方式由组内自评、组间互评、教师评价三部分组成，围绕职业素养、专业能力综合应用、创新性思维和行动三部分，完成表1-3的填写。

表1-3　项目评价

序号	评价项目	评价内容	分值	自评30%	互评30%	师评40%	合计
1	职业素养 25分	小组结构合理，成员分工合理	5				
		团队协作配合	5				
		严谨的工作态度	10				
		检索手段多样化	5				
2	专业能力 综合应用 25分	项目名称设计合理	5				
		表述正确无误，逻辑严谨	5				
		能综合融汇多学科知识	10				
		项目综合难度	5				
3	创新性思 维和行动 50分	项目拓展创新点挖掘	20				
		创新点新颖性	20				
		获得有益的效果	10				
合计			100				
评价人签名：		时间：					

延伸阅读——“大国重器，工匠精神”

陈兆海：中国精度　极致匠心

1. 人物速写

26 年工作在测量一线，他先后参与修建了我国首座 30 万吨级矿石码头、首座航母船坞、首座双层地锚式悬索桥等多个国家重点工程。他执着专注、勇于创新，练就了一双慧眼和一双巧手，以追求极致的匠人匠心，为大国工程建设保驾护航。

2. 人物事迹

陈兆海先后参建大连湾海底隧道、大连港 30 万吨级矿石码头、大船重工香炉礁新建船坞、星海湾跨海大桥等多项国家战略工程，坚守“用一辈子做好工程的眼睛”，从攻克悬索安装到高精度测量，将测深技术从原有的二维扩展到三维，对海上沉管安装测量工艺进行革命性创新，用执着和匠心雕琢“中国精度”，诠释“中国速度”。

2001 年，陈兆海参建福建石湖港项目，海域情况非常复杂，在没有测深仪的情况下，水深测量施工只能采用“打水坨”（采用水准仪配合水准尺作业）。在高流速的海域放水准尺好比是顶着 2~3 节流速练百步穿杨，测深读数时间必须在配重触及海底的 2 s 内完成，最佳读数时间不足 1 s。为抓住这 1 s，只要没有施工，他就反复练习眼力和反应速度，最后将一整套快速读数方法练成了条件反射，练就了一手在高流速海域秒内精准读取水准尺的绝活，创下了靠人工测量方法将沉箱水下基床标高精度控制在毫米的奇迹。随着大连湾海底隧道项目全面启动，他向着更高精度目标发起攻坚，提出了立体成像测量方法，成功引进多波束测量设备和系统并进行优化，实现海底沉管毫米级精度对接。

模块二

电气产品基本模块创新

模块简介

模块创新（modularity innovation）是通过模块制造企业与模块体系化企业等多类型企业并行创新，对产品和服务组件及其核心设计组织逻辑的创新改变，并通过标准界面实现企业间合作的创新模式实现整体创新，为企业和用户创造价值。

传感器技术作为现代信息技术的三大支柱之一，其应用涉及国民经济等各个领域。本模块涉及的是电气产品基本模块创新，主要针对磁致伸缩位移传感器测量精度的研究，从企业发展的角度出发，根据用户的诉求，解决用户的需求，提高磁致伸缩位移传感器测量精度，实现电气产品的模块化创新。

项目 1　高精度磁致伸缩位移传感器的硬件设计

一、项目学习引导

1. 项目来源

本项目来自江苏海虹电子有限公司的实际科研开发项目。磁致伸缩位移传感器是近十几年在国内外液位测量领域出现的一种新型高精度液位测量产品，其技术原理是基于磁效应和表面弹性波效应，这种位移传感器能用于位移、速度和加速度的线性测量。国内对于磁致伸缩位移传感器已经进行了十几年的研究，而本项目开展此项研发主要是为了提高磁致伸缩传感器的精度，这样可以推进我国在位移传感器测试领域的发展，缩小与国外的技术差距，全面提高我国工业控制现场的自动化水平。本项目致力于开发一种高精度磁致伸缩位移传感器，综合应用了模拟电路、数字电路、单片机等相关专业知识。

原理演示

产品演示

2. 项目任务要求

现有的磁致伸缩位移传感器上端位置都存在不能测量的盲区段，导致传感器在一些小量程的应用领域或安装空间狭小的领域受到了限制，从而降低了磁致伸缩位移传感器的精准度，不能较好地进行使用。

本项目要设计一种高精度磁致伸缩位移传感器，要求如下：

（1）磁致伸缩位移传感器外壳的内部设置有螺纹槽，螺纹槽的外部螺纹连接有螺块，螺块的外部固定连接有转轴，转轴的外部固定连接有把手；

（2）磁致伸缩位移传感器转轴的外部需要固定连接有凹槽，转轴的外部转动连接有弹簧，弹簧的外部固定连接有导向板，导向板的外部固定连接有接收器；

（3）磁致伸缩位移传感器外壳的外部固定连接有磁力转换器，磁力转换器的外部固定连接有接点，这样磁力转换器的外部固定连接有触点，转轴的外部固定连接有收发器。

3. 学习目标

（1）了解磁致伸缩位移传感器的特点和工作原理；

（2）了解磁致伸缩位移传感器的应用；

（3）掌握磁致伸缩位移传感器的使用方法；

（4）能够排除磁致伸缩位移传感器连接的一般故障；

（5）能够对产品的创新点进行检索论证；

（6）能够对产品的不足之处提出改进思路或进行拓展设计；

（7）学习团队合作的精神，培养沟通表达的能力；

（8）体会“言传身教，匠心筑梦”的工匠精神。

4. 项目结构图

项目设计结构如图 2-1 所示。

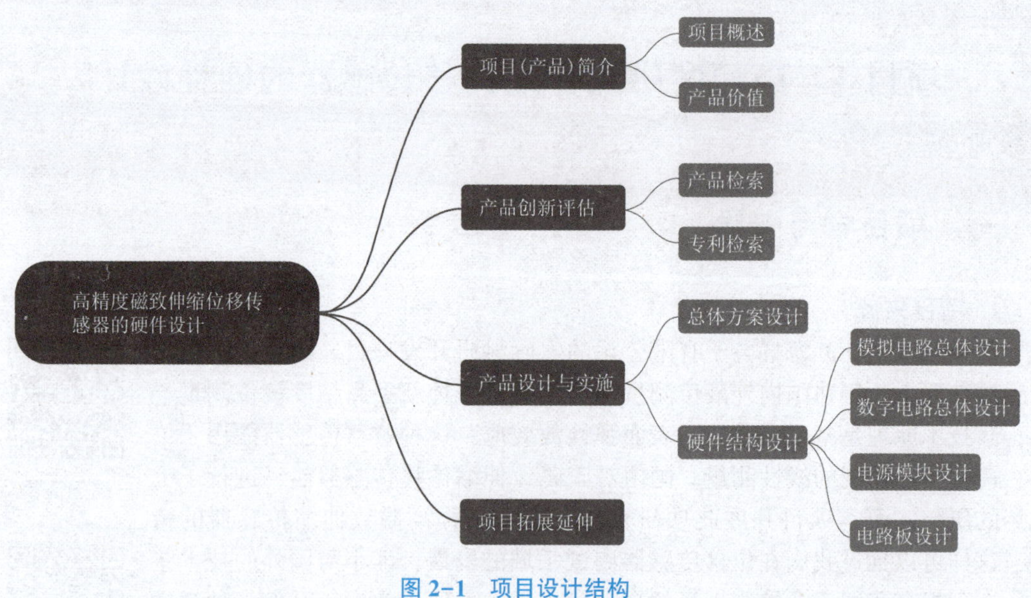

图 2-1　项目设计结构

5. 项目学习分组

项目学习小组信息如表 2-1 所示。

表 2-1 项目学习小组信息

组名				
成员姓名	学号	专业	角色	项目/角色分工

二、项目（产品）简介

1. 项目概述

传感器也称变换器、换能器、转换器、变送器或探测器，在现代社会中起着对各种信息的定性感知和定量测量的作用。现已发展起来的传感器种类繁多，广泛应用于各个学科，在人类生产和生活过程也随处可见。位移传感器是传感器家族里的一个重要成员，在各种工业现场多需要利用位移传感器进行测量。

产品介绍

随着电子科学与技术的发展以及各种控制场合要求的提高，对位移传感器提出了更高的要求。近年来，工业技术的发展和自动化程度与国际接轨，工业现场对位移传感器的要求越来越高，对位移测量提出了新的要求，不仅要求位移传感器具有非接触、大量程、高分辨率、高精度、高可靠性及使用方便等性能，还要兼有适应恶劣工况（如粉尘污染、振动冲击）和特殊环境（如火力电站锅炉汽包液位、军用与高温高压水位等）的能力。

2. 产品价值

本项目主要针对提高磁致伸缩位移传感器测量精度进行相关技术的研究。所设计的磁致伸缩位移传感器能够利用磁致伸缩效应将位移量转化为时间量，并通过对时间量精确测量，计算出高精度的位移量。它是一种量程大、非接触测量、耐腐蚀、抗污染能力良好、维护方便、价格适中的位移传感器，即使在恶劣环境下也适合应用，它也能承受高温、高压和高振动的环境。同时，该传感器的研发成功，可以进一步丰富国内市场的产品种类，并具有良好的市场前景和较高的产品利润，对于提高企业产品的技术水平和拓展市场份额具有积极的推动作用。

三、产品创新评估

1. 磁致伸缩位移传感器产品检索

目前市面上磁致伸缩位移传感器种类及外观众多，如图 2-2 所示。为了详细了解各种品牌磁致伸缩位移传感器的现状及技术水平，通过网络进行产品调研评估。

创新评估

目前市面上没有功能相对较全面的磁致伸缩位移传感器，不同公司的产品只能满足单一的需求，根据市场调研的结果，总结如下：

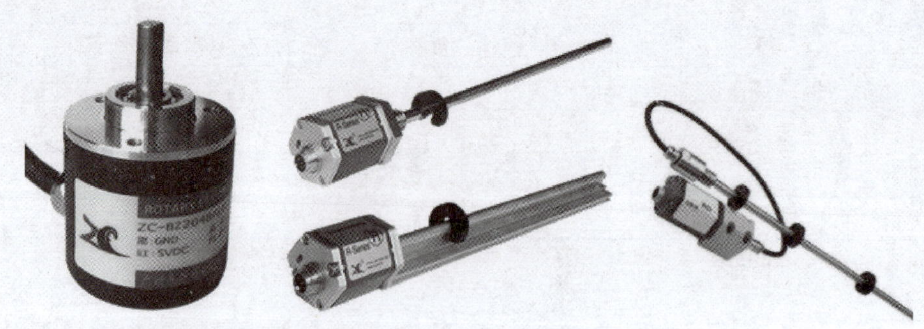

图 2-2　不同种类的磁致伸缩位移传感器

（1）现有的磁致伸缩位移传感器上端位置都存在不能测量的盲区段，导致传感器在一些小量程的应用领域或安装空间狭小的领域受到了限制，从而降低了磁致伸缩位移传感器的精准度，不能较好地进行使用；

（2）现有的磁致伸缩位移传感器大多是固定式的设计，导致传感器的存放需要占据较大的空间，不方便日常的存放。

本项目设计的产品克服了目前市场上各类产品的缺陷，提供了一种高精度磁致伸缩位移传感器，解决了现有传感器存在的测量盲区，以及固定式设计导致的不方便存放的问题，具有一定新颖性和较强的现实意义。

小试牛刀：检索一款磁致伸缩位移传感器信息，完成以下内容：

1）检索方式

____

____

____

2）产品特点

____

____

____

3）产品功能

____

____

____

2. 磁致伸缩位移传感器专利检索

前面总结了目前市面上已有的磁致伸缩位移传感器的缺陷，为了克服这些缺陷，需要对磁致伸缩位移传感器重新进行创新设计。设计时为了避免侵犯他人的知识产权，需要进一步进行专利检索，登录中国专利公布公告查询主页，以“磁致伸缩位移传感器”为检索词，检索范围同时勾选“发明公布”“发明授权”“实用新型”“外观设计”等选项，其检索结果如图 2-3 所示。

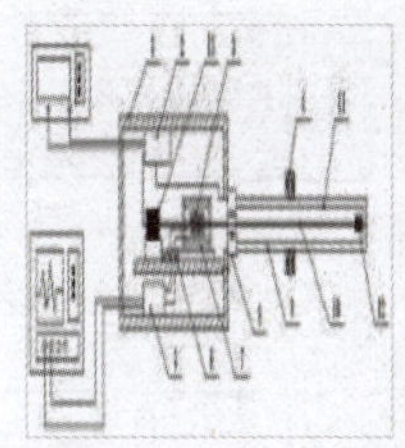

[发明公布] 一种小盲区的磁致伸缩位移传感器

申请公布号：CN116202406A　　申请公布日：2023.06.02

申请号：2023103878750　　申请日：2023.04.12

申请人：河北工业大学　　发明人：李明明；　全部 ▾

地址：300130天津市红桥区丁字沽光荣道8号河北工业大学东院

分类号：G01B7/02(2006.01)I　全部 ▾

摘要：本发明为一种小盲区的磁致伸缩位移传感器。该传感器包括长方体外壳、脉冲信号发生模块、检测线圈、永磁体、控制采样模块、弹簧、磁屏蔽装置、卡箍、测量杆、磁致伸缩波导丝、绝缘套管、第二阻尼、第一阻尼；所述的磁屏蔽装置是三层筒状结构，右端封闭、中心开有圆孔；最外面是外层磁屏蔽罩，中间是第二坡莫合金屏蔽罩，内部是第一坡莫合金屏蔽罩，三个磁屏蔽罩的轴心相同，屏蔽罩之间填充防静电泡棉；第一坡莫合金屏蔽罩的中心，固…　全部 ▾

发明专利申请　事务数据

图 2-3　磁致伸缩位移传感器专利检索结果

小试牛刀：以“磁致伸缩位移传感器”为检索词，检索一种与本项目相关的专利信息，并将检索的内容整理总结，填入表 2-2 中。

表 2-2　专利检索信息

专利种类	专利名称	专利号/申请日期	摘要主要内容

四、产品设计与实施

1. 总体方案设计

设计与实施

项目设计的方案是针对目前行业内磁致伸缩位移传感器所存在的一些不足之处，提供一种新型的磁致伸缩位移传感器，如图 2-4 所示。

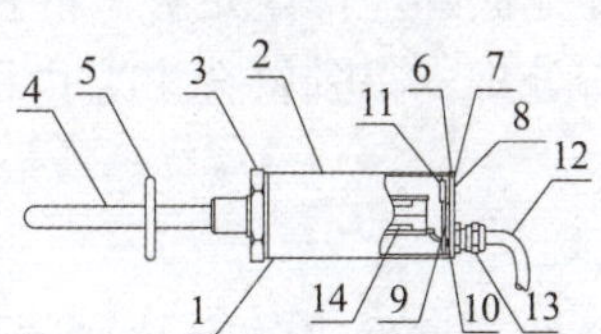

图 2-4　磁致伸缩位移传感器总体设计方案

1—前盖固定螺栓垫片；2—传感器壳体；3—前盖螺栓；4—测量端金属壳体；5—磁环；6—后端盖；7—后端盖绝缘体；8—数字信号接口；9—绝缘保护件；10—信号线；11—后端盖密封垫片；12—模拟信号输出电缆；13—电缆固定螺母；14—测量转换电路

2. 硬件结构设计

磁致伸缩位移传感器电子仓是一个由硬件和软件构成的测量系统，其中硬件部分包括模拟电路和数字电路，模拟电路包括激励脉冲产生、放大、回波接收和整形等；数字电路以微处理器 C8051F340 为核心，包括时间间隔测量、显示、HART 通信等。图 2-5 所示为磁致伸缩位移传感器的硬件结构框图。

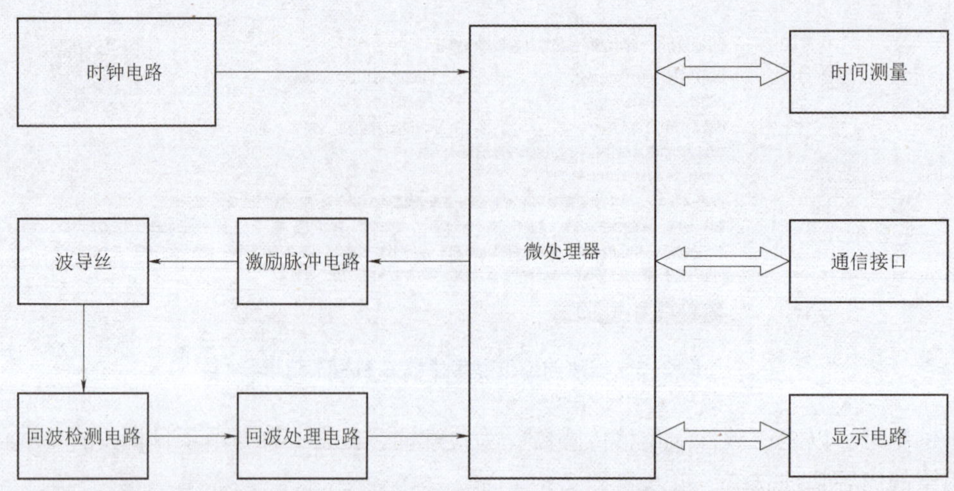

图 2-5　磁致伸缩位移传感器的硬件结构框图

1）模拟电路总体设计

模拟电路包含两部分：一部分是用来给波导丝提供激励脉冲的电路。由磁致伸缩位移传感器的测量机理可知，驱动电流脉冲的时间间隔、电流脉冲的波形、脉宽以及电流强度都要有一定的要求；该部分电路首先是一个脉冲产生电路，用于产生几种不同频率的脉冲，把选定的特定频率的脉冲输入一个单稳态触发器进行变换，把输入脉冲转换成具有固定时间宽度的脉冲，然后通过一个放大驱动电路来产生符合条件的脉冲，最后输入波导丝。

另一部分是对波导丝产生的扭转应力波进行检测。首先通过检测线圈将应力波转换为电脉冲，此电脉冲很弱，只有几毫伏，对此脉冲进行滤波放大后再输入一个比较器，从比较器输出一定幅值的脉冲信号，最后送入脉冲整形电路，输出提供给数字电路部分。因此，模拟电路的主要功能是：

①产生幅度、频率、脉宽满足要求的激励脉冲，驱动磁致伸缩波导丝产生较强的垂直于轴向的环形磁场，从而使磁致伸缩波导丝产生足够大的扭转变形；

②检测扭转应力脉冲，并进行处理，得到符合 TTL 电平的信号提供给数字电路；

③提供不同的电源电压。

（1）激励脉冲产生电路设计。

脉冲发射电路的作用是：将微处理器发来的窄脉冲进行放大，使其能产生足够强度的电流脉冲，通过磁致伸缩波导丝产生较强的周向磁场，从而使其能够产生较大的扭转变形。根据磁致伸缩效应，对施加于波导丝的瞬时电流激励脉冲有严格要求。首先，为了形成较强的环形磁场，电流脉冲应具有足够的强度，考虑到波导丝的低阻值负载特性，应对控制脉冲进行功率放大，提高其驱动能力；其次，为了获得质量较好的感应信号，电流脉冲的宽度应维持在微米级；另外，电流脉冲的上升时间和下降时间应尽可能短；还应结合传感器的量程和扭转机械波的传播速度，选择合适的电流脉冲周期，使其大于扭转机械波在波导丝中的最长传播时间。考虑到传感器的刷新率，电流脉冲的周期不宜太长。

单稳态触发电路的工作特性具有以下特点：

①它有一个稳定状态和一个暂稳态；

②在外界触发脉冲作用下，能从稳定状态翻转到暂稳态；

③暂稳态维持一段时间后，将自动返回稳定状态。暂稳态的持续时间，就是电路输出的脉冲宽度，仅取决于电路本身的参数，而与触发脉冲的宽度和幅度无关。

图 2-6 所示为激励脉冲电路的原理图，电路中单稳态触发电路由 SN74AHC1GDCK 与电容 C_{13} 组成，暂稳态是靠 C_{13} 的充、放电过程来维持的，通过调节电容 C_{13} 的值可以改变高电平的宽度。单稳态触发电路的输出信号经过一个场效应管 NTD3055 进行放大，起到一定的缓冲作用。由图 2-6 可知，通过 C_{10} 来控制波导丝的电流，当 NTD3055 处于截止状态时，电源对 C_{10} 充电，一旦 NTD3055 导通，电容通过波导丝放电，然后又不断地重复这一过程。

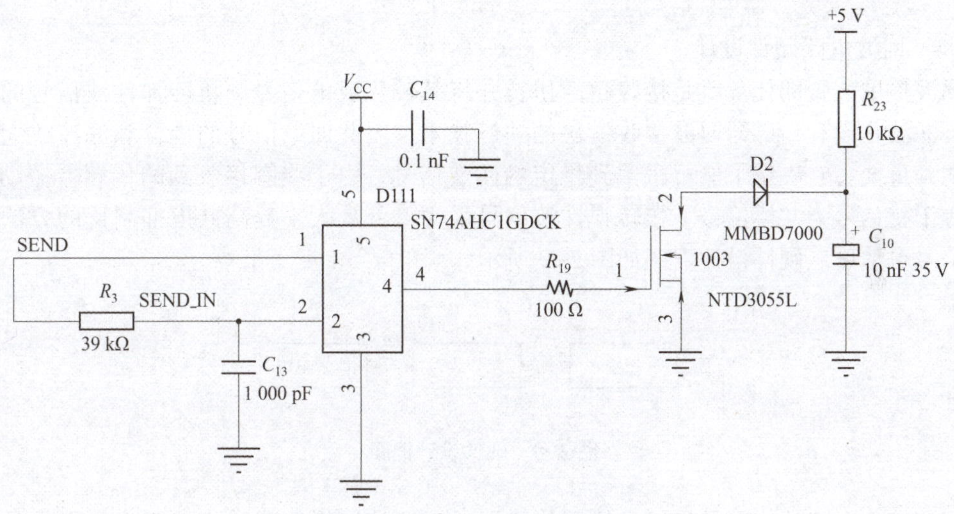

图 2-6　激励脉冲电路的原理图

图 2-7 所示为示波器显示激励脉冲波形，图 2-7（a）为由微处理器 C8051F340 上升沿触发产生的波形，尖脉冲波形为图 2-6 SEND 端的发射脉冲波形，另一个波形为上升沿触发波形，由微处理器 C8051F340 发送信号经过 SN74AHC1GDCK 和 NTD3055 构成的处理电路对信号进行处理，把示波器的表笔放在 NTD3055 的 2 端，其波形如图 2-7（b）所示，处理之后激励信号为方波信号，直接沿着波导丝传输。

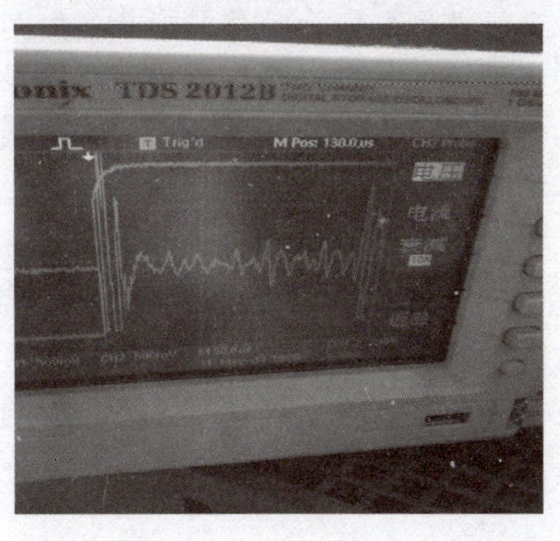

（a）

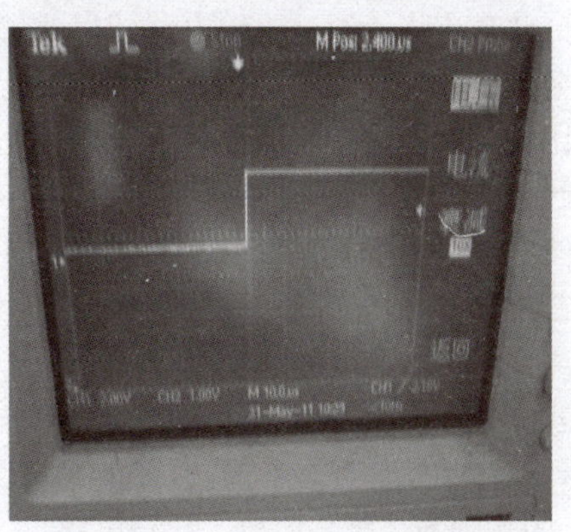

（b）

图 2-7　示波器显示激励脉冲波形

（a）SEND 端的波形；（b）场效应管 2 端的波形

本项目采用双输入异或门 SN74AHC1GDCK 设计触发电路，该芯片工作具有 $Y=A\oplus B$、工作范围在 2~5.5 V、低功耗等特点。图 2-8 所示为芯片的引脚图和逻辑图。

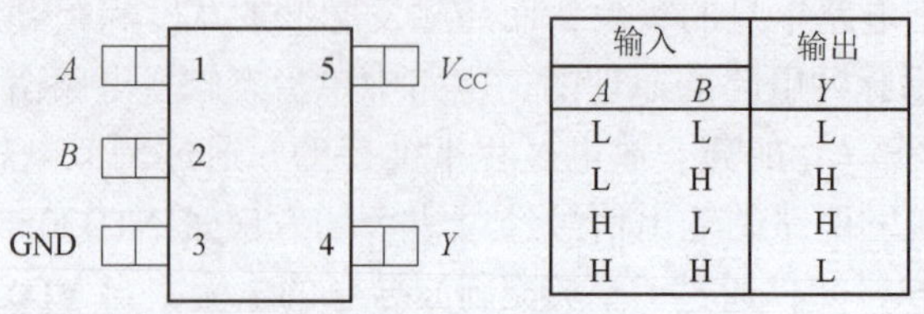

输入		输出
A	B	Y
L	L	L
L	H	H
H	L	H
H	H	L

图 2-8　芯片的引脚图和逻辑图

（2）回波电路硬件设计。

回波拾取装置的任务就是接收超声扭转并将其转化成电信号。扭转弹性波信号的检测拾取、滤波是设计传感器回波接收模块的关键技术，因此回波信号的耦合和滤波放大电路显得尤其重要，它决定了能否采集到稳定的回波信号。由于线圈接收到的传感器振动、热噪声等干扰信号为共模信号，扭转弹性波信号采用差分放大来提高共模抑制比的方法增强回波信号可信度。硬件设计框图如图 2-9 所示。

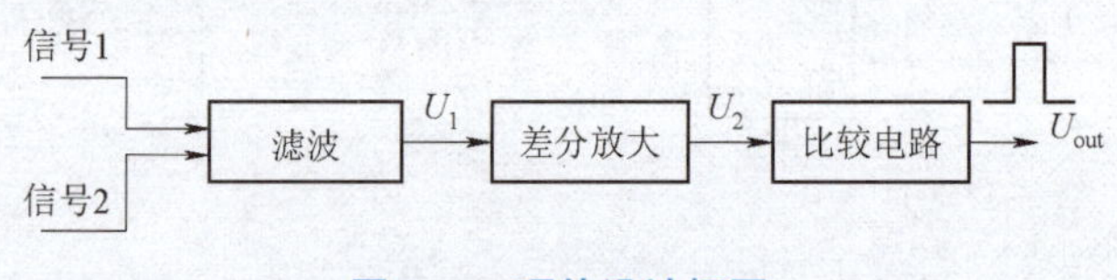

图 2-9　硬件设计框图

回波接收电路的作用是将磁致伸缩传感器的磁致伸缩换能器感应线圈上所产生的感应电动势脉冲信号进行放大和整形，输出 TTL 电平脉冲信号，以提供给单片机，作为时间间隔测量电路的停止脉冲信号。对回波接收电路的要求是放大倍数要大，噪声抑制能力要强。由于接收电路要安装在传感器内部，所以电路在满足要求的前提下，应尽可能简单，体积尽可能小，以便节省空间；返回脉冲的信号十分微弱，并且几乎被噪声所覆盖，因此需要对信号通过信号调理电路调理才能送到计时芯片，对信号处理之前必须对检测到的弱信号进行放大。首先通过频率特性进行滤波，从而消除干扰，提取信号。然后选择差分放大来消除部分共模干扰，通过比较电路，将位置信号进行整形，变为脉冲的形式送给时间测量部分，为便于数字信号采集部分能够较稳定地采集到该信号，必须对该信号进行整形。这里采用比较器来检测有效信号的第一个下降沿，将有效信号变为脉冲的形式送给数字采集系统。回波处理电路如图 2-10 所示。

回波电路模块主要采用 AD 公司 AD8641 与 AD8542 两个运算放大器。图 2-10 分为三部分，首先从波导丝传回来的信号经过 AD8542 进行滤波放大，C_3、C_4 为隔直电容，其作用是隔离直流、通交流；R_4 和 R_6、R_5 和 R_7 与 AD8542 分别构成了 10 倍的放大器，对回波进行滤波放大；中间部分使用 AD8641 对已经被 AD8542 处理的回波进行第二级的差分放大，起到抑制共模信号的作用。从 AD8641 的 6 脚出来的信号与 REF 基准电压分别连到 AD8641 的 2 脚和 3 脚，构成了比较电路。

这里使用比较电路进行模数转换，把回波信号送到微处理器的 P3.1。P3.1 所获得的回波波形是如图 2-11 所示的锯齿波。

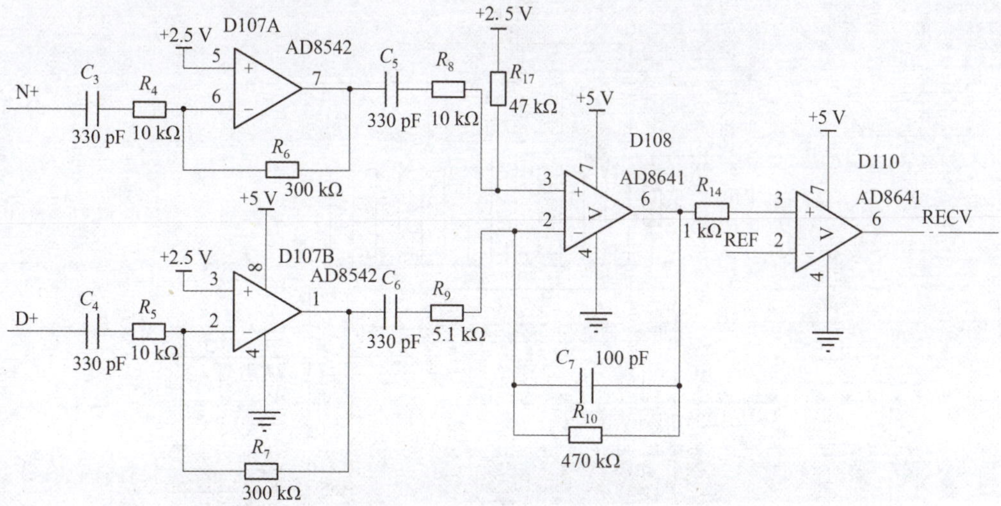

图 2-10　回波处理电路

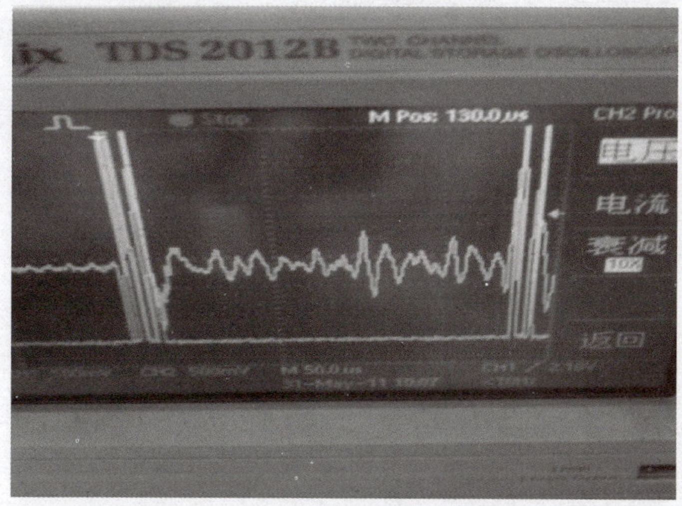

图 2-11　回波波形

2）数字电路总体设计

本项目中微处理器采用的是 C8051F340 单片机系统，C8051F340 器件是完全集成的混合信号片上系统型 MCU。C8051F340 外围电路如图 2-12 所示。在本项目原理图中，由于每个芯片端口引脚比较多，所以采用网络标号的形式相互连接，网络标号具有电气特性，在绘制 PCB 时，只要将原理图导入 PCB 中，每个元器件上相同的网络标号就会自动地连接在一起。

图 2-12 中 R_{121}、R_{122} 为 SEND 信号与单片机引脚 P3. 2、P4. 2 连接时所接两个 0 Ω 电阻，这是利用 0 Ω 电阻在硬件电路的作用选择的。一般来说，0 Ω 电阻大概有以下几个功能：

①作为跳线使用，这样既美观，安装也方便。

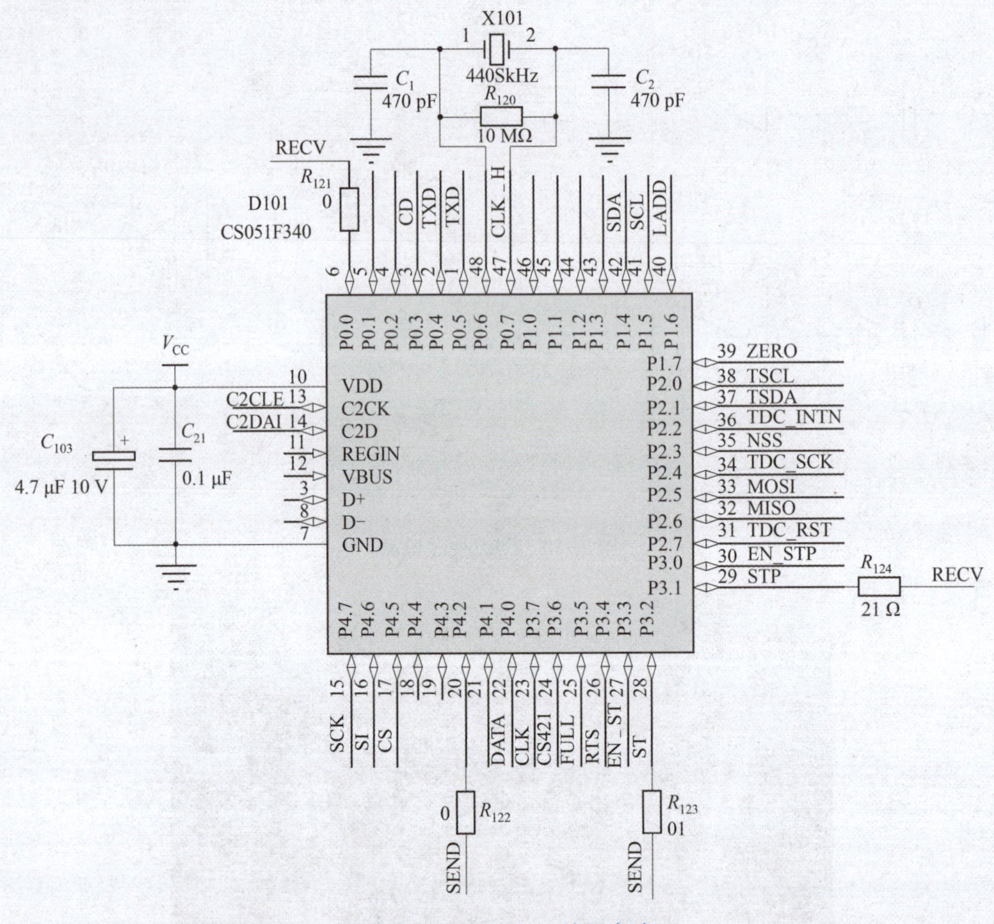

图 2-12　C8051F340 外围电路

②在数字和模拟等混合电路中，往往要求两个地分开，并且单点连接。可以用一个 0 Ω 电阻来连接这两个地，而不是直接连在一起。这样做的好处是，地线被分成了两个网络，在大面积铺铜等处理时，就会方便得多。附带提示一下，这样的场合，有时也会用电感或者磁珠等来连接。

③作熔丝用。由于 PCB 上走线的熔断电流较大，如果发生短路过流等故障时，很难熔断，可能会带来更大的事故。由于 0 Ω 电阻电流承受能力比较弱（其实 0 Ω 电阻也是有一定的电阻的，只是很小而已），过流时就先将 0 Ω 电阻熔断了，从而将电路断开，防止了更大事故的发生。有时也会用一些阻值为零点几或者几欧的小电阻来作熔丝，不过不太推荐这样来用，但有些厂商为了节约成本，就用此将就了。

④为调试预留的位置。可以根据需要决定是否安装，或者其他的值有时也会用 * 来标注，表示调试时决定。

⑤作为配置电路使用。这个作用跟跳线或者拨码开关类似，但是通过焊接固定上去的，这样就避免了普通用户随意修改配置。通过安装不同位置的电阻，可以更改电路的功能或者设置地址。

在本项目中采用 0 Ω 电阻，作为跳线的功能。

图 2-12 中 VDD 与 GND 之间接入两个电容，一个是 0.1 μF，一个是 4.7 μF、10 V，这是根据单片机电源设计规则设计的。

设计规则如下：系统电源设计是单片机应用系统设计中一项极其重要的工作，它对整个单片机系统能否正常运行起着至关重要的作用；电源设计应该同时考虑功率、电平及抗干扰等问题。

电源功率必须能满足整个系统的需要。单片机系统的绝大部分器件以脉冲方式工作，对较小的系统功率消耗的脉冲特性更为突出，而较大的系统由于器件功耗的分散性，使系统整体的功率消耗比较平稳。因此，单片机系统的电源必须有足够的耐冲击性，这就要求电源设计时留有充分的裕量，一般大系统按实际功率消耗的 1.5~2 倍设计，小系统按实际功率消耗的 2~3 倍设计。

电平设计指的是直流电压幅度和电源在满载情况下的纹波电压峰峰值设计，这两项指标都关系到单片机系统能否正常运行，因此必须按系统中对电平要求最高的器件条件进行设计。

各种形式的干扰一般都是以脉冲的形式进入单片机的，干扰窜入单片机系统的渠道主要有 3 条：空间干扰（场干扰），通过电磁波辐射窜入系统；过程通道干扰，通过与主机相连的前向通道、后向通道及其他与主机相互连接的通道进入；供电系统干扰，通过供电线路窜入。对于上述 3 种干扰，必须采用行之有效的措施和具体电路加以消除，确保单片机系统正常运行和工作。

图 2-12 中端口引脚 P0.6 和 P0.7 连接 460.8 kHz 晶振，本项目中使用的是外部振荡器的方法，端口引脚 P0.6 和 P0.7 分别被用作 XTAL1 和 XTAL2，OSCXCN 寄存器中的晶体列选择外部振荡器频率控制值（XFCN）。

根据 C8051F340 单片机系统资料可知，外部振荡器电路可以驱动外部晶体、陶瓷谐振器、电容或 *RC* 网络；也可以使用一个外部 CMOS 时钟提供系统时钟。对于晶体和陶瓷谐振器配置，晶体/陶瓷谐振器必须并接到 XTAL1 和 XTAL2 引脚，还必须在 XTAL1 和 XTAL2 引脚之间并接一个 10 MΩ 的电阻，如图 2-13 所示。

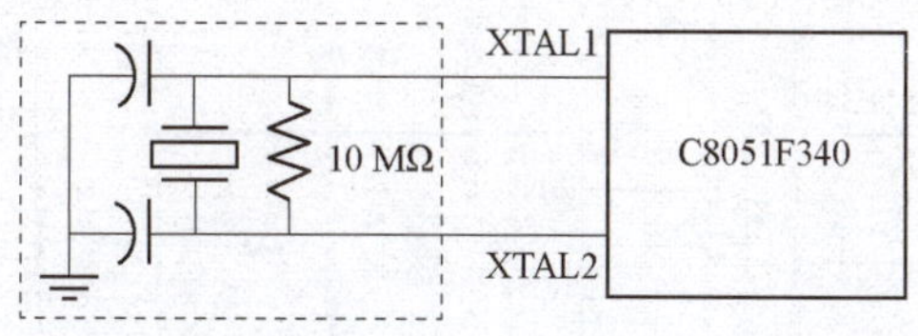

图 2-13　C8051F340 外部振荡器电路接法 1

对于 *RC*、电容或 CMOS 时钟配置，时钟源应接到 XTAL2 引脚，如图 2-14 所示。

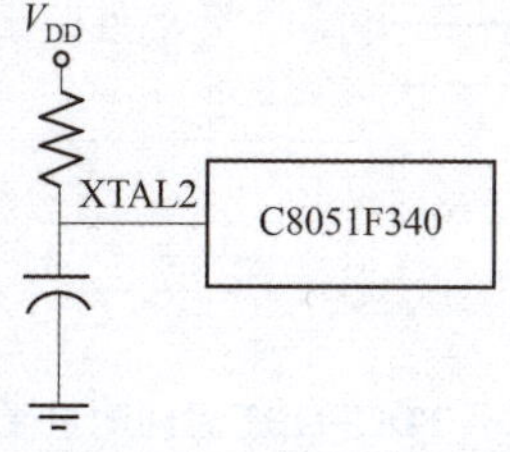

图 2-14　C8051F340 外部振荡器电路接法 2

（1）时间间隔测量模块设计。

本项目最主要的工作是提高磁致伸缩位移传感器的精度，对于通过测量时间来计算位移的位移传感器，时间间隔测量的准确性决定了磁致伸缩位移传感器的精度。在本项目中，使用了 ACAM 公司生产的第二代 TDC-GP2 芯片。

时间间隔测量模块，是在接收到来自模拟电路输出的代表位移的电脉冲之后，送入 TDC-GP2 组成的时间间隔测量电路；由 TDC-GP2 计算出时间间隔并送入微处理器 C8051F340，微处理器对时间值进行校正，另外将结果在数码显示器上进行显示。因此，数字部分的主要功能是：

①完成时间间隔 T 的测量；

②微处理器对时间进行修正；

③显示测量结果。

图 2-15 所示为基于 TDC-GP2 时间测量硬件外围电路，在 TDC-GP2 的应用中需要 4 MHz 和 32.768 kHz 两个石英晶振，分别以如图 2-13、图 2-14 所示的方式接入电路中。由于门电路的延时受到温度和电压的影响，因此，4 MHz 晶振是为了校准而设置的一个基准。当使用陶瓷晶振时，由于其频率的误差非常大，所以需要在测量时用 32.768 kHz 的晶振对高速晶振进行校准。若选用温度稳定性非常高的石英晶振，在测量时就不用对高速晶振进行校准，因为这种晶振能够完全满足系统测量要求。该系统使用 C8051F340 单片机作为系统控制器。其中 EN_START、EN_STOP1 分别为 TDC-GP2 的 START、STOP1 的使能控制端，连接至 C8051F340 的 I/O 端口，如图 2-15 所示。INTN 为 TDC-GP2 的中断信号输出，RSTN 为 TDC-GP2 复位信号输入。TDC-GP2 的 SPI 端口（图 2-15 中 SSN、SCK、SI、SO 端）与 C8051F340 的 I/O 端口直接相连，进行数据通信。在本系统中，START 信号是由单片机 I/O 端口产生的，并用于触发 TDC-GP2 启动测量。

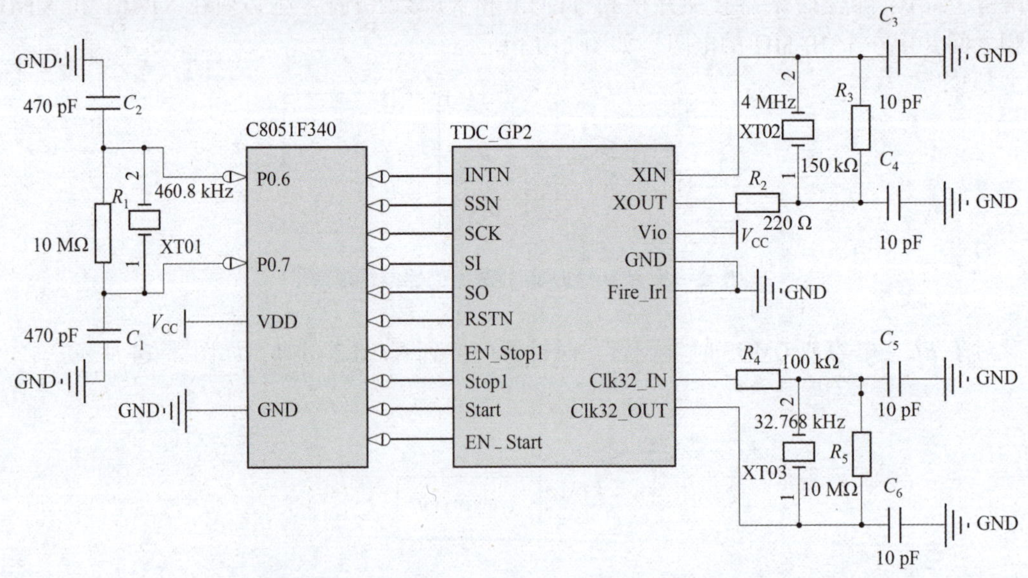

图 2-15　基于 TDC-GP2 时间测量硬件外围电路

（2）HART 通信模块设计。

随着计算机技术的不断发展，越来越多的企业通过使用 PC 机来控制现场仪表的工作情况，最终完成 PC 机与从设备间的信息交换。具体控制原理是 PC 机将要发送的命令送到现场设备，同时需要从现场设备接收反馈的信息。本项目中把现场的磁致伸缩位移传感器相连接组成现场的控制网络，用双绞线作为总线把控制室 PC 机与现场控制网络相连接，即可实现 PC 机与传感器间的数据传输与信息交换，完成远程对磁致伸缩位移传感器的监控。本项目使用 HART 通信协议进行磁致伸缩位移传感器和控制室系统间的数字通信。

如图 2-16 所示，HART 通信模块主要由磁致伸缩位移传感器内的 MCU、A5191HRT 和 AD421 型 DAC 组成。其中，AD421 型 DAC 接收 MCU 传送的数字信号并转换成 4～20 mA 电流输出，传输测量结果 A5191HRT 接收叠加在 4～20 mA 环路上的 FSK 信号，解调后传输给 MCU，或将 MCU 产生的应答帧信号调制成 FSK 信号，并经波形整形器后由 AD421 型 DAC 叠加在 4～20 mA 环路上发送出去。

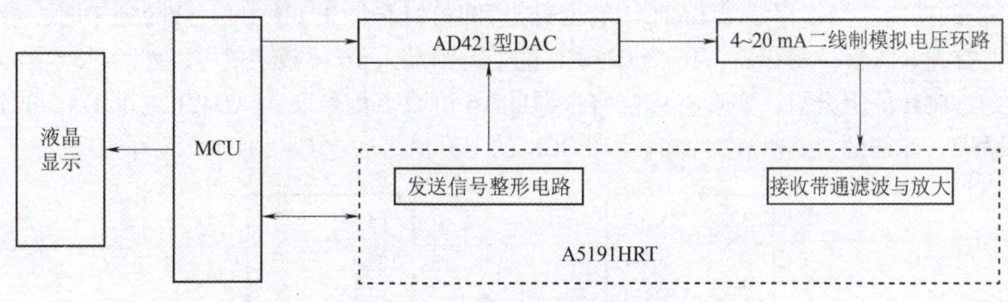

图 2-16　HART 通信模块框图

AD421 是美国 ADI 公司推出的一种单片高性能数/模转换器（DAC），其由电流环路供电、16 位数字信号串行输入、4～20 mA 电流输出等环节组成。AD421 外围电路原理如图 2-17 所示，DRIVE 引脚作为电源模块的反馈引脚，与外部场效应管 DN2540 连用，把外部电压调整成稳定的+5 V 或 3 V，用于向芯片本身和系统供电。

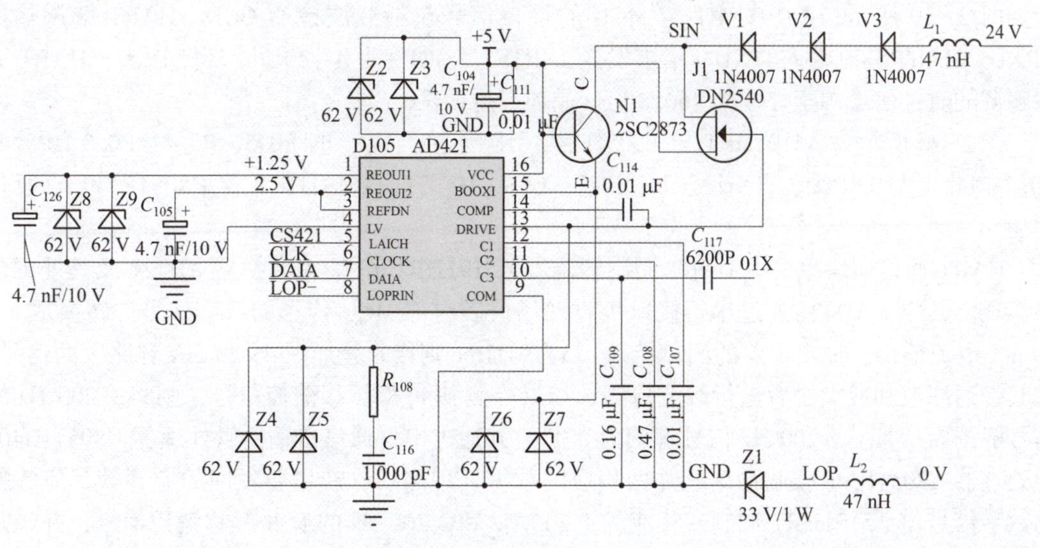

图 2-17　AD421 外围电路

LV 引脚上的信号通过改变 V_{CC} 和运算放大器的反向输入端之间的电阻分流器来选择电压。当 LV 在 COM 和 V_{CC} 之间变化时，调节器上的电压在 3~5 V 改变。当 LV 连接到 COM 端，额定电压为 5 V；当 LV 通过一个 0.01 μF 电容连接到 V_{CC}，电压为 3.3 V；当 LV 连接到 V_{CC}，电压是通过 FET 的击穿电压和饱和电压决定的。本项目需要对 FET 的参数进行慎重的选择，从而当 V_{CC} 和 COM 之间的电路改变时，可以由运算放大器输出到 DRIVE 引脚的信号来控制 FET 工作点，这里 FET 采用 DN2540。

为了确保稳定工作需要大量的外围器件，V_{CC} 和 COM 之间的电容可使电压调节器环路稳定，在 COMP 和 DRIVE 之间连接一个 0.1 μF 的电容可以对调节器环路提供附加的补偿，在 DRIVE 和 COM 之间加一个 1 kΩ 电阻和一个 1 000 pF 电容，可使由运算放大器和 FET 形成的反馈回路变得稳定。如图 2-17 中 C_{107}、C_{108}、C_{109} 的电容分别通过 0.01 μF、0.47 μF、0.16 μF 连接到 GND。AD421 BOOST 端接了一个 NPN 管。图 2-18 所示为 AD421 与 MCU 引脚连接，图中 MCU 的 P3.7、P4.0、P4.1 分别与 AD421 的 LATCH、CLK、DATA 连接，实现通信的功能。当锁存信号 LATCH 的上升沿和时钟信号 CLOCK 的上升沿到来时，最高位（MSB）首先装入移位寄存器；16 个 CLOCK 的上升沿装入 16 位数字信号，然后再产生一个锁存信号 LATCH 的上升沿，实现将移位寄存器的 16 位数字信号装入 AD421 内部 DAC 的目的。锁存信号 LATCH 的上升沿和时钟信号 CLOCK 的上升沿是通过 C8051F340 编程实现的。

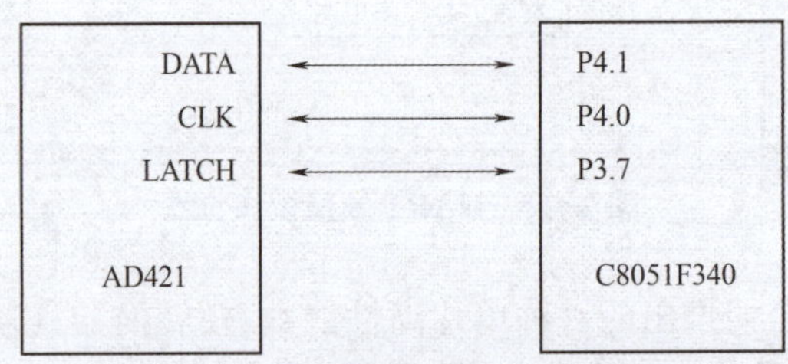

图 2-18　AD421 与 MCU 引脚连接

A5191HRT 是应用于 HART 现场仪表的单片 CMOS 调制解调器。A5191HRT 外围电路设计如图 2-19 所示，A5191HRT 与 MCU 的接口信号包括载波检测 OCD、HART 解调输出 ORXD、HART 调制输入 ITXD、请求发送 INRTS，LOOP+为 4~20 mA 环路输入，HART 调制解调的时钟信号源于外接的 460.8 kHz 晶体产生振荡。

图 2-20 所示为 A5191HRT 与 C8051F340 引脚连接，MCU 的 P0.5、P0.4、P0.3、P3.4、P0.7 脚分别与 ORXD、ITXD、CD、RTS、CLK_H 实现 A5191HRT 与 C8051F340 的通信功能。

HART 通信模块主要由 HART 调制解调器 A5191HRT 和 D/A 转换器 AD421 及其外围电路实现。其中，AD421 通过串行接口接收现场仪表内部 MCU 传送的数字信号，转换成 4~20 mA 电流输出，输出主要的测量结果。A5191HRT 则接收叠加在 4~20 mA 环路上的信号，对其带通滤波和放大之后进行载波检测，如果检测到 FSK 频移键控信号，则将 1 200 Hz 的信号解调为“1”，2 200 Hz 信号解调为“0”，并通过串口通信传输给微处理器 C8051F340，微处理器 C8051F340 接收命令帧并做相应的数据处理之后，产生要发回的应答帧。应答帧的数字信号由 A5191HRT 调制成相应的 1 200 Hz 和 2 200 Hz 的 FSK 频移键控信号，并经过发送信号整形电路进行波形整形后，经 AD421 叠加在环路上发送。

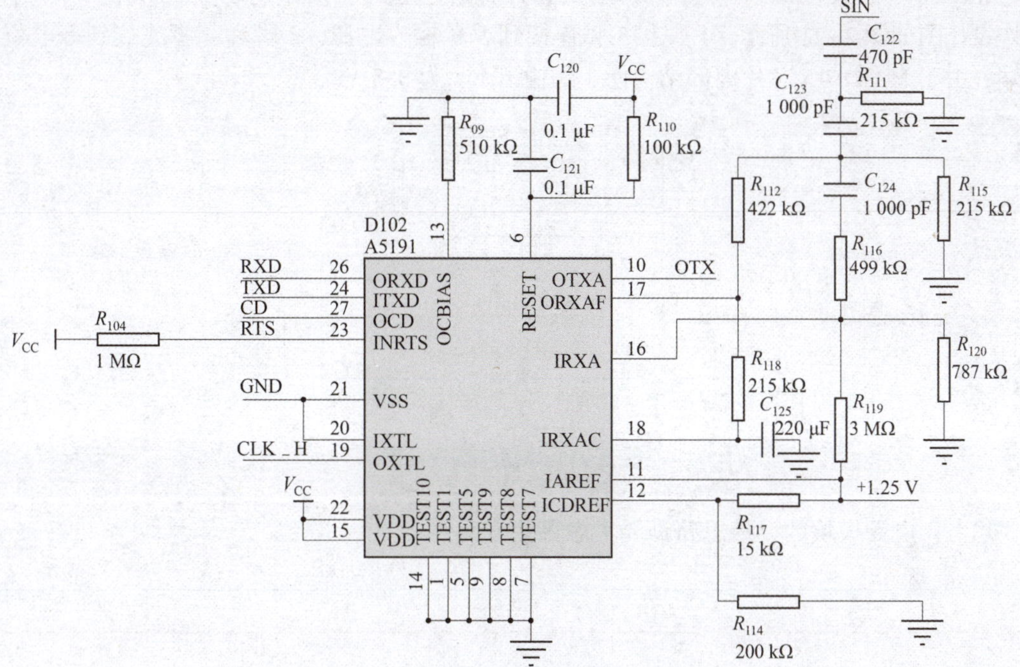

图 2-19　A5191HRT 外围电路设计

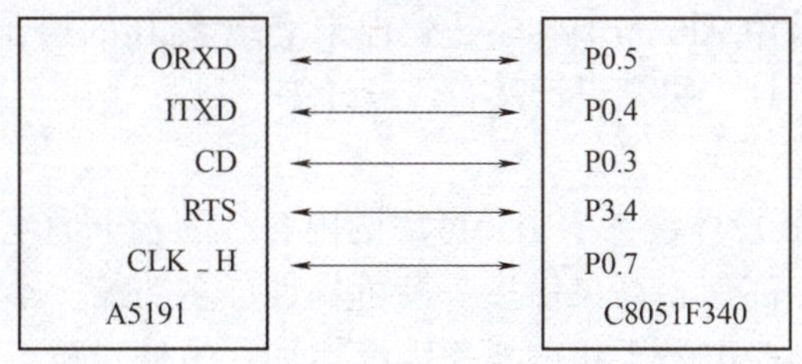

图 2-20　A5191 与 C8051F340 引脚连接

（3）显示模块设计。

作为系统向操作者报告运行状态的重要手段，LED 越来越显示出强大的生命力。液晶显示器是利用液晶的电光效应制作的显示器，并可以用电池作为电源供电，显示出其独特的优势：工作电压低、微功耗、能与 CMOS 电路匹配；高可靠、长寿命、廉价；显示柔和，字迹清晰，不怕强光冲刷，光照越强对比度越大，显示效果越好；体积小，重量轻，显示字符美观大方。

3）电源模块设计

系统内部电源包含两部分：模拟电源和数字电源。模拟电源用于系统控制电路中模拟信号调理部分电路的供电；数字电源用于系统控制电路中数字信号处理部分电路的供电。由于微处理器 C8051F340 的 I/O 端口电源是 3. 3 V，而通常情况下，许多逻辑器件和数字器件用的是 5 V 电源，因此需要进行电平转换。

这里采用线性电源转换器 MAX1615，其最大特点是有 3. 3 V 和 5 V 两种电源输出。

MAX1615 总共有 5 个引脚，本项目的设计思路是把 5 V 电压转换为 3. 3 V 的 V_{CC}。电源模块设计图如图 2-21 所示，1 脚和 5 脚连接到 5 V 输入电源，2 脚和 4 脚连接到等电位接地端，由于 MAX1615 芯片内部结构使 3 脚输出 V_{CC} 为 3. 3 V。

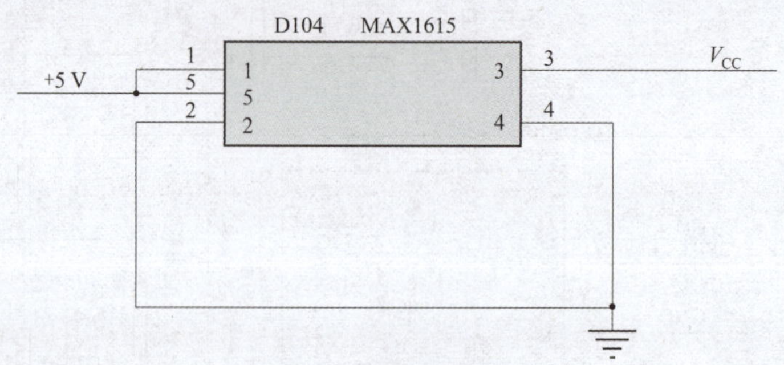

图 2-21　电源模块设计图

思考：电源模块的设计思路需要考虑哪些方面？

____

____

____

4）电路板设计

硬件电路设计完成后，就要制作印制电路板（Printed Circuit Board，PCB）来实现所设计的硬件电路的功能。采用 Altium Designer 软件来实现 PCB 的绘制，主要内容如下：PCB 总体设计，地线、电源设计，去耦设计及布线设计等。

（1）PCB 总体设计。

电磁兼容性能是 PCB 总体设计中主要考虑的内容。随着电力电子技术的迅猛发展，电力电子装置正朝着高频、高速、高灵敏度、高可靠性、多功能、小型化的方向发展，导致现代电力电子装置产生和受电磁干扰的概率大大增加；另外，随着电力电子装置本身功率容量和功率密度的不断增加，电能变换电路中存在较大的 $\mathrm{d}v/\mathrm{d}t$ 和 $\mathrm{d}i/\mathrm{d}t$，电网及其周围的电磁环境遭受的污染也日益严重，电磁兼容已成为许多电子设备与系统能否在应用现场正常可靠运行的关键。电磁兼容是指在系统内部的各个部件和子系统、相邻的几个系统自身产生的电磁环境，以及它们所处的外界电磁环境中，能够按照原设计要求正常运行。PCB 总体设计应该满足以下几项基本要求：

①区域划分。

设计 PCB 时，首先要按电路类型进行区域划分。将系统电路按数字、模拟、功率分类，实现合理优化的位置划分，即将模拟电路和数字电路分开，以降低数字噪声对敏感的模拟电路的耦合；功率驱动部分为大功率电路部分，噪声能量大，应与模拟和数字电路分开。对于本项目所设计的系统，由于基本上都是数字电路部分，按其实现功能划分区域即可；至于功率驱动部分，已由数控恒流源实现，这里只是提供接口而已。

②地线结构空间。

PCB 上应该有足够的地线空间，地线空间应该在决定集成电路和器件位置之前考虑，常常采用手工布置。

③集成电路和器件的位置安排。

集成电路和器件的位置安排应该遵守以下基本原则：

a. 最短距离连线要求。尽量缩短元器件之间的布线距离。

b. 尽量缩短高频信号的布线距离与区域。高频信号的输入、输出尽量靠近；尽量缩短与产生电磁干扰信号相关的布线距离；同时应该为高频信号提供一条低阻抗信号返回路程；在高频信号线两边布上地线，可为其他信号提供屏蔽。

（2）地线、电源设计。

①地线设计。

地线是信号电流或电源电流的返回回路。地线只要存在阻抗，就会产生信号压降，形成噪声，且这些噪声对于该地线相关的电路要产生干扰；通常，有共地阻抗形成的干扰和地线环路形成的干扰。在具体的地线设计中，信号地可分为单点接地、多点接地和混合接地，单点接地可防止共地阻抗干扰，适合于低频信号；多点接地是地线尽可能短，以降低高频辐射能力，多用于高频系统；混合接地要保证单点接地的同时，有高频电容接地通道。

PCB 地线设计的基本原则是：最小的阻抗、最小的回路面积以及最小的公共阻抗。在多层板的 PCB 设计中，设置地线层可为所有的高频噪声和信号电流提供一条阻抗小、环路区域小的返回路径；双层板 PCB 不可能设置地线层，设置地线网格是最佳方案，在 PCB 的一面水平布线，另一面垂直布线，在地线交错处通过过孔相连，形成网格，且网格面积宜小，最好不要超过 1 $in^2$①。

②电源设计。

PCB 中除了将模拟电路和数字电路分开布置外，在供电上也要分别独立供电，以防止数字电路噪声对模拟电路的干扰。另外，在布线上，尽可能使电源线布在地线上层或近旁，这有利于将电源线中的噪声回送到地线上，减少噪声的辐射环路区域。

（3）去耦设计及布线设计。

①去耦设计。

数字系统中最主要的数字噪声是数字集成电路运行的电源电流瞬变噪声，因此设计时首先要解决电源去耦问题。一般来说就是在器件电源和地端并接去耦电容来吸收尖峰瞬变电流，去耦电容的大小可以按照尖峰电流和最大允许的电压波动值来计算。

通常，除了 VLSI 器件以外，去耦电容不要超过 0. 01 pF，因为去耦电容过大时会影响系统的频率响应。使用去耦电容的同时也要考虑去耦电容的连接，应该用最短的引线和最小的回路面积，并且尽量选择贴片电容。

对于一个数字控制系统，由于总线切换而产生的瞬变电流是很大的，另外通过电源也会引入一些高频噪声，因此在数字电源的入口处需要并接一个 10～100 μF 的电容以进一步去耦。

②布线设计。

印制电路板布线时，应先确定元器件在板上的位置，然后布置地线、电源线，再安排高速信号线，最后考虑低速信号线。元器件的位置应按电源电压、数字及模拟电路、速度快慢、电流大小等进行分组，以免相互干扰。根据元器件的位置可以确定印制电路板连接

① 平方英寸，1 in^2 = 645. 16 mm^2。

器各个引脚的安排，所有连接器应安排在印制电路板的一侧，尽量避免从两侧引出电缆，减少共模辐射。在考虑安全的情况下，电源线应尽可能靠近地线，以使形成的环面积较小，减小差模辐射的环面积，也有助于减小电路的交扰，应避免印制电路板导线的不连续性，即线宽度不要突变，导线不要突然拐角。当需要在印制电路板上布置快速、中速和低速逻辑电路时，高速的器件（快逻辑、时钟振荡器等）应安放在紧靠边缘连接器范围内，而低速逻辑和存储器应安放在远离连接器范围内。为了减小电缆上的共模辐射，需要对电缆采取滤波和屏蔽技术，不论滤波还是屏蔽都需要一个没有受到内部干扰污染的干净地。干净地既可以是 PCB 上的一个区域，也可以是一块金属板，有输入输出线的滤波和屏蔽层必须连到干净地上。干净地与内部的地线只能在一点相连，这样可以避免内部信号电流流过干净地，造成污染。

在对分隔了数字地和模拟地的印制电路板进行布线时，布线不能跨越分隔间隙，一旦跨越了分隔间隙，电磁辐射和信号串扰都会急剧增加。如果一定要采用分隔的地，则要建立地连接桥。一般建议，使用统一“地”，将 PCB 分为模拟部分和数字部分，保证数字信号返回电流不会流入模拟信号的地。电源的设计中，也要实现模拟和数字电源的分隔，不过同样不能跨越分隔电源面的间隙布线，必须跨越时，信号线要位于紧邻大面积地的布线层上。

五、项目拓展延伸

1. 本项目技术特点

（1）本设计通过选择灵敏度较高的敏感元件利用磁致伸缩波导管来测量移动磁铁的位置，然后利用两个不同磁场相交产生一个应变脉冲信号，最后计算探测这个信号所需的时间，便能换算出准确的位置，提高测量精度。

（2）机械盘式制动锁紧销方面，磁致伸缩线性位移传感器的应用显著提高了锁紧销动作的可靠性，进而提高了整机运行的安全性。

拓展延伸

（3）磁致伸缩位移传感器采用内部非接触的测量方式，由于测量用的活动磁环和传感器自身并无直接接触，不至于被摩擦、磨损，因而其使用寿命长、环境适应能力强、可靠性高、安全性好，便于系统自动化工作。

2. 项目（产品）可能的拓展成果

磁致伸缩位移传感器通过现代先进的电子技术手段，精密地计测脉冲波间的时间值，达到精确测量液位或物位的目的；虽具备很多优点，但也有不足之处：

（1）抗干扰能力略差（一般不建议用在电厂等强电磁辐射的场所）；

（2）接触式测量，对于被测的对象有一定局限，如无法测量酸碱等腐蚀性物质；

（3）浮球密封要求要严格，不能测量黏性介质；

（4）安装受限。较高的安装、维护要求，所以导致市场普及不广。

3. 拓展创新实施

根据上节项目技术可拓展点的内容，选择其中的 1 个拓展点进行创新设计，或者针对本项目涉及的内容提出新的创新点，尝试完成以下内容：

1）拟解决的问题

简要说明拟解决什么样的问题，详细阐述拟解决问题的方法。

2）实施方案或路径

绘制相关的方案原理图或控制流程图，能够准确表达解决问题的方案或技术路径。

3）拓展成果呈现方式

拟采用哪种方式（技术报告、专利交底书、技术论文、路演 PPT）呈现拓展创新点的成果，试设计出其框架结构。

六、展示评价

各小组自由展示创新成果，利用多媒体工具，图文并茂地介绍创新点具体内容、实施的思路及方法、实施过程中遇到的困难及解决办法、创新成果的呈现方式及相关文档整理情况。评价方式由组内自评、组间互评、教师评价三部分组成，围绕职业素养、专业能力综合应用、创新性思维和行动三部分，完成表 2-3 的填写。

表 2-3　项目评价

<table>
<tr><th>序号</th><th>评价项目</th><th>评价内容</th><th>分值</th><th>自评 30%</th><th>互评 30%</th><th>师评 40%</th><th>合计</th></tr>
<tr><td rowspan="5">1</td><td rowspan="5">职业素养
25 分</td><td>小组结构合理，成员分工合理</td><td>5</td><td></td><td></td><td></td><td></td></tr>
<tr><td>团队合作，交流沟通，相互协作</td><td>5</td><td></td><td></td><td></td><td></td></tr>
<tr><td>主动性强，敢于探索，不怕困难</td><td>5</td><td></td><td></td><td></td><td></td></tr>
<tr><td>能采用多样化手段检索收集信息</td><td>5</td><td></td><td></td><td></td><td></td></tr>
<tr><td>科学严谨的工作态度</td><td>5</td><td></td><td></td><td></td><td></td></tr>
<tr><td rowspan="3">2</td><td rowspan="3">专业能力
综合应用
25 分</td><td>绘图正确、规范、美观</td><td>5</td><td></td><td></td><td></td><td></td></tr>
<tr><td>表述正确无误，逻辑严谨</td><td>10</td><td></td><td></td><td></td><td></td></tr>
<tr><td>能综合融汇多学科知识</td><td>10</td><td></td><td></td><td></td><td></td></tr>
<tr><td rowspan="5">3</td><td rowspan="5">创新性思
维和行动
50 分</td><td>项目拓展创新点挖掘</td><td>10</td><td></td><td></td><td></td><td></td></tr>
<tr><td>解决问题方法或手段的新颖性</td><td>10</td><td></td><td></td><td></td><td></td></tr>
<tr><td>创新点检索论证结果</td><td>10</td><td></td><td></td><td></td><td></td></tr>
<tr><td>项目创新点呈现方式</td><td>10</td><td></td><td></td><td></td><td></td></tr>
<tr><td>技术文档的完整、规范</td><td>10</td><td></td><td></td><td></td><td></td></tr>
<tr><td colspan="3">合计</td><td>100</td><td colspan="4"></td></tr>
<tr><td colspan="8">评价人签名：　　　　　　　　　　　　时间：</td></tr>
</table>

项目复盘

本项目简述了磁致伸缩位移传感器的硬件结构设计，重点阐述了系统总体设计方案和关键环节的设计开发技术。本项目的后续研究将更加关注国内外的发展动态，结合新兴的技术和加工手段，尽快缩短同国外产品的差距，并努力实现设计产品化和产品系列化。

随着技术进步，就本项目所涉及的磁致伸缩位移传感器精度提高问题，思考和提出以下进一步工作和努力方向：

（1）磁致伸缩材料的选择方面，需要选择更好磁致伸缩材料以提高测量精度，这是下一步工作的关键。

（2）在成本允许的情况下，更换时间测量方法和芯片，观察对提高测量精度有多大帮助。

（3）针对温度变化对磁致伸缩位移传感器精度造成很大影响的问题，现有的温度补偿方法尚有一定的局限性，进一步研究其他更为有效的温度补偿方法。

延伸阅读——“大国重器，工匠精神”

洪家光：言传身教　匠心筑梦

洪家光始终秉持“国家利益至上”价值观，以实干践行初心，在生产一线创新进取、勇攀高峰。航空发动机被誉为现代工业“皇冠上的明珠”，其性能、寿命和安全性取决于叶片的精度。他潜心研究航空发动机叶片磨削加工的各个环节，自主研发出解决叶片磨削专用的高精度金刚石滚轮工具制造技术，经生产单位应用后，叶片加工质量和合格率得到了提升，助推了航空发动机自主研制的技术进步。凭借该项技术，他荣获2017年度国家科学技术进步二等奖。在工作岗位上，他先后完成了200多项技术革新，解决了300多个生产难题，以精益求精的工匠精神为飞机打造出了强劲的“中国心”。

他以国家级“洪家光技能大师工作室”和省级“洪家光劳模创新工作室”为平台，先后为行业内外2 000余人（次）进行专业技能培训，亲授的13名徒弟均成为生产骨干。他先后完成工具技术创新和攻关项目84项，个人拥有8项国家专利，团队拥有30多项国家专利，助推航空发动机制造技术水平提升，积极为实现“中国梦”“强军梦”“动力梦”贡献力量。

模块三

电气产品原始创新

模块简介

原始创新意味着在研究开发方面，特别是在方法研究和技术研究领域取得独有的发现或发明。原始创新是最根本的创新，是最能体现智慧的创新，是一个民族对人类文明进步做出贡献的重要体现。

产品的原始创新通常包括三个典型特征：

（1）首创性，需要前所未有或与众不同；

（2）突破性，需要在原理、技术、方法等某个或多个方面实现明显的变革；

（3）带动性，宏观上表现为对经济结构和产业形态带来重大变革，微观上将引发企业竞争态势的变化。

本模块涉及的电气产品原始创新设计，主要针对企业的产品技术研发活动，以企业用户的角度为出发点，发现用户的潜在需求，寻求新的产品或者发现老产品的问题，研究用户的诉求及用户的真正痛点，从而进行产品创新。

项目 1　随身感智能遥控插座的创新设计

一、项目学习引导

1. 项目来源

本项目是编者 2018 年指导的省级大学生创新训练计划项目。项目研究的目的是设计一款具有遥控功能的智能插座，实现一部分非智能类家用电器产品的智能化改造，实现普通电器产品的遥控通断电控制，同时实现加热、制冷、加湿、抽湿类家用电器的智能化控制，项目通过研究顺利结项。项目作品申请了实用新型专利，发表了专业技术论文，并荣获第十四届全国高等职业院校“发明杯”大学生创新创业大赛二等奖和第五届中国“互联网+”大学生创新创业大赛全国总决赛国际赛道铜奖。

2. 项目任务要求

本项目以一种具有感知温度与湿度的智能遥控插座为载体，以项目具体实施过程作为

项目内容介绍流程，介绍了综合应用“传感器与检测技术”“单片机应用设计与制作”“电子线路板设计制作”等相关专业知识进行创新设计的工作过程。旨在设计一款智能遥控插座，实现一部分非智能类家用电器产品的智能化改造，具体要求如下：

（1）能够遥控普通家用电器接通和断开电源；

（2）遥控器具有温湿度测量功能，能够实时测量环境温度与湿度；

（3）用户可以设定期望的温度和湿度数值，插座根据设定参数自动控制电器工作状态；

（4）遥控器与插座之间采用无线电方式通信，能够实现隔障碍物遥控；

（5）一个遥控器可以同时控制多个插座，两者之间可以通过配对实现关联。

3. 学习目标

（1）了解电子产品开发完整流程；

（2）明确电子产品创新设计思路；

（3）掌握电子产品系统结构设计及器件选型方法；

（4）掌握电路原理图设计和印制电路板设计方法；

（5）掌握单片机应用系统软件开发步骤及方法；

（6）能够对产品的不足之处提出改进思路，或进行拓展设计；

（7）分工协作、敢于创新，敢于发表自己的观点或看法；

（8）学习“不畏艰难，勇于创新”的工匠精神。

4. 项目结构图

项目设计结构如图 3-1 所示。

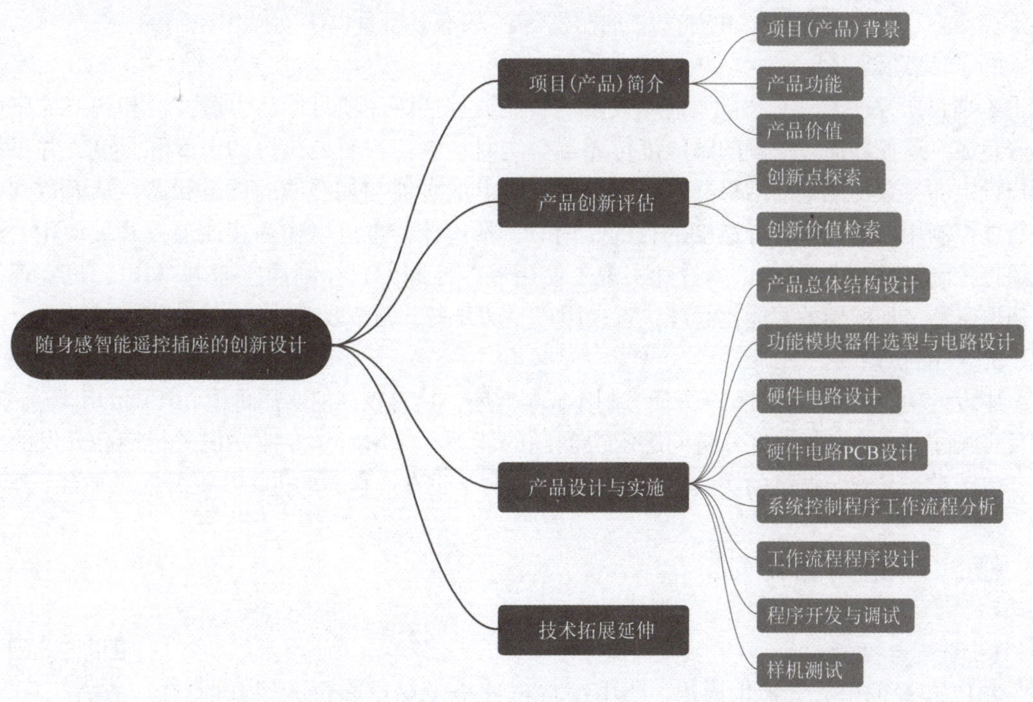

图 3-1　项目设计结构

5. 项目学习分组

项目学习小组信息如表 3-1 所示。

表 3-1　项目学习小组信息

组名				
成员姓名	学号	专业	角色	项目/角色分工

二、项目（产品）简介

1. 项目（产品）背景

随着智能制造时代的到来，智能家居技术的不断发展，越来越多的智能化产品进入人们的生活，比如智能空调、智能冰箱、智能洗衣机、智能电饭煲甚至智能灯光控制系统等，它们的出现给人们的生活带来了非常多的便利，让我们的生活变得越来越舒适、越来越美好。但是，通过初步调查发现，其实大部分的普通家庭离家电智能化还有不小的距离。而且，即使智能家居技术在不断进步，在传统非智能电器的遥控控制和智能化升级方向还存在不少空白，比如取暖器、电风扇、加湿器等，基本上还是以手动操作控制为主。

2. 产品功能

本项目研究一款具有“随身感”功能的智能遥控插座。项目作品由遥控器和智能插座两部分组成。遥控器通过内置的温湿度传感器，实时检测用户所处位置的温度和湿度，并根据用户设定的参数与测量的结果共同决定智能插座上取暖器与加湿器的通电状态，从而达到精确智能控制用户所处位置舒适度的目的。同时，本遥控器也可以作为普通遥控开关使用，通过遥控控制开关通电/断电。本设计实现了使用遥控控制方式控制插座通电/断电，也实现了普通取暖器、加湿器的智能化管理，省去用户手动开关、调整取暖器、加湿器的烦琐操作。

3. 产品价值

本设计功能新颖、使用安全方便、制作成本低廉，具有较高的实用价值和广阔的市场前景。项目实施过程可以培养学生分析问题解决问题的能力、应用所学专业知识进行产品开发的能力、电子类产品安装调试的实践动手能力，可以为学生专业素养的进一步提升提供平台。

三、产品创新评估

1. 创新点探索

2017 年党的十九大报告提出：“中国特色社会主义已经进入了新时代，我国社会的主要矛盾已经转化为人民日益增长的美好生活需要和不平衡不充分的发展之间的矛盾”。日常生活中，随着人们对生活品质的要求越来越高，

创新评估

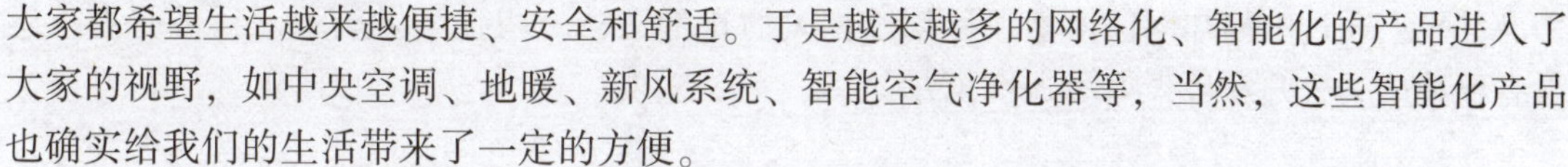

大家都希望生活越来越便捷、安全和舒适。于是越来越多的网络化、智能化的产品进入了大家的视野，如中央空调、地暖、新风系统、智能空气净化器等，当然，这些智能化产品也确实给我们的生活带来了一定的方便。

但是，目前大多数普通家庭离智能化、网络化还有一定的距离。例如寒冷的冬天，大多数普通家庭都是使用非智能的取暖器取暖而非中央空调或地暖，另外空气干燥的时候，大多数家庭使用的加湿器也并非智能的，有时候对于老人或者儿童操作不是很安全、方便。

为了给千千万万的普通家庭提供一种智能化的解决方案，让普通家庭也体验一下智能化的便捷、安全和舒适，本项目应运而生。

发现项目创意后必须明确项目的设计目标。本项目研究设计一款可以智能便捷控制普通取暖器、加湿器的智能插座，只要将普通取暖器、加湿器插接上此智能插座就可以实现普通取暖器、加湿器的智能化，可遥控化管理。

小试牛刀：检索一款智能遥控插座产品信息，完成以下内容：

（1）检索方式。

____

（2）产品组成。

____

（3）产品功能。

____

2. 创新价值检索

确定项目创新目标后，首先需要了解创意的创新价值和实施的可行性。项目新颖性关系到项目研究的必要性。如果项目的创意已经存在现成的产品，项目就没有研究的必要。项目新颖性可以通过科技查新手段直接论证，也可以通过以下步骤自己论证。

首先，通过各大网上商城和搜索引擎进行了类似功能产品的调查，调查结果显示，到目前为止还没有类似产品问世，如图 3-2 所示。

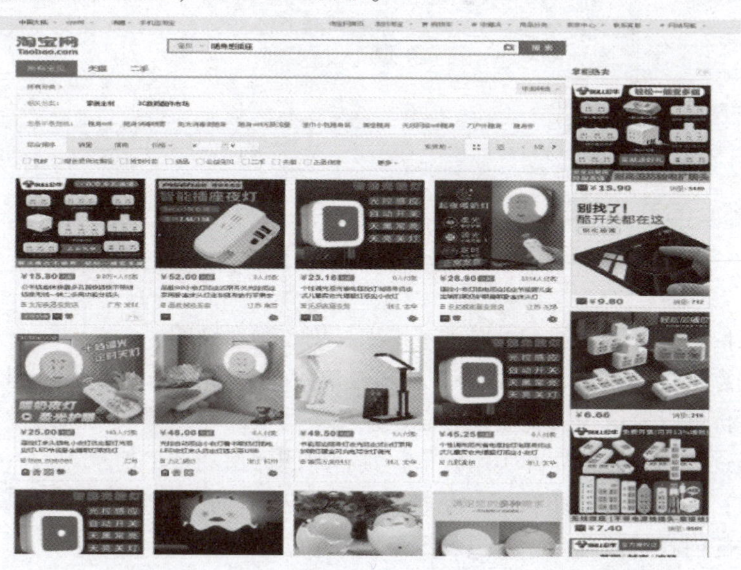

图 3-2　电商平台产品搜索

其次，通过中国知网，搜索项目创意相关的技术文档。调查结果显示，到目前为止还没有相关论文公开发表，如图 3-3 所示。

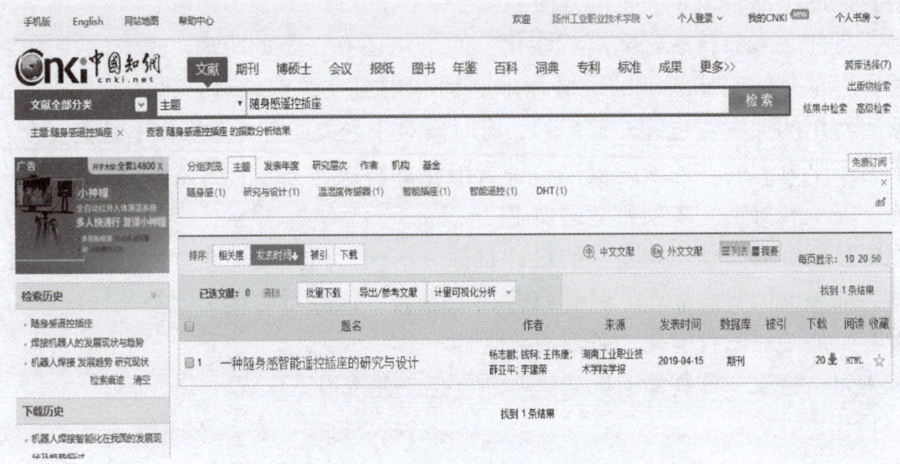

图 3-3　专业技术论文检索

最后，通过国家知识产权局专利检索及分析网站，检索项目创意相关的专利。调查结果显示，到目前为止还没有相关专利，如图 3-4 所示。

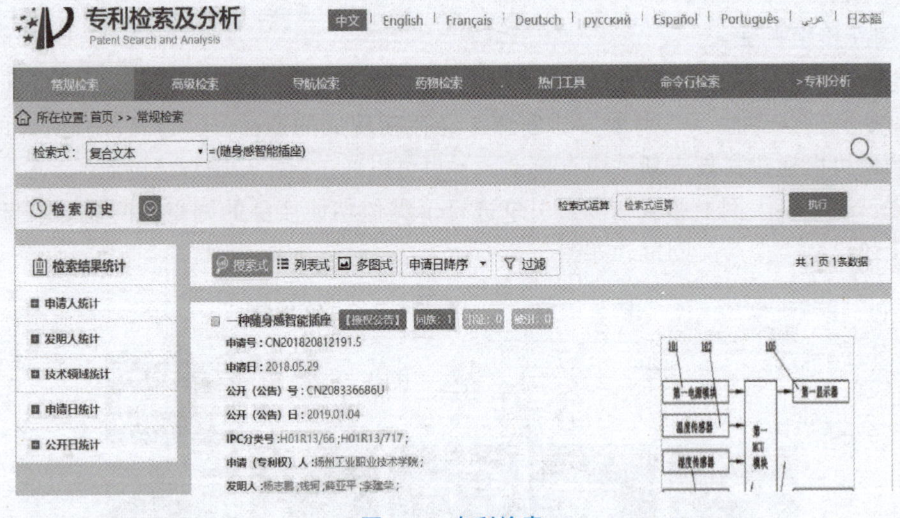

图 3-4　专利检索

通过以上信息的检索，基本可以确定本项目创意是新颖的。

项目的创意是否具有价值并不是由新颖性决定的，重点要论证项目创意的实用价值。实用价值的评价可以邀请相关企业技术总监或相关行业的专家组成专家组进行综合评估。

本项目通过评估具有较高的实用价值，具有广阔的市场推广前景。

小试牛刀：以“遥控插座”或“智能插座”为检索词，检索一种与本项目相关的专利信息，将检索的内容整理总结，并填表 3-2。

表 3-2　专利检索信息

专利种类	专利名称	专利号/申请日期	摘要主要内容

四、产品设计与实施

1. 产品总体结构设计

设计与实施

“随身感”智能遥控插座由遥控器和智能插座两部分组成，一个遥控器可以同时控制多个智能插座。首次工作前，智能插座需要先与遥控器配对，配对后智能插座只能被配对的遥控器遥控。遥控器可以测量环境温度和湿度，遥控智能插座接通或断开插座面板电源，遥控设定指定智能插座的工作模式，还可以查看各个智能插座的工作状态；智能插座可以手动设定工作模式，手动打开或关闭插座面板电源，也可以完全由遥控器遥控。所以，除了最基本的电源模块之外，遥控器和智能插座都需要有键盘和无线通信功能。同时，遥控器还需要有温度测量功能、湿度测量功能、数据显示功能，而智能插座还需要有工作状态指示功能和给插座面板通电/断电功能。

“随身感”智能遥控插座的系统硬件结构框图如图 3-5 所示，图（a）是遥控器的硬件结构，图（b）是单个智能插座的硬件结构。遥控器的硬件结构主要由单片机主控模块、电源模块、温度测量模块、湿度测量模块、键盘模块、显示屏模块、无线电通信模块组成；智能插座的硬件结构主要由单片机主控模块、电源模块、键盘模块、工作状态指示模块、继电器模块和无线电通信模块组成。

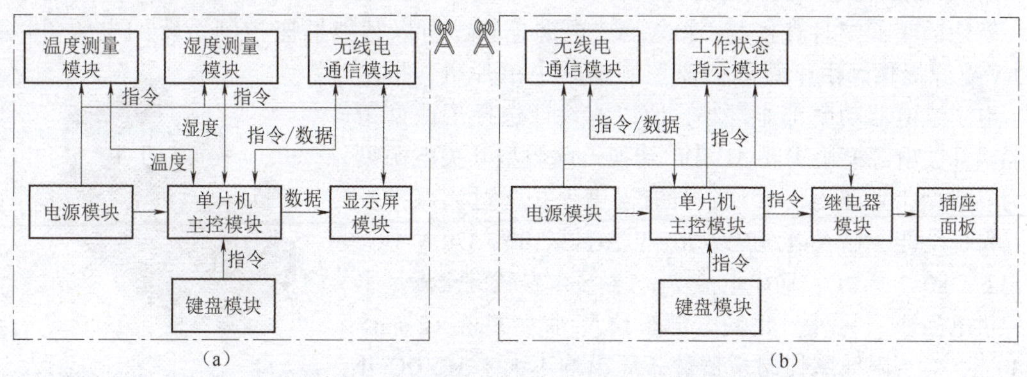

图 3-5　“随身感”智能遥控插座的系统硬件结构框图

（a）遥控器的硬件结构；（b）单个智能插座的硬件结构

电源模块给各个功能模块提供各自所需的电源；温度测量模块和湿度测量模块分别负责环境温度和湿度的测量，并将测量结果发送给单片机处理；显示屏模块是遥控器的人机

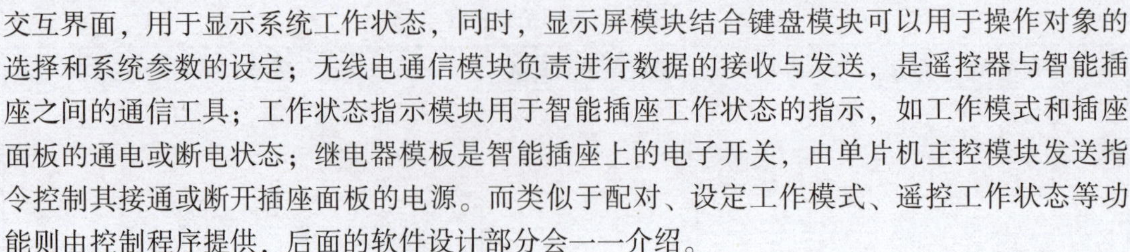

交互界面，用于显示系统工作状态，同时，显示屏模块结合键盘模块可以用于操作对象的选择和系统参数的设定；无线电通信模块负责进行数据的接收与发送，是遥控器与智能插座之间的通信工具；工作状态指示模块用于智能插座工作状态的指示，如工作模式和插座面板的通电或断电状态；继电器模板是智能插座上的电子开关，由单片机主控模块发送指令控制其接通或断开插座面板的电源。而类似于配对、设定工作模式、遥控工作状态等功能则由控制程序提供，后面的软件设计部分会一一介绍。

2. 功能模块器件选型与电路设计

1）遥控器电源模块选型与设计

本设计中遥控器采用电池供电方式，采用 9 V 干电池为遥控器供电。由于单片机主控模块和传感器模块工作压电为 5 V，而无线电通信模块和显示屏模块工作电压为 3.3 V，所以电源模块设计了 5 V 和 3.3 V 两种电源，5 V 电源为单片机主控制模块、温度测量模块和湿度测量模块供电，3.3 V 电源为无线电通信模块和显示屏模块供电。电源管理芯片选用了 AMS1117-5 和 AMS1117-3.3，分别负责 5 V 和 3.3 V 电源的稳压，每个电源管理芯片都配备了独立的钽电容进行电源纹波滤波，确保了输出电压的稳定性。遥控器电源模块电路如图 3-6 所示。

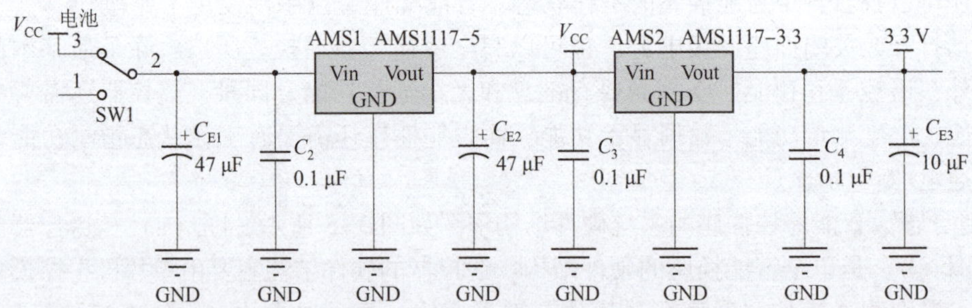

图 3-6　遥控器电源模块电路

2）智能插座电源模块选型与设计

智能插座工作时直接与 220 V AC 电源连接，所以智能插座控制系统的电源可以由 220 V 电源提供。由于智能插座控制系统中单片机、指示灯、电子继电器功率都非常小，所以本设计选择了微型精密隔离开关电源模块实现 AC/DC 转换。此微型开关电源模块为隔离型工业级电源模块，具有温度保护、过流保护及短路保护功能，输入电压 85～265 V AC 或 100～370 V DC，输出 5 V±0.2 V DC，输出电流 7 mA，技术参数完全满足本设计供电需求。另外，此款电源模块尺寸为 3 cm×2 cm×1.8 cm，对有限插座控制板器件布局影响不大。AC/DC 开关电源模块如图 3-7 所示。

图 3-7　AC/DC 开关电源模块

智能插座的控制系统中单片机主控模块、工作状态指示模块、继电器模块工作电压为 5 V DC，无线电通信模块工作电压为 3.3 V DC。所以在开关电源模块输出的 5 V 基础上设计了基于 AMS1117-3.3 的 3.3 V 电源，其电路原理如图 3-8 所示。

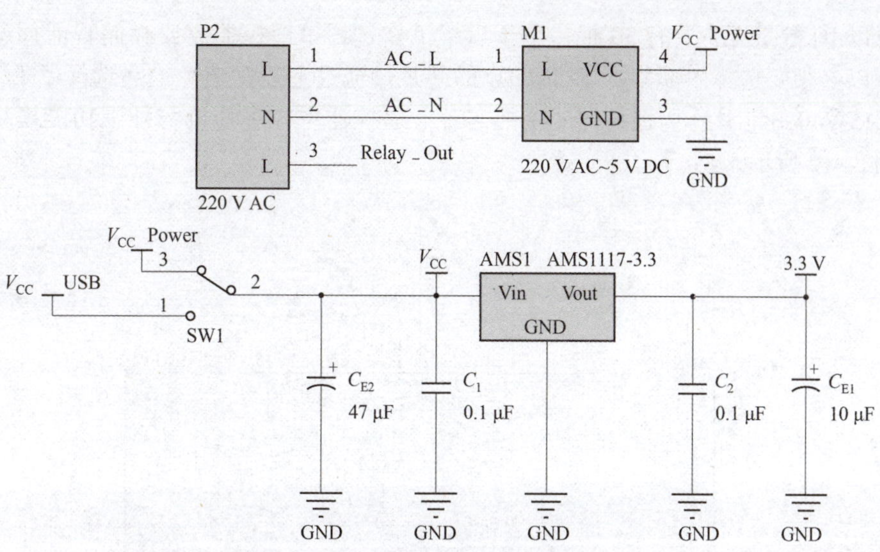

图 3-8　智能插座电源模块电路原理

3）主控模块单片机选型

遥控器与智能插座控制系统中各有一个单片机主控模块，在单片机芯片选择方面，使用了目前市场占有率非常高的 51 系列 STC 单片机。新型的 STC 单片机功耗低，运行速度是传统 51 单片机的 12 倍，而且单片机内部还集成了时钟电路、复位电路、看门狗定时器等实用功能，使用新型 STC 单片机设计单片机主控制模块时外围电路极少，从而提高了系统的稳定性。在单片机具体型号的选择上，借助 STC 公司提供的 STC-ISP 集成工具，可以通过筛选工作电压、程序空间、SRAM 大小、IO 数量、内部有无 EEPROM 存储器、内部有无 AD 转换器等参数的方式非常方便地进行芯片的选择。STC-ISP 芯片单片机选型工作界面如图 3-9 所示。

大赛/实验室/教材/招聘　串口助手　Keil仿真设置　选型/价格/样品　范例程序　波特率计算器　定时器计算器　软件延时计算器　头文件　官方网站资源　指令表　重要说明　固件版本

工作电压 5.5V-2.4　程序空间 8K　SRAM大小 *　IO数量 24　免费样品申请单（采购电话:0513-55012928，55012929，55012966）

查找　串口 *　☐ADC　☐PCA/PWM CCP/DAC　☐SPI　☑EEPROM　☐比较器(可当A/D,可作掉电检测用)

☑内部高精度时钟　☐有专用仿真芯片　☐程序加密后传输　☐可设置下次更新用户程序需口令　☐支持USB下载

型号	工作电压(V)	程序空间	SRAM	EEPROM	I/O	定时器	串口	ADC	比较器	PCA/PWM/CCP/DAC	SPI	看门狗	内置复位	复位门槛电压	低压中断
STC8G2K16S2	1.9-5.5	16K	2048	48K	45	5	2	8通道*10位	√	3	√	√	√	内部4级可选	内部检测
STC8G2K60S4	1.9-5.5	60K	2048	4K	45	5	4	8通道*10位	√	3	√	√	√	内部4级可选	内部检测
STC8H1K16	1.9-5.5	16K	1024	12K	29	5	2	8通道*10位	√	-	√	√	√	内部4级可选	内部检测
STC8H3K32S4	1.9-5.5	32K	3072	32K	45	5	4	8通道*12位	√	-	√	√	√	内部4级可选	内部检测
STC8H8K32S4U	1.9-5.5	32K	8192	32K	60	5	4	8通道*12位	√	-	√	√	√	内部4级可选	内部检测
STC8A8K16S4A12	2.0-5.5	16K	8192	48K	59	5	4	8通道*12位	√	4	√	√	√	内部4级可选	内部检测
STC8A4K16S2A12	2.0-5.5	16K	4096	48K	59	5	2	8通道*12位	√	4	√	√	√	内部4级可选	内部检测
STC8F2K16S4	2.0-5.5	16K	2048	48K	42	5	4	-	√	-	√	√	√	内部4级可选	内部检测
STC8F2K16S2	2.0-5.5	16K	2048	4K	42	5	2	-	√	-	√	√	√	内部4级可选	内部检测
STC15W408S	2.4-5.5	8K	512	5K	42	3	1	-	√	-	√	√	√	内部16级可选	内部检测
STC15W408AS	2.4-5.5	8K	512	5K	26	5	1	8通道*10位	√	3	√	√	√	内部16级可选	内部检测
STC15W1K16S	2.4-5.5	16K	1024	13K	42	3	1	-	√	-	√	√	√	内部16级可选	内部检测
STC15W4K16S4	2.4-5.5	16K	4096	43K	62	8	4	8通道*10位	√	8	√	√	√	内部16级可选	内部检测
STC15W1K08PWM	2.4-5.5	8K	1024	19K	30	3	1	8通道*10位	√	8	√	√	√	内部16级可选	内部检测

图 3-9　STC-ISP 芯片单片机选型工作界面

遥控器和智能插座的主控单片机选择方面，由于遥控器采用电池供电，所以选择 2.4~5.5 V 的宽工作电压；由于遥控器外接 HMI 人机交互界面，显示界面数量较多，所以程序空间至少要有 8 KB；由于遥控器工作过程中需要存储各插座的工作状态数据，所以 SRAM 存储器容量至少要有 256 B；由于遥控器外接功能模块较多，所以 IO 数量必须要有一定的余量，所以IO数量至少要有30根；由于后续工作过程中遥控器需要存储智能插座的设定参数，所以必须要选择内部集成EEPROM的芯片。通过上述筛选，最终选择了LQFP44封装的STC15W408S芯片作为遥控器的主控芯片。遥控器主控单片机与外围功能模块的连接电路如图3-10所示。

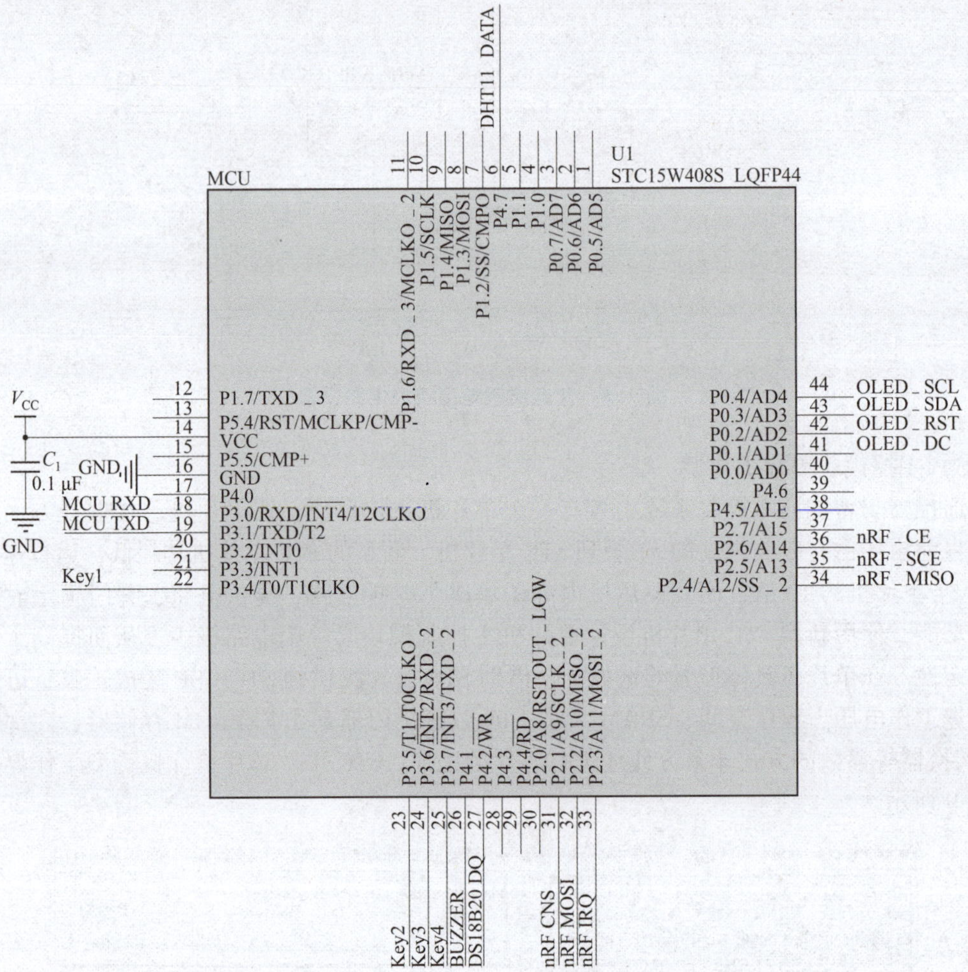

图3-10　遥控器主控单片机与外围功能模块的连接电路

同样，经过类似上述的筛选，最终选择了SOP16封装的STC15W408AS芯片作为智能插座的主控单片机。智能插座主控单片机与外围功能模块的连接电路如图3-11所示。

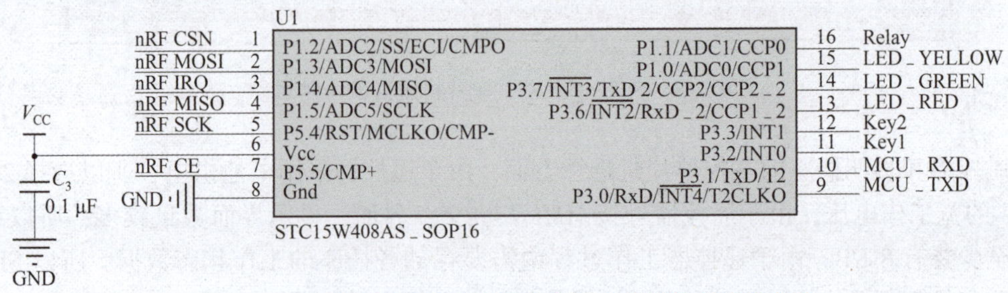

图3-11　智能插座主控单片机与外围功能模块的连接电路

思考：电子产品控制器选型主要需要考虑哪些因素？

4）温度传感器选型与接口电路设计

温度测量模块工作于遥控器端，用于测量环境温度数据。一般情况下，人们日常生活环境的温度范围为-5～+45 ℃，考虑到北方的冬季气温较低，南方的夏季气温较高，另外，设备工作异常时可能会产生明火，所以本设计选用了温度测量范围为-55～+125 ℃的数字式温度传感器 DS18B20 作为温度测量传感器。DS18B20 具有较强的抗干扰能力，测量误差±0.5 ℃，完全满足本系统对温度测量的需要。DS18B20 实物如图 3-12 所示。

温度传感器与单片机的连接电路，根据 DS18B20 工作方式不同可以有寄生电源方式、强上拉寄生电源方式和外部电源供电方式。在本设计中采用最常用的寄生电源方式，此连接方式只需要在单片机与 DS18B20 通信的 IO 接口上拉一只 4.7 kΩ 电阻即可实现芯片的硬件驱动。DS18B20 与单片机的连接电路如图 3-13 所示。

图 3-12　DS18B20 实物

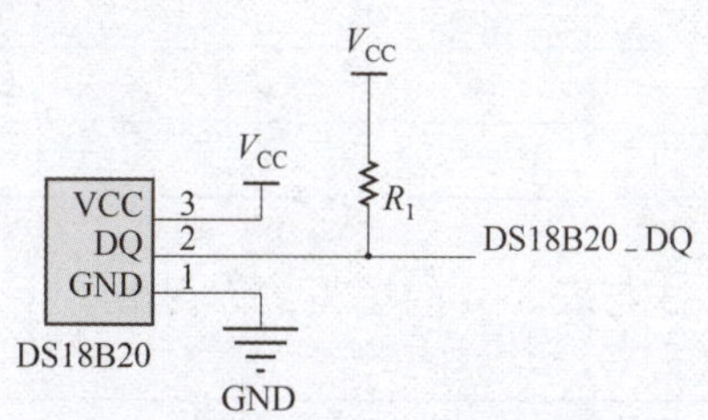

图 3-13　DS18B20 与单片机的连接电路

5）湿度传感器选型与接口电路设计

湿度测量模块工作于遥控器端，用于测量环境湿度数据。一般情况下，人们感觉舒适的湿度范围为 40%～70%RH。湿度低于 40%RH 时人们会感觉到干燥，而湿度高于 70%RH 时，人们会感觉到潮湿。用于测量环境湿度的传感器型号较多，价格差异也较大，在本设计中本着够用原则，选择了家用电器中常用的、性价比非常高的温湿度传感器 DHT11 作为遥控器中的湿度测量传感器。DHT11 湿度测量量程为 20%～90%RH，测量误差±5%RH，完全满足本设计对环境湿度测量的要求。DHT11 温湿度传感器实物如图 3-14 所示。

温湿度传感器 DHT11 一共有 4 只引脚，其中 1 号和 4 号引脚分别为电源和接地，2 号引脚为串行数据 IO 接口，3 号引脚为空脚。它和单片机的接口电路与 DS18B20 类似，也是只需要在单片机的 IO 接口上拉一只 4.7 kΩ 的电阻即可实现芯片的硬件驱动。DHT11 与单片机的连接电路如图 3-15 所示。

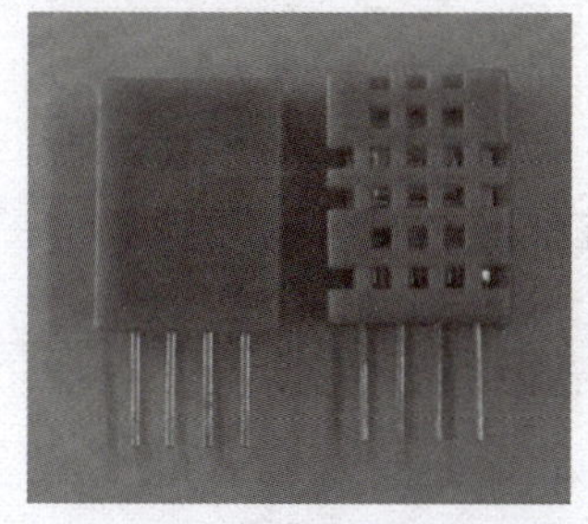

图 3-14　DHT11 温湿度传感器实物

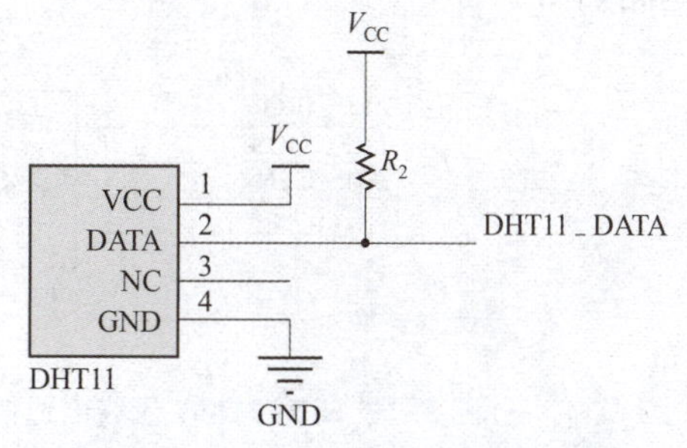

图 3-15　DHT11 与单片机的连接电路

知识小贴士：温度湿度传感器在一般电子产品设计中使用较为广泛，此类传感器种类众多，有模拟式、数字式，在测量范围、测量精度、误差大小、价格差异等方面差别非常大，在器件选型过程中需要对产品功能需求进行深入调研，明确要求，在此基础上选择适用、性价比高的器件。请通过网络查阅相关资料，填写表 3-3 和表 3-4 中的相关内容。

表 3-3　温度传感器产品调研

型号	类型	测量范围	测量精度	误差大小	价格

表 3-4　湿度传感器产品调研

型号	类型	测量范围	测量精度	误差大小	价格

通过表 3-3 与表 3-4 的填写，你得出了什么结论：

____

____

6）无线电通信模块选型与接口电路设计

在物联网飞速发展的今天，无线电通信模块的选择空间非常大，比如蓝牙、Wi-Fi、Zigbee 等。在本设计中考虑到通信遥控器与智能插座要实现一对多、无依赖性、远距离等因素，最终选择了工作于 2.4 GHz ISM 频段的 nRF24L01 无线电通信模块作为本系统的无线电通信模块。nRF24L01 无线电通信模块实物如图 3-16 所示。

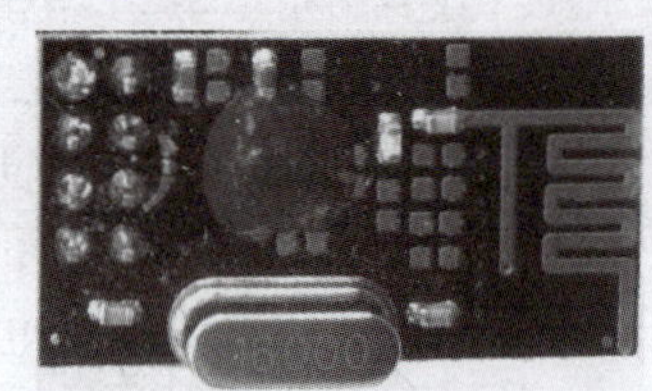

图 3-16　nRF24L01 无线电通信模块实物

nRF24L01 无线电通信模块共有 8 个引脚，工作电压为 3.3 V DC，IO 信号引脚有 RX/TX 模式选择端 CE、可屏蔽中断端 IRQ、SPI 片选端 CSN、SPI 主机输出从机输入端 MOSI、SPI 主机输出从机输出端 MISO、SPI 时钟端 SCK。nRF24L01 无线电通信模块与单片机的通信接口电路如图 3-17 所示。

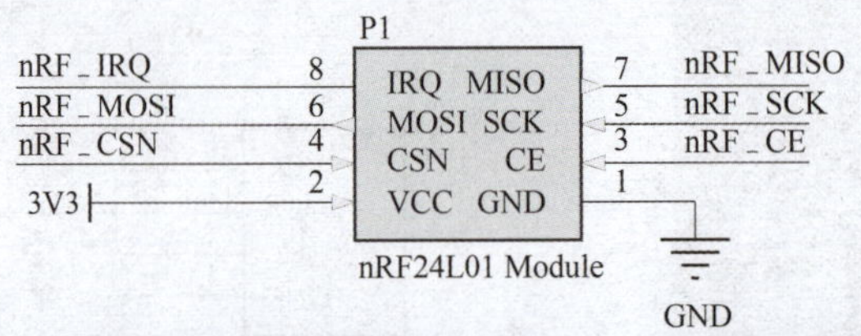

图 3-17　nRF24L01 无线电通信模块与单片机的通信接口电路

7）显示屏模块选型与接口电路设计

遥控器显示屏是遥控器人机交互界面，用于系统工作状态显示与系统设定对象选择。常用的显示器有 LED、数码管模块、LCD 液晶显示模块和 OLED 显示模块等。OLED 显示模块从面世的时间来说比前几种要晚得多，但是其优势却非常突出，比如模块尺寸更小、同尺寸模块的显示信息量更大、可以自主发光、功耗更低等。所以本系统选择了 0. 96 in① 的 128×64 点阵的 OLED 显示模块作为本系统的显示屏模块。此 OLED 显示模块实物如图 3-18 所示。

OLED 显示模块集成了 OLED 显示器及显示驱动电路，模块化的设计简化了与单片机通信的接口电路。OLED 显示模块共有 6 只引脚，1 号引脚为 GND，2 号引脚为 V_{CC}，工作电压为 2. 2~5. 5 V DC，其余 4 根 IO 为 4 线的 SPI 接口。OLED 显示模块与单片机通信接口电路如图 3-19 所示。

图 3-18 0. 96 in 128×64 点阵的 OLED 显示模块实物

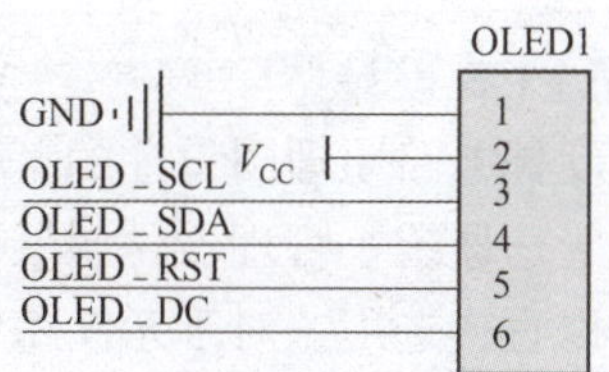

图 3-19 OLED 显示模块与单片机通信接口电路

8）继电器模块器件选型与驱动电路设计

继电器模块是智能插座上的电子开关，用于接通或断开智能插座连接电器的电源。在本设计中智能插座连接的家用电器为常用的小功率家用电器，功率一般不超过 2 kW，所以工作电流一般小于 10 A，由于智能插座控制板 AC/DC 电源模块输出电压为 5 V DC，所以在继电器选型时要注意选择 5 V 的继电器。由于继电器控制电源为 220 V AC，工作电流一般小于 10 A，所以应该选择 5 V 驱动的 10 A 250 V AC 继电器。此继电器实物如图 3-20 所示。

图 3-20 5 V 驱动的 10 A 250 V AC 继电器实物

本设计中继电器采用低电平驱动工作方式，当单片机 IO 接口连接的 Relay 引脚为低电平时，线圈 HK1 得电，继电器触点吸合，为智能插座连接的电器接通 220 V AC 电源；当单片机 IO 接口连接的 Relay 引脚为高电平时，线圈 HK1 失电，继电器触点释放，断开插座连接电器的电源，从而达到用低电压小电流控制高电压大电流的目的。继电器模块电路如图 3-21 所示。

3. 硬件电路设计

经过上述各功能模块硬件设计，加上基本的键盘模块、STC-ISP 程序下载调试模块和蜂鸣器报警模块，遥控器系统硬件电路总原理图如图 3-22 所示。

① 英寸，1 in=25. 4 mm。

智能插座控制板的硬件电路在上述模块电路设计基础上，加上基本的键盘模块、STC-ISP 程序下载调试模块和工作状态指示模块，智能插座系统硬件电路总原理图如图 3-23 所示。

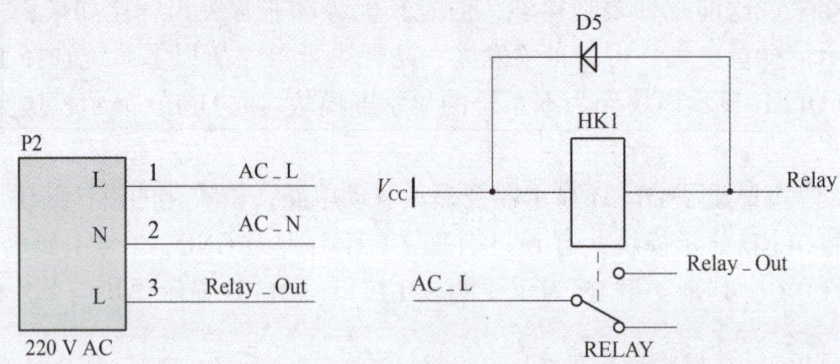

图 3-21　继电器模块电路

4. 硬件电路 PCB 设计

在完成系统硬件电路原理图设计的基础上，依据功能模块器件选型过程中确定的器件封装，使用封装管理器统一管理器件封装，逐一确定原理图中元件封装，对于元件库中已经具有的封装可以直接选用，对于元件库中没有的封装则需要使用封装设计工具自行设计。最终导出 BOM 表，并依照清单进行元器件的采购。目前很多商家都可以直接根据用户提供的 BOM 表一次性配齐所有元器件，有效提高了采购效率。

在确定器件封装后，通过“导入”的方式，将原理图中的所有元器件导入新建的空白 PCB 文件中。在进行具体元器件布局操作之前，本着安全第一、方便操作的原则，将 PCB 中的 220 V AC 高压交流电路与 DC 低压直流电路分区布局，为后续实际使用的安全提供了保障。遥控器和智能插座控制电路 PCB 布局布线和最终的 PCB 样板如图 3-24 和图 3-25 所示。

5. 系统控制程序工作流程分析

智能遥控插座系统控制程序工作流程分为遥控器与智能插座两部分，两部分协同工作，遥控器的软件工作流程包括系统初始化、环境数据测量、发送测量结果、清理数据表、接收智能插座工作状态数据、分析处理智能插座工作状态数据和显示 HMI 等；智能插座控制板主要工作流程包括系统初始化、智能插座联网状态分析、解析 EEPROM 中智能插座状态数据、接收遥控器测量结果、键盘扫描、修改智能插座工作状态和发送智能插座工作状态数据等。系统控制程序软件流程如图 3-26 所示。

思考：系统控制程序流程设计思路是什么？

____

____

____

智能遥控 HMI 是遥控器工作流程中最终展示界面，通过前面的一系列工作流程，系统工作状态发生的变化都会在显示屏上显示出来，所以 HMI 应该具有显示系统所有工作状态的功能，同时，还必须具备系统工作参数设定的功能。通过系统功能分析与工作界面工作逻辑设计，最终设计了欢迎页面、主页面、查看节点状态页面、设定湿度阈值页面、设定智

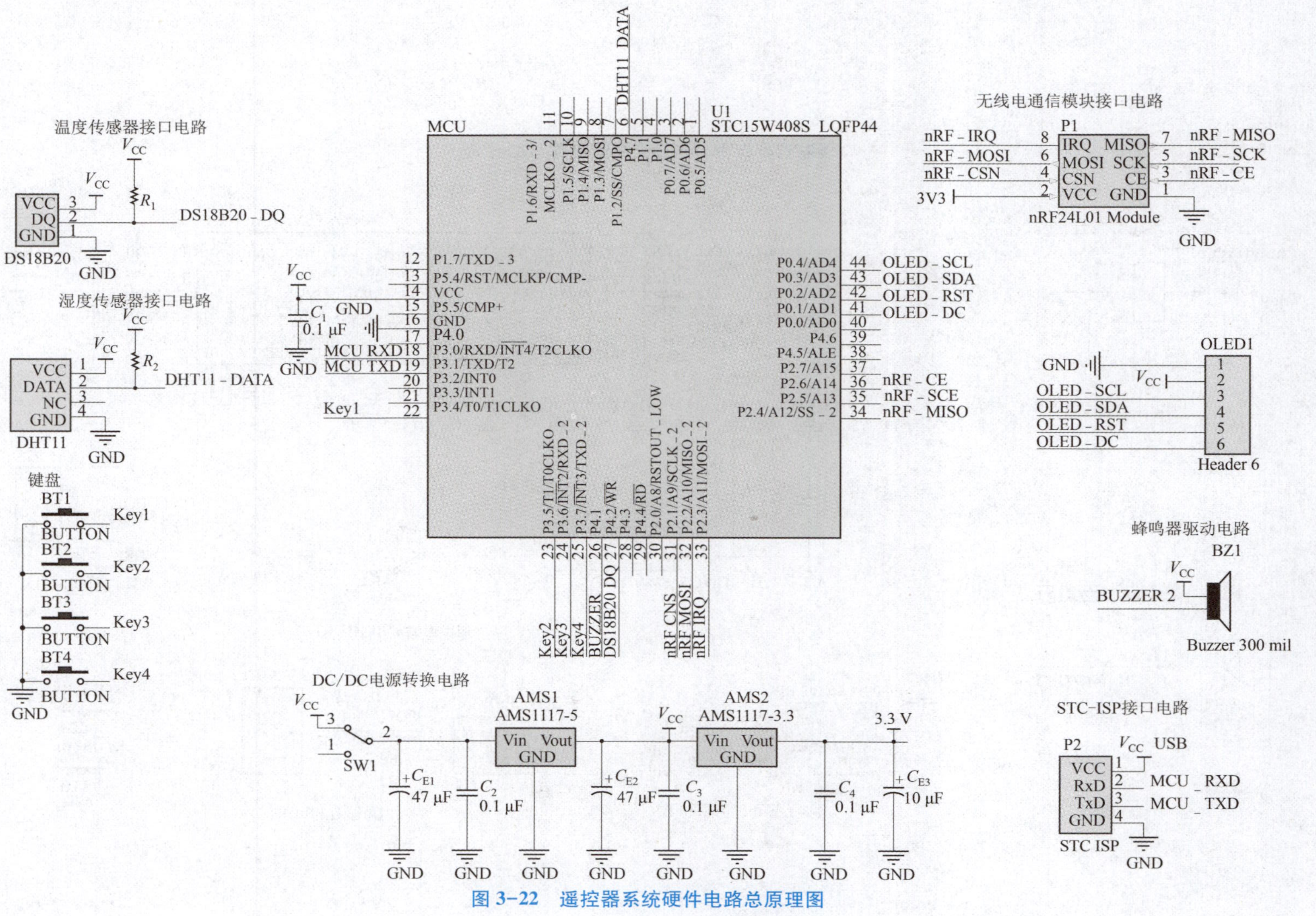

图 3-22　遥控器系统硬件电路总原理图

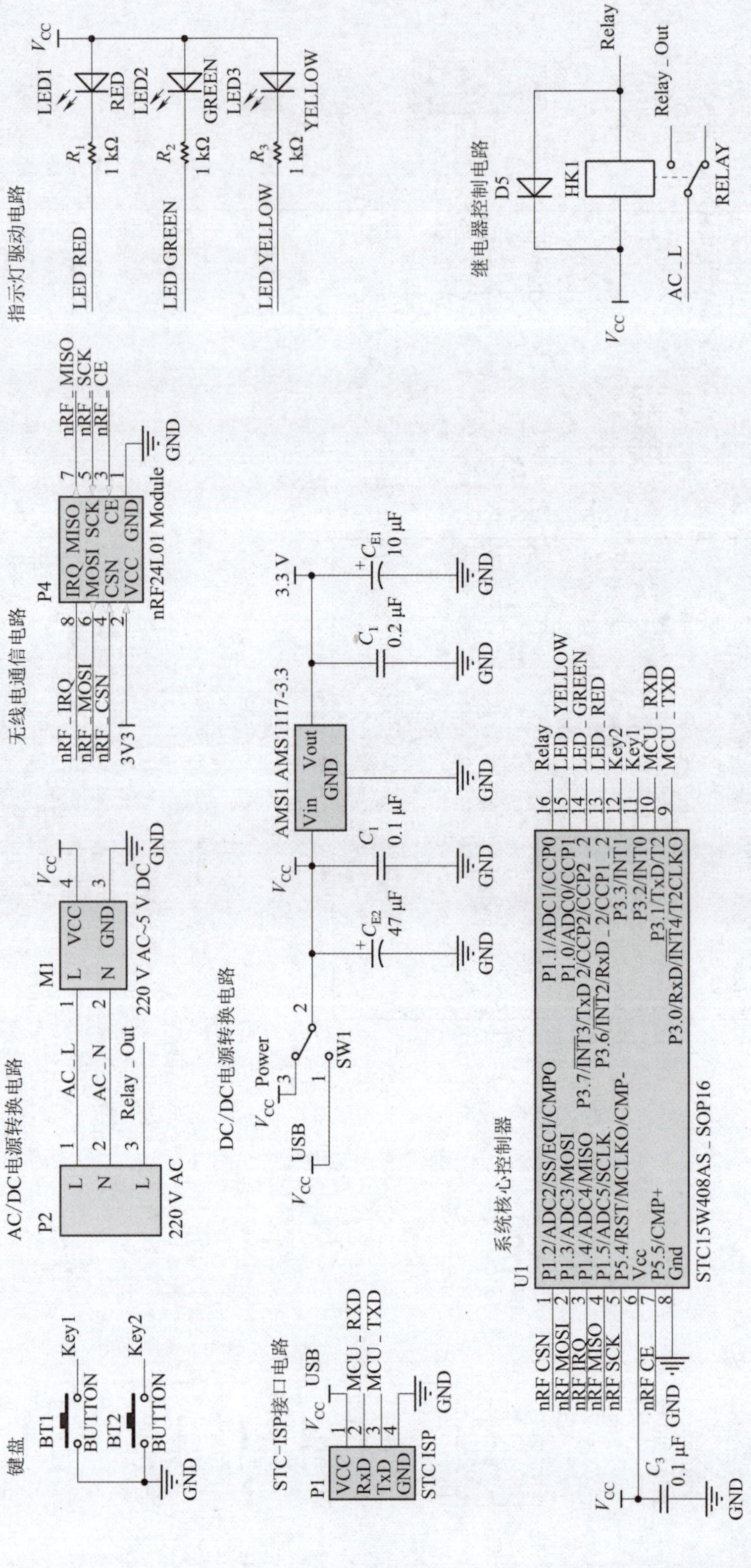

图 3-23　智能插座系统硬件电路总原理图

能插座节点开关状态页面、设定节点编号页面、设定节点工作模式页面、设定节点类型页面和设定配对页面在内的 9 个页面，页面的切换由键盘上的 4 个独立按键控制，独立按键的功能由当前显示页面第 4 行的显示内容提示。比如显示“主页面”时，4 个独立按键的功能分别为“查看”“+温”“-温”“设定湿度”，其中“查看”功能指的是切换到“查看节点状态页面”，“+温”功能指的是设定温度阈值+1，“-温”功能指的是设定温度阈值-1，“设定湿度”功能指的是切换到“设定湿度页面”。遥控器 HMI 页面切换流程如图 3-27 所示。

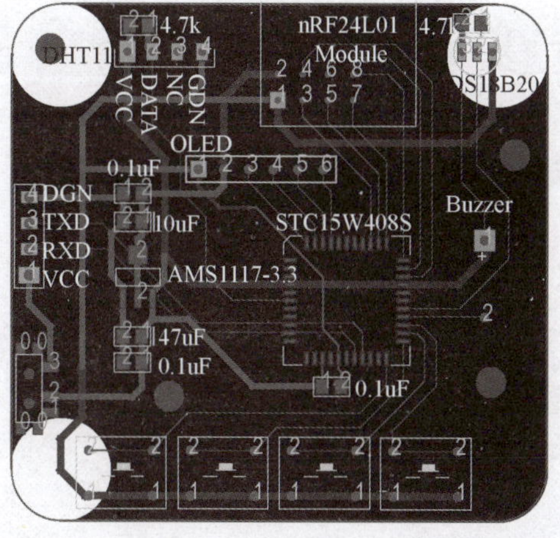

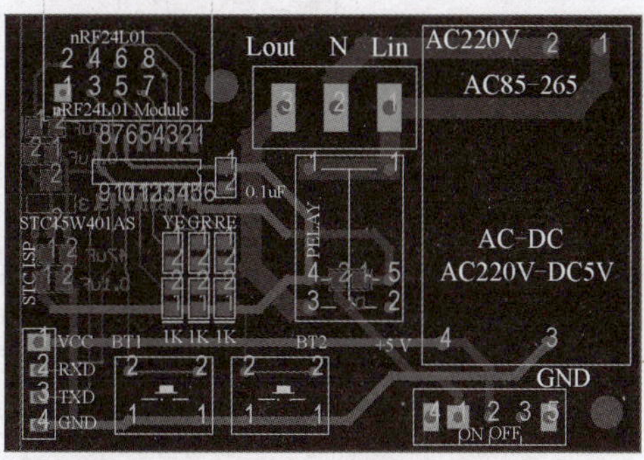

图 3-24　控制电路 PCB 布局布线

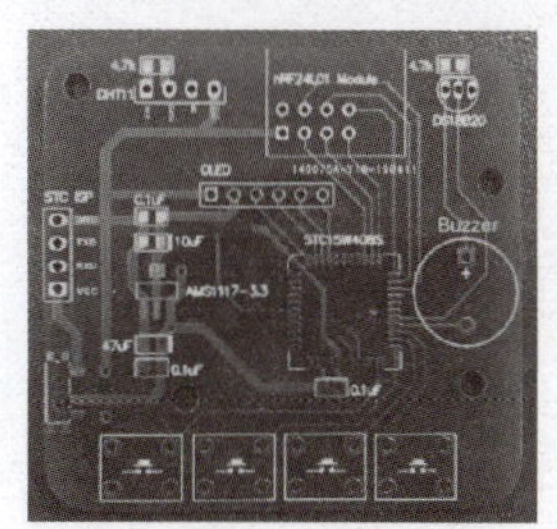
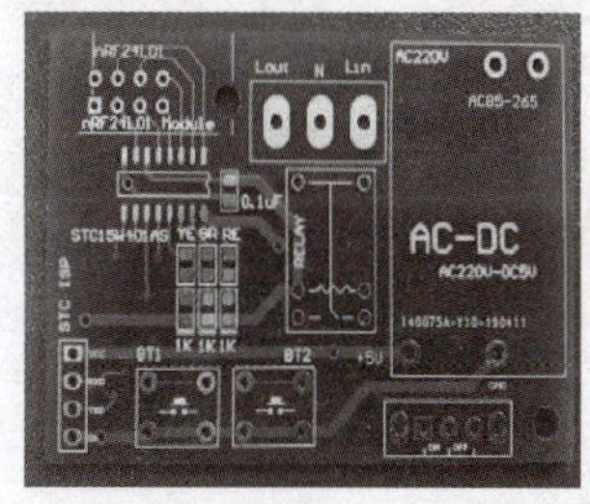

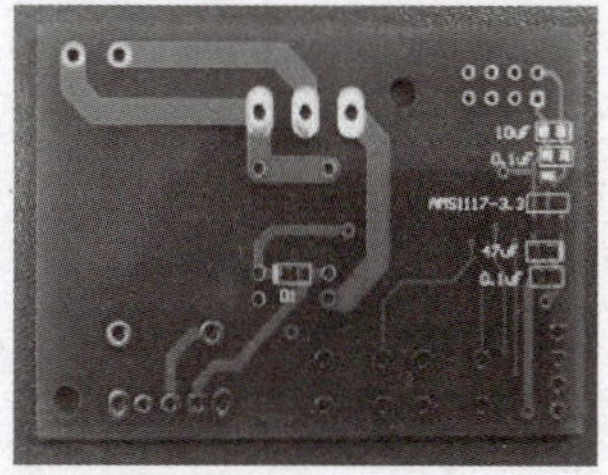
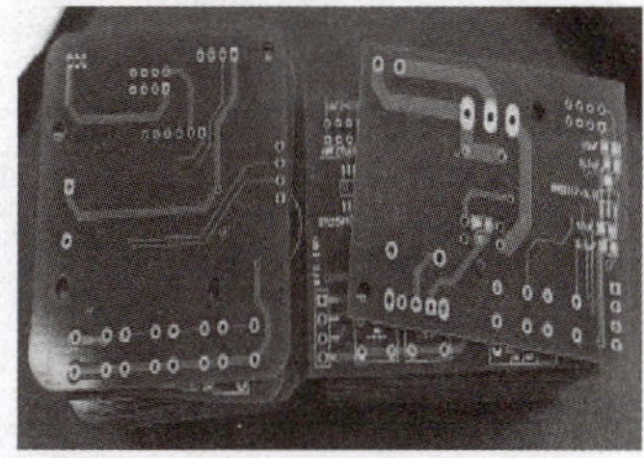

图 3-25　最终的 PCB 样板

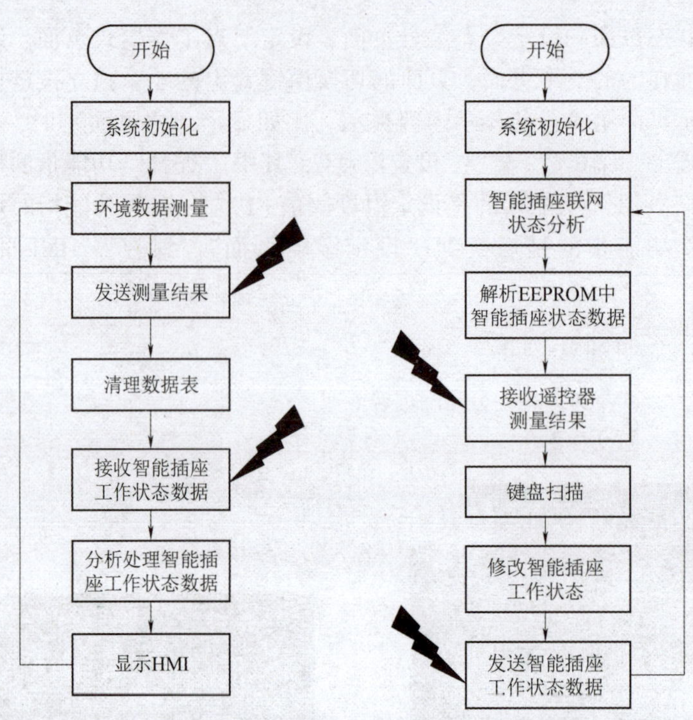

图 3-26 系统控制程序工作流程

(a) 遥控器控制程序工作流程；(b) 智能插座控制程序工作流程

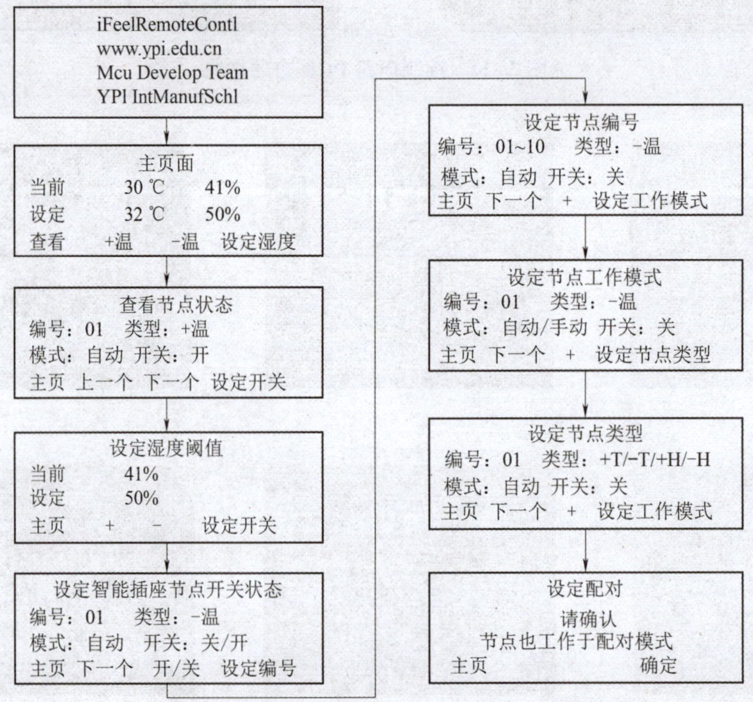

图 3-27 遥控器 HMI 页面切换流程

6. 工作流程程序设计

1）遥控器主程序设计

主程序的工作任务是根据系统工作流程，合理安排各子程序执行的逻辑关系，是单片机程序中最基本也是最关键的程序。遥控器主程序通过调用各子程序，进行遥控器系统软件的逻辑设计，主要工作流程包括系统初始化、环境数据测量、发送测量结果、清理数据表、接收智能插座工作状态数据、分析处理智能插座工作状态数据、显示 HMI 等。遥控器主程序如下：

```
void main(void){
    ClrDataBase( );
    GetTemp( );//预测量温度,丢掉温度传感器初始测量值+85 ℃
    ReadSetValueFromEeprom( );//读取测量
    LCD_Init( );//显示器初始化
    GetMcuId( );//获取本机单片机 ID
    NRF24L01Int( );//无线电传输模块 nRF24L01 初始化
    Welcome( );//显示欢迎页面
    Temp=GetTemp( );//等特初始化
    Humi=GetTH( );
    delay(20000);
    LCD_CLS( );//清除欢迎页面
    while(1){
        /主循环 MeasurePeriod 次测量 1 次
        if(++MeasureCounter % MeasurePeriod == 0){/
            MeasureCounter=0;
            GetMcuId( );//获取本机单片机 ID
            Temp=GetTemp( );
            Humi=GetTH( );
            SendData( );
        }
        //限定主循环计数器计数范围
        if(++LoopCounter>MainLoopPeriod) LoopCounter=0;
        CleanDataBase( );
        ReceiveData( );//接收各节点发送的数据
        AnalysisAndSaveReceivedData( );//分析处理数据
        switch(Menu){ //显示 HMI
            case HomePageNum:HomePage( );  break;
            case ViewPageNum:ViewPage( );break;
            case SetHumiPageNum:SetHumiPage( );break;
            case SetNetOnOffPageNum:SetNetOnOffPage( );break;
            case SetNetNumPageNum:SetNetNumPage( ); break;
```

```
            case SetNetWorkModePageNum:SetNetWorkModePage( );break;
            case SetNetTypePageNum:SetNetTypePage( ); break;
            case SetMatchPageNum:SetMatchPage( );break;
            default:break;
        }
    }
}
```

2）智能插座主程序设计

智能插座主程序主要工作流程包括系统初始化、智能插座联网状态分析、解析 EEPROM 中智能插座状态数据、接收遥控器测量结果、键盘扫描、修改智能插座工作状态和发送智能插座工作状态数据等，遥控器主程序如下：

```
void main( )
{
    GetMcuId( );//读取节点单片机 ID
    NRF24L01Int( );//无线传输模块初始化
    while(1){//主程序主循环
        RcOnlineOfflineAnalysis( );//智能插座联网状态分析
        ReadSavedBoardSignalFromEeprom( );//从 EEPROM 中读取节点状态数据
        ReceiveData( );//获取遥控器数据
        AnalysisReceivedData( );//分析处理数据
        KeyScan( );//按键检测
        KeyServ( );//根据按键命令执行相应程序
        ModifyStatus( );//修改节点工作状态
        if(SendDataFlag==1){//发送本节点状态数据
            if(NeedSend==1){
                SendData( );
                NeedSend=0;
                if(++SendDataCounter>= SendDataTimeNum){
                    SendDataCounter=0;
                    SendDataFlag=0;
                }
            }
        }
        if(++MainLoopCounter>=10){
            NeedSend=1;
            MainLoopCounter=0;
        }
    }
}
```

3）遥控器数据库清理程序设计

遥控器在工作过程中，如果节点掉电或者数据产生冗余，则需要定期清理更新数据，以确保数据与实际工作状态对应，所以定期进行数据库的清理是非常必要的。数据库清理程序首先要进行数据记录有效性判断，在确定数据无效的情况下，再将无效数据清除。在此子程序中，采用判断数据延时参数值的方法，判断数据是否有效。数据库清理程序如下：

```
void CleanDataBase( )
{
…
    for(i=0;i<DataLines;i++)
    {
        CalcDataDelay=0;
        CalcDataDelay = (DataBase[i][11]*256+DataBase[i][12]);
        if(LoopCounter>CalcDataDelay)  CalcDataDelay=LoopCounter-CalcDataDelay;
        else CalcDataDelay=LoopCounter+(MainLoopPeriod-CalcDataDelay);
        if(CalcDataDelay>DataCleanPeriod)
        {
            for(j=0;j<DataColumns;j++) DataBase[i][j]=0xff;
        }
    }
}
```

4）分析处理智能插座工作状态数据

在本系统中，遥控器需要不断接收各智能插座节点发送过来的状态数据，再根据自身测量的温度与湿度数据判断是否应该执行相关的通电与断电操作，所以数据接收处理子程序在此系统中起着重要的作用。数据接收处理子程序如下：

```
void AnalysisAndSaveReceivedData( ){//解析接收到的数据并做相应处理
…
    if(RcRxFlag==1){
        for(i=0;i<18;i++) CrcCode += RcRxData[i];
        if(CrcCode == RcRxData[18]*256+RcRxData[19]) {
            CrcCode=0;
            for(i=0;i<7;i++) {//检查数据是否为配对节点发送
                MatchTest += RcMCUID[i]-RcRxData[i];
            }
            if(MatchTest==0) {//如果数据是配对节点发送
                for(DBL=0;DBL<DataLines;DBL++) { //检查本节点数据
                    SearchTest=0;
                    for(DBC=0;DBC<7;DBC++) {
```

```
                SearchTest+=DataBase[DBL][DBC]-RcRxData[DBC+7];
            }
            if(SearchTest==0){
                Lnum=DBL; //指定写入的"数据行"为第 DBL 行
                FindOk=1;
                break;
            }
        }
        if(FindOk==0) { //如果数据库中无本节点数据,则检查空行
            for(DBL=0;DBL<DataLines;DBL++){
                NullTest=0;
                for(j=0;j<DataColumns;j++){
                    NullTest +=DataBase[i][j];
                }
                if(NullTest==0xff*DataColumns){
                    Lnum=DBL; //指定写入的"数据行"为第 DBL 行
                    FindOk=1;
                    break;
                }
            }
        }
        if(FindOk==0) { //如果数据库中无本节点数据,则淘汰尾部数据
            for(i=DataLines-1;i>0;i--){
                for(j=0;j<13;j++){
                    DataBase[i][j]=DataBase[i-1][j];
                }
            }
            Lnum=0; //指定写入的"数据行"为第 0 行
            FindOk=1;
        }
        if(FindOk==1) { //写入数据
            for(i=0;i<11;i++){
                DataBase[Lnum][i]=RcRxData[i+7];
            }
            DataBase[Lnum][11]=LoopCounter/256;
            DataBase[Lnum][12]=LoopCounter%256;
        }
    }
}
RcRxFlag=0;
```

```
    }
}
```

5）智能插座联网状态分析程序设计

智能插座与遥控器在整个工作过程中定时刷新数据、更新工作状态，如果智能插座长时间没有收到遥控器的测量数据，则可能遥控器已经离线。为了确保智能插座连接电器的工作安全，如果遥控器离线则必须更新智能插座工作状态为离线。智能插座联网状态分析子程序如下：

```
void RcOnlineOfflineAnalysis( )
{
    if(DataDelayCounter++ >DataDelayPeriod)
    {
        DataDelayCounterOverflowFlag=Overflow;
        DataDelayCounter=0;
    }
    if(DataDelayCounterOverflowFlag==Overflow) RcStatusFlag=RcOffline;
}
```

6）智能插座分析接收数据程序设计

智能插座与遥控器在整个工作过程中定时刷新数据、更新工作状态。在接收到数据后需要分析处理，首先要判断接收到的数据是否为配对遥控器发出；其次需要判断接收到命令的设定对象是否为本智能插座，如果所有的判断匹配，则将接收到的数据存入存储器，作为后续智能插座状态修改的依据。智能插座分析接收数据程序如下：

```
void AnalysisReceivedData( ){ //分析接收到的数据
…
    if(RxFlag==1) {
        for(i=0;i<24;i++){
            CrcCode += NetRxData[i];
        }
        if(CrcCode == NetRxData[24]*256+NetRxData[25]) {
            if(NetWorkMode==MatchMode) { //如果节点工作于配对模式
                if(rRcWorkMode==MatchMode) { //如果遥控也是配对模式
                    RecordMatch( ); //配对
                    SendDataFlag=1;
                }
            }
            else{ //如果节点工作于自动模式或手动模式
                for(i=0;i<=6;i++){ //首先检查数据是不是配对的遥控器发送的
                    j+=NetRxData[i]-NetStatusData[i];
                }
                if(j==0) { //配对验证成功
```

```
                if(rRcWorkMode==SetMode){//如果遥控为设定模式
                    for(i=0;i<=6;i++){//比对 MCUID 检查设定对象
                        j+=NetMCUID[i]-NetRxData[i+17];
                    }
                    if(j==0){
                        RecordSetting();//将设定数据记入 EEPROM
                    }
                }
                Temp=rTemp;
                SetTemp=rSetTemp;
                Humi=rHumi;
                SetHumi=rSetHumi;
                RecordSetTH();
                SendDataFlag=1;
                DataDelayCounter=0; //清除数据延时计数器
                DataDelayCounterOverflowFlag=NotOverflow;
                RcStatusFlag=RcOnline;
            }
        }
    }
    for(i=0;i<26;i++) NetRxData[i]=0xff;//清除接收缓存数组
    RxFlag=0;
  }
}
```

7）智能插座工作状态控制程序设计

智能插座与遥控器在整个工作过程中定时刷新数据、检测键盘有无指令输入，所以每个工作周期，智能插座都需要根据更新之后的数据修改工作状态，如调整状态指示发光二极管的显示状态，调整智能插座接插电器的通断电状态等，特别是当遥控器离线之后，智能插座无法感知环境数据，为了确保工作过程用电安全，智能插座会立即切断接插电器的电源。智能插座工作状态控制程序如下：

```
void ModifyStatus()//修改智能插座工作状态函数
{
    static unsigned int MSi;
    //ModifyRelayWorkStatus
    if(NetWorkMode == AutoMode) //自动模式
    {
        if(RcStatusFlag == RcOffline)//遥控器离线,智能插座切断电源
        {
            Relay=RelayOff;
```

```
    }
    else
    {
        if(NetType==AddTempDevice)
        {
            if(Temp<=SetTemp-TempUpDownValue) Relay=RelayOn;
            if(Temp>=SetTemp+TempUpDownValue) Relay=RelayOff;
        }
        else if(NetType==DecTempDevice)
        {
            if(Temp<=SetTemp-TempUpDownValue) Relay=RelayOff;
            if(Temp>=SetTemp+TempUpDownValue) Relay=RelayOn;
        }
        else if(NetType==AddHumiDevice)
        {
            if(Humi<=SetHumi-HumiUpDownValue) Relay=RelayOn;
            if(Humi>=SetHumi+HumiUpDownValue) Relay=RelayOff;
        }
        else if(NetType==DecHumiDevice)
        {
            if(Humi<=SetHumi-HumiUpDownValue) Relay=RelayOff;
            if(Humi>=SetHumi+HumiUpDownValue) Relay=RelayOn;
        }
    }
}
else if(NetWorkMode == ManuMode)  //手动模式
{
    if(NetSwitchStatus == NetOn) Relay=RelayOn;
    if(NetSwitchStatus == NetOff) Relay=RelayOff;
}
else if(NetWorkMode == MatchMode) //配对模式
{
    //配对模式状态指示          左 LED 闪烁
    if(++MSi>20)
    {
        Lled=! Lled;
        Mled=LedOff;
        Rled=LedOff;
        MSi=0;
```

```
        }
    }
    if(! Relay) NetSwitchStatus=NetOn;
    else NetSwitchStatus=NetOff;
    if((NetWorkMode == AutoMode)||(NetWorkMode == ManuMode))
    {
        if(NetType == NormalDevice) //普通电器,LED 全灭
        {
            Lled=LedOff;
            Mled=LedOff;
            Rled=LedOff;
        }
        if(NetType == AddTempDevice)  //取暖电器左亮中灭右灭 100
        {
            Lled=LedOn;
            Mled=LedOff;
            Rled=LedOff;
        }

        if(NetType == DecTempDevice)  //降温电器左亮中亮右灭 110
        {
            Lled=LedOn;
            Mled=LedOn;
            Rled=LedOff;
        }
        if(NetType == AddHumiDevice)  //取暖电器左灭中灭右亮 001
        {
            Lled=LedOff;
            Mled=LedOff;
            Rled=LedOn;
        }

        if(NetType == DecHumiDevice)  //取暖电器左灭中亮右亮 011
        {
            Lled=LedOff;
            Mled=LedOn;
            Rled=LedOn;
        }
    }
}
```

7. 程序开发与调试

1）STC 芯片库添加

本项目程序开发工作选用了经典的 Keil μVision4 集成开发工具。由于本设计中选用的 STC 单片机不在 Keil 软件的器件库中，在建立项目之前需要使用 STC-ISP 软件将 STC 芯片库添加到 Keil 软件中。打开 STC-ISP 软件的“Keil 仿真设置”选项卡，单击“添加型号和头文件到 Keil 中”按钮，选择 Keil 软件安装目录，完成添加。芯片库添加操作界面如图 3-28 所示。

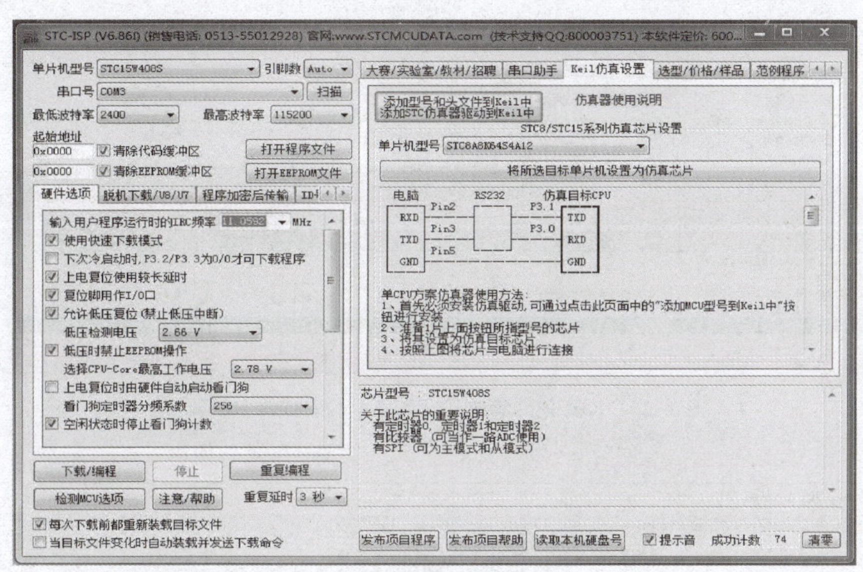

图 3-28　芯片库添加操作界面

2）程序编写与调试

本项目控制程序分遥控器与智能插座两部分，程序项目需要分别建立、编程和调试。本设计程序编写与调试过程中分别建立了遥控器控制程序开发项目 RC 和智能插座节点控制程序开发项目 EDCB，由于控制程序比较复杂、代码量比较大，所以在程序开发过程中采用了模块化的编程思想，将控制程序代码拆分成多个 C 文件和 H 文件，通过单独定义、相互调用的方式工作，在程序文件管理上通过分类别管理的方式，方便了程序文件的查找与编辑。最终调试成功的遥控器控制程序大小为 7 240 B，数据存储器占用 224 B，智能插座节点控制程序大小为 2 419 B，数据存储器占用 113.6 B。Keil 软件集成开发环境中的遥控器 RC 项目和智能插座节点 EDCB 项目分别如图 3-29 和图 3-30 所示。

8. 样机测试

1）硬件装配与样机功能说明

本设计的功能样机一共焊接装配了 2 只遥控器和 8 只智能插座节点，由于数量不大，所以采用了手工焊接的方式进行装配。装配过程中需要特别注意的是 LQFP44 封装的芯片，此封装的单片机尺寸小、引脚数量多，焊接过程中需要特别注意焊接温度。为了保证焊接质量，在装配过程中使用了恒温焊台，将温度设定到 300 ℃，保证了芯片不会因为高温而损坏。“随身感”智能插座功能样机如图 3-31 所示。

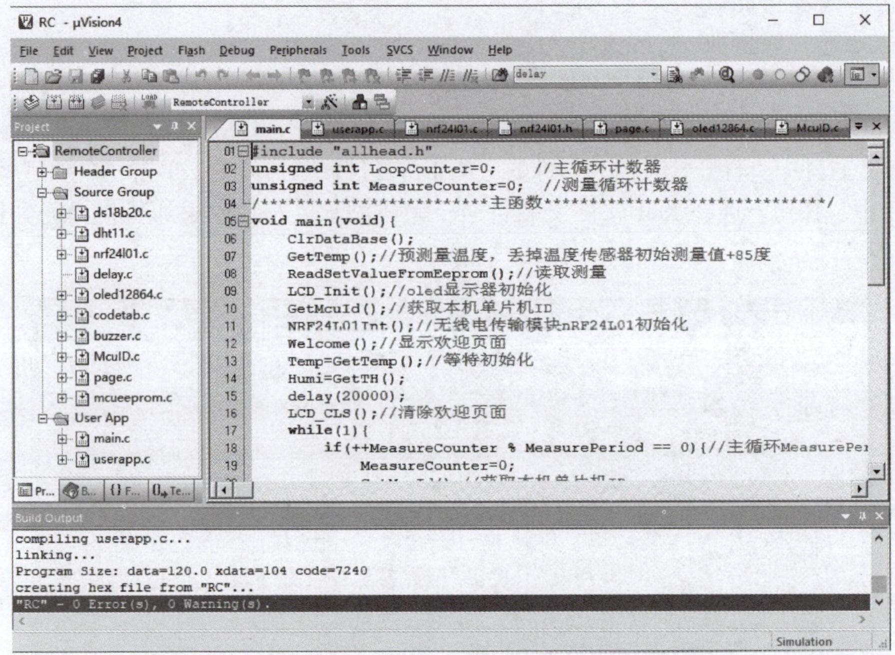

图 3-29　Keil 软件集成开发环境中的遥控器 RC 项目

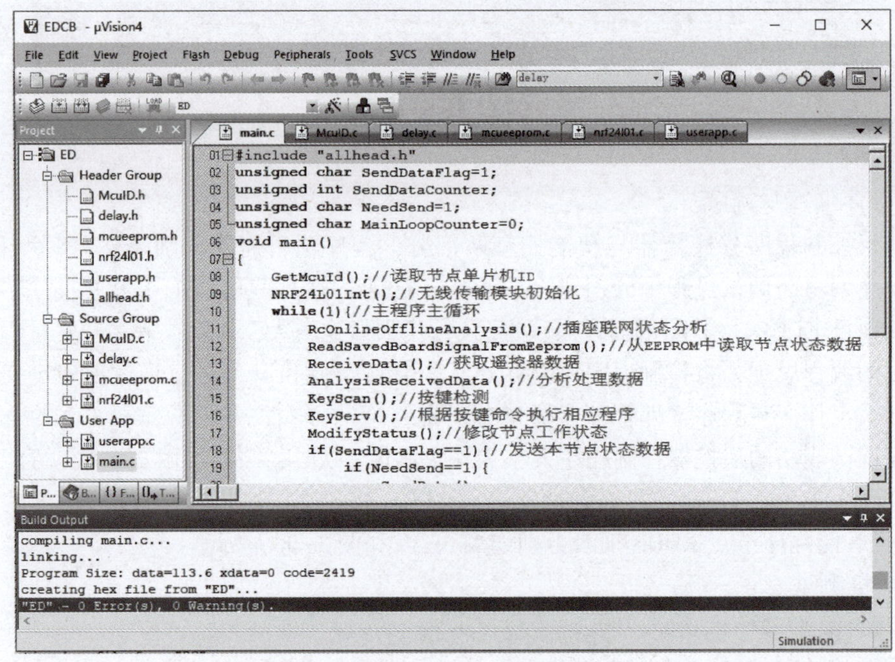

图 3-30　Keil 软件集成开发环境中的智能插座节点 EDCB 项目

装配完成的遥控器体积小，器件分布合理，传感器与无线电通信模块在上边缘，显示屏位于电路板的中心位置，开关位于左下角，键盘在显示屏下方，与显示屏显示功能对应，方便操作。

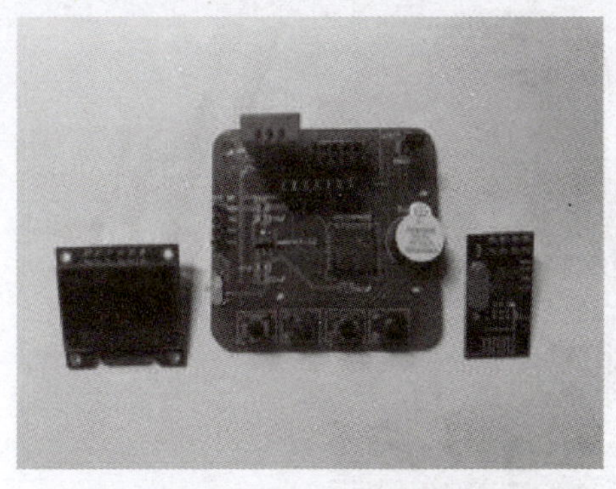

图 3-31　“随身感”智能插座功能样机

智能插座节点右上区域为高压区，在功能布局过程中没有设定按键，工作过程中的火线与零线位于电路板的上边缘中间位置，而电路板电源开关与操作按键位于电路板的下边缘，做到了强弱电分离，提高了操作的安全性。3 位 LED 发光二极管的 4 种不同显示组合表示智能插座节点的 5 种工作模式，分别为“加热模式”“降温模式”“加湿模式”“抽湿模式”和“普通模式”；2 位多功能按键具有“短按”和“长按”功能，左键“短按”用于手动接通或断开智能插座连接电器的电源，右键“短按”用于切换工作模式，分别为“手动模式”“自动模式”；左键“长按”左 LED 闪烁，智能插座节点进入“配对模式”，右键“长按”，可以使智能插座节点退出“配对模式”。样机功能说明如图 3-32 所示。

打开遥控器电源开关，遥控器启动进入欢迎页面，延时 2 s 左右自动进入主页面，显示屏第 2 行显示当前环境的温度数据与湿度数据，第 3 行显示当然设定的温度阈值与湿度阈值，第 4 行分别显示了当前状态下 4 只独立按键的功能，通过操作按键切换显示页面。遥控器 HMI 系统页面操作说明如图 3-33 所示。

2）软件硬件联合调试

在完成功能样机焊接装配与程序下载工作之后，需要进行软件硬件联合调试，通过调试过程的实际运行情况修改控制程序中的相关延时参数，在遥控器控制程序中为了周期性清理离线插座节点、周期性测量环境数据和使用软件去除抖动，分别设定了“主循环计数器计数范围”“离线节点清理周期”“温度湿度测量周期”和“按键去抖延时参数”，在遥控器控制程序 allhead. h 头文件中做了以下定义：

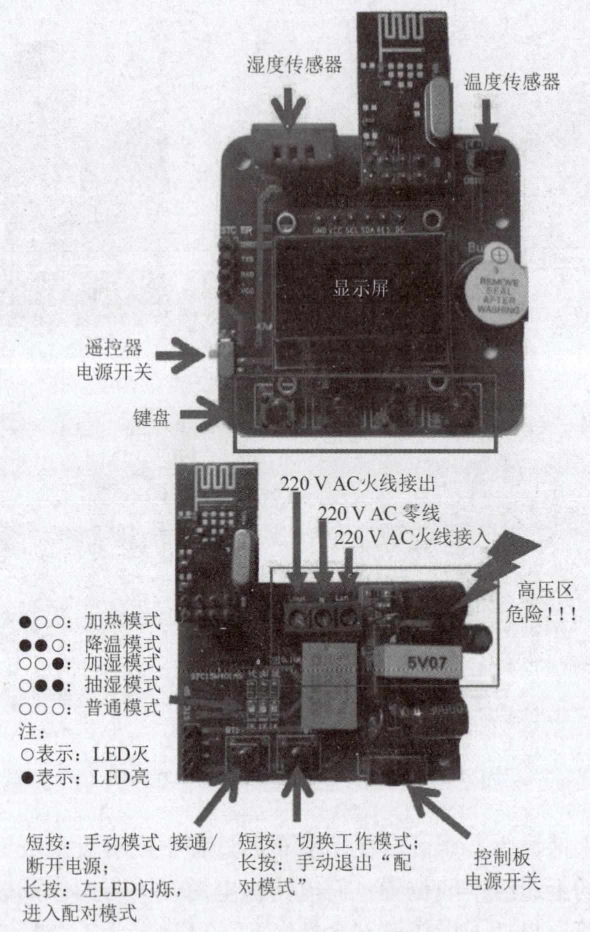

图 3-32　样机功能说明

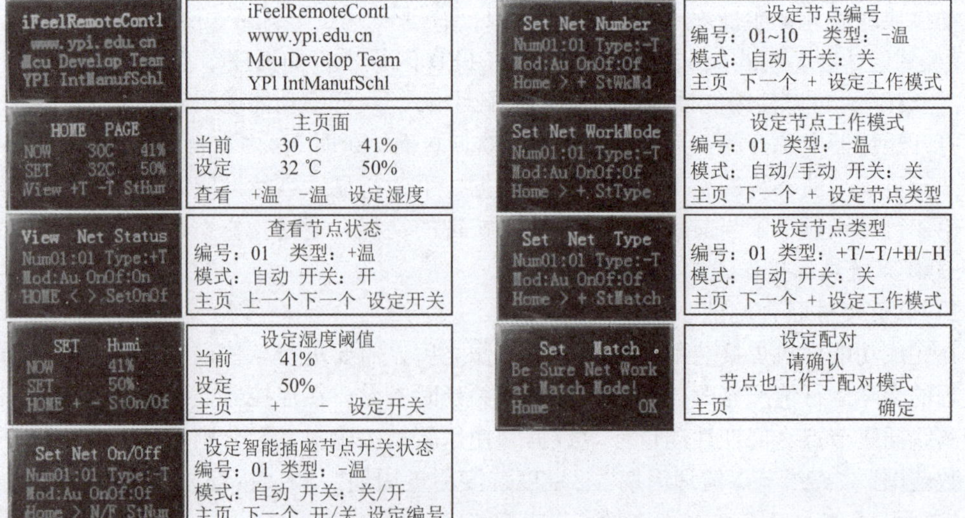

图 3-33　遥控器 HMI 系统页面操作说明

```
#define MainLoopPeriod 50000          //主循环计数器计数范围
#define DataCleanPeriod 10000         //离线节点清理周期
#define MeasurePeriod 100             //温度湿度测量周期
#define KeyPressDelay 600             //按键去抖延时参数
```

“主循环计数器计数范围”参数和“离线节点清理周期”参数用于智能插座节点离线检测，“主循环计数器计数范围”用于锁定主循环计数器最大值，防止计数器溢出，如果“离线节点清理周期”参数数值过大，则智能插座节点离线后遥控器中的状态更新就会延迟，如果参数数值过小，则会出现误报智能插座节点离线；“温度湿度测量周期”参数如果数值过大，则环境数据测量结果更新周期会变长，如果参数数值过小，则测量频率就会升高，由于温度传感器和湿度传感器在测量过程中必须完整执行完测量流程才能得出正确结果，而且每个传感器的测量周期长达数百毫秒，测量频率升高后会导致系统操作出现明显的卡顿现象；“按键去抖延时参数”用于去除按键抖动，数值过大，当连续多次按下按键时，会出现“丢包”现象，即按下 10 次可能只检测到 7 次，数值过小则会出现按下 1 次可能被识别成多次。每一次修改参数都需要将程序重新编译下载再进行测试，通过反复多次修改最终确定了上述 4 个参数分别为 5 000、10 000、100 和 600。这些参数并不一定是最优数据，可能还会有更好的组合，当然还需要进一步优化程序和调试测试来确定。

9. 样机测试

1）测试准备

考虑到样机测试需要连接 220 V 的交流电源，如果使用裸板直接接线操作存在安全隐患，所以在进行样机功能测试之前，将 8 只智能插座节点外接 8 只通用的 86 型插座面板固定在亚克力板上，所有导线都从板子背面走线，在板子上挖出小孔穿出导线与智能插座控制电路板接线端子连接，这样有效降低测试操作过程的危险性，保证了实验的安全。图 3-34 所示为“随身感”智能遥控插座样机测试板。

图 3-34　“随身感”智能遥控插座样机测试板

2）手动工作方式测试

样机测试第 1 步：先进行智能插座节点手动操作测试，通过短按智能插座节点控制电路板上的左键，手动接通或断开插座面板电源；通过短按智能插座节点控制电路板上右键切换智能插座节点工作模式，检查智能插座节点工作模式切换是否正常；通过“长按”智能插座节点控制电路板上的左键，左 LED 闪烁，设定智能插座节点进入配对模式；通过“长按”智能插座节点控制电路板上右键手动退出配对模式，同时在遥控器端查看对应智能插座节点工作状态是否与实际切换结果一致。图 3-35 为智能插座节点手动操作测试过程。

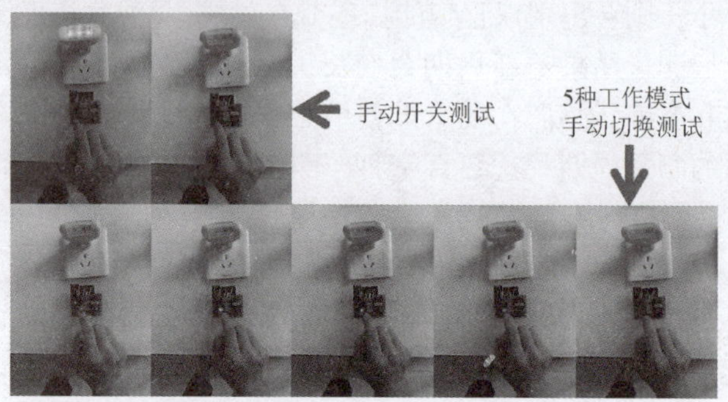

图 3-35　智能插座节点手动操作测试过程

3）遥控工作方式测试

样机测试第 2 步：先进行遥控操作智能插座节点测试，通过遥控器 HMI 页面选择操作智能插座节点，与智能插座节点配对，设定节点编号、工作模式、工作方式，通过设定温度、湿度阈值观察智能插座节点连接插座面板通断电状态，同时在遥控器端查看对应智能插座节点工作状态是否与实际切换结果一致。

（1）设定遥控器与智能插座节点配对。首先手动“长按”配对智能插座节点上的“左键”，直到用于“工作状态指示”的 3 只发光二极管中的左 LED 闪烁，松开左键，智能插座节点进入配对模式。同时，切换遥控器工作页面到“Set Match”（设定配对）页面，在此状态下按下遥控器的 OK 键，即可完成配对操作。其操作页面如图 3-36 所示。

图 3-36　智能插座节点与遥控器配对操作页面

（2）设定智能插座节点编号。首先通过遥控器工作页面，找到当前需要设定编号的智能插座节点，然后进入“Set Net Number”页面，通过遥控器工作页面中的“+”键，调整智能插座节点编号，其操作页面如图 3-37 所示，图中是将原来的 1 号智能插座节点调整成了 6 号。

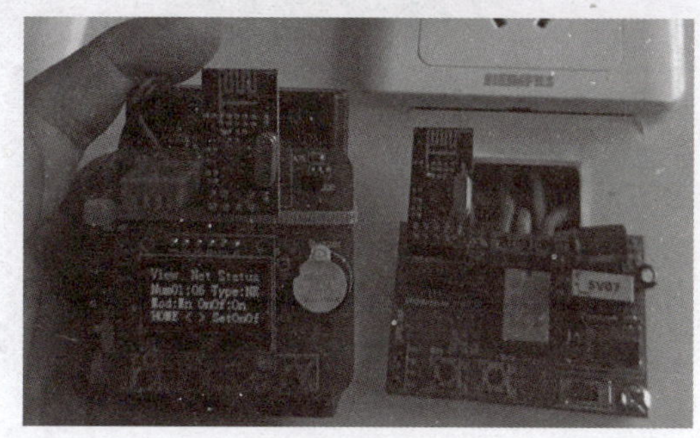

图 3-37　插座节点与遥控器配对操作页面

（3）设定智能插座节点工作模式。首先通过遥控器工作界面，找到当前需要设定编号的智能插座节点，然后进入“Set Net WorkMode”页面，再通过遥控器工作界面中的“+”键，调整智能插座节点工作模式，其操作页面如图 3-37 所示。工作模式有 Au（自动）、Mn（手动）、St（设定）和 Mc（配对）模式，在操作成功之后，可以在遥控器节点工作状态页面查看到对应的工作模式。图 3-38 所示为智能插座节点工作模式操作页面。

（a）

（b）

图 3-38　智能插座节点工作模式操作页面

（a）自动模式；（b）手动模式

（4）设定智能插座节点连接电器类型。首先通过遥控器工作界面，找到当前需要设定编号的智能插座节点，然后进入“Set Net Type”页面，通过遥控器工作页面中的“+”键，调整智能插座节点连接电器类型，其操作页面如图 3-39 所示。电器类型有 NR（普通）、+T（取暖）、-T（降温）、+H（加湿）和-H（抽湿）5 种，在操作成功之后，可以在遥控器节点工作状态页面查看对应的电器类型。图 3-39 所示为智能插座节点连接电器类型操作页面。

（5）设定环境温度、湿度阈值。设定环境温度、湿度阈值操作是最常用的操作之一，所以，在遥控器正常启动进入“Home Page”（主页面）中，“+T”和“-T”键的功能就是增加温度阈值和减小温度阈值，而设定湿度阈值页面只需要在主页面中按下“StHumi”键就可以进入设定湿度页面，在此页面中按下“+”和“-”键就可以增加和减小湿度阈值。图 3-40 所示为设定环境温度、湿度阈值操作页面。

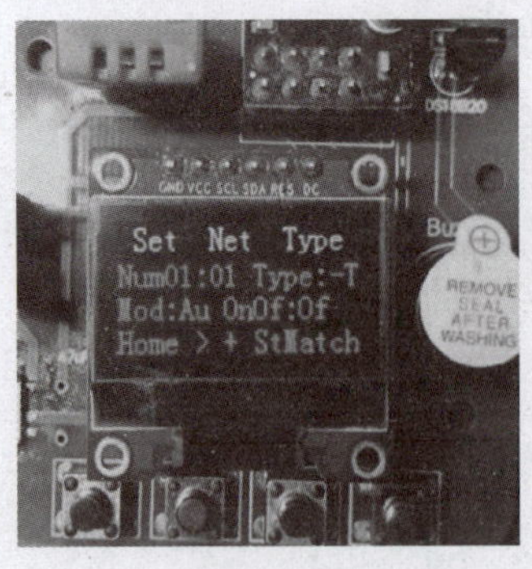

（a）

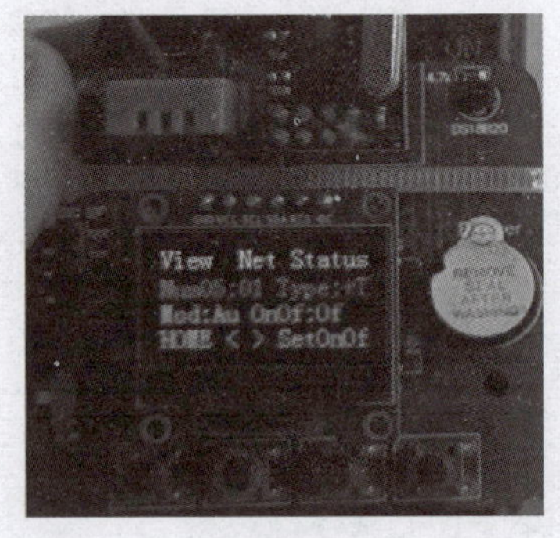

（b）

图 3-39　智能插座节点连接电器类型操作页面

（a）降温；（b）取暖

（a）

（b）

图 3-40　设定环境温度、湿度阈值操作页面

（a）温度；（b）湿度

（6）手动接通或断开智能插座节点电源。首先通过遥控器工作页面，进入查看节点工作状态页面，再通过“<”和“>”键选择要操作的智能插座节点；然后按下“SetOnOf”键，进入 Set Net On/Off 页面，在此页面中可以通过“>”键选择其他智能插座节点，然后按下“N/F”键接通或断开对应的智能插座节点电源。图 3-41 所示为手动接通或断开智能插座节点电源操作页面。

（a）

（b）

图 3-41　手动接通或断开智能插座节点电源操作页面

（a）接通；（b）断开

经过多次上述测试，测试结果完全满足了课题设定的任务要求。图 3-42 所示为样机测试过程中的部分测试操作照片。

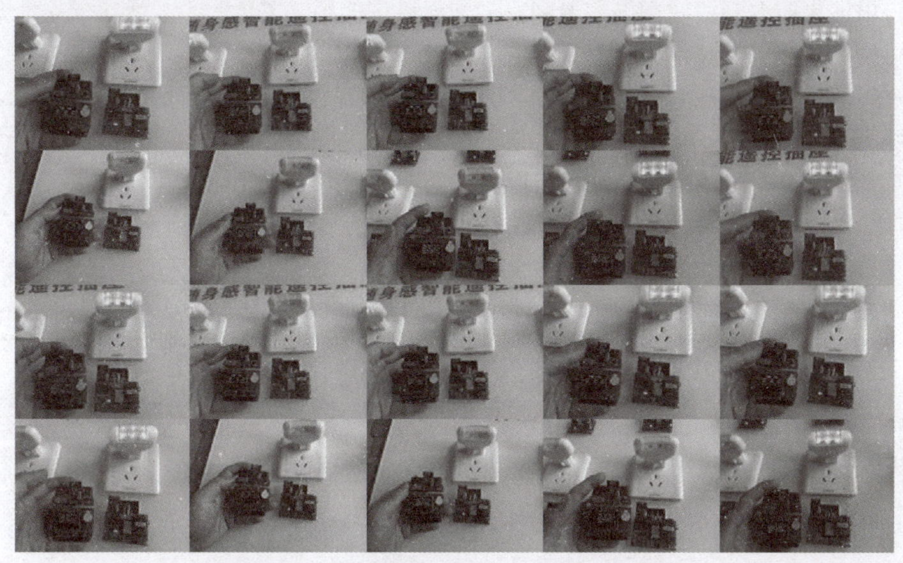

图 3-42 机样测试过程中的部分测试操作照片

五、项目拓展延伸

1. 项目的不足或改进之处

本设计还有很多的改进之处，如提高系统集成度，把控制电路做得小些，便于与传统插座面板的集成；通过加强性能测试，优化设计，提高系统稳定性、安全性；进一步拓展传感器模块，增加功能，提高作品商业化竞争力等。

目前本设计实现了 5 种工作模式，可以通过设定温度、湿度参数控制取暖、降温、加湿和抽湿电器自动工作，保证用户所处环境的舒适度。同时，还可以设定智能插座节点工作于“普通模式”，通过遥控的方式接通或断开电器的电源，基本满足了居家或办公场合智能化控制的需求。基于进一步方便用户使用的角度考虑，同时也是合作企业提出的建议，后期可以进行以下改进：

（1）加入网络通信功能。将遥控器的数据通过 Wi-Fi 通信模块接入互联网，借助网络服务器进行远程控制和数据网络化存储，同时实现本地遥控控制与网络远程控制双工作模式，提高用户使用便捷性。

（2）引入远程检测功能。采用模块化的思想，在智能插座节点控制电路中预留 Wi-Fi 通信模块接口与传感器接口，引入可燃气体检测、PM2. 5 检测、甲醛检测等传感器模块，实现智能家居监测数据的检测，检测结果通过无线电通信模块或 Wi-Fi 模块传输给遥控器或网络服务器，进一步拓宽智能遥控插座的功能，提高后期作品商业化的竞争力。

2. 项目（产品）可能的拓展成果

本项目设计了一种具有感知温度与湿度的智能遥控插座，产品虽具有一定创新性，同时也存在可改进之处，可以下面几个角度作为参考进行成果拓展：

（1）以项目的创新点申请各类创新创业类训练计划；

（2）申请发明专利或实用新型专利对创新点进行保护；

（3）撰写发表专业技术论文；

（4）以本产品创新点为载体，参加“发明杯”“挑战杯”等各类科技作品竞赛。

3. 拓展创新实施

根据项目技术可拓展点的内容，选择其中的 1 个拓展点进行创新设计，或者针对本项目涉及的内容提出新的创新点，尝试完成以下内容：

1）拟解决的问题

简要说明拟解决什么样的问题，详细阐述拟解决问题的方法。

2）实施方案或路径

绘制相关的方案原理图、电气原理图或控制流程图，能够准确表达解决问题的方案或技术路径。

3）拓展成果呈现方式

拟采用哪种方式（技术报告、专利交底书、技术论文、路演 PPT）呈现拓展创新点的成果，试设计出其框架结构。

六、展示评价

各小组自由展示创新成果，利用多媒体工具，图文并茂地介绍创新点具体内容、实施的思路及方法、实施过程中遇到的困难及解决办法、创新成果的呈现方式及相关文档整理情况。评价方式由组内自评、组间互评、教师评价三部分组成，围绕职业素养、专业能力综合应用、创新性思维和行动三部分，完成表 3-5 的填写。

表 3-5　项目评价

序号	评价项目	评价内容	分值	自评 30%	互评 30%	师评 40%	合计
1	职业素养 25 分	小组结构合理，成员分工合理	5				
		团队合作，交流沟通，相互协作	5				
		主动性强，敢于探索，不怕困难	5				
		能采用多样化手段检索收集信息	5				
		科学严谨的工作态度	5				
2	专业能力 综合应用 25 分	绘图正确、规范、美观	5				
		表述正确无误，逻辑严谨	5				
		能综合融汇多学科知识	10				
		项目综合难度	5				
3	创新性思 维和行动 50 分	项目拓展创新点挖掘	10				
		解决问题方法或手段的新颖性	10				
		创新点检索论证结果	10				
		项目创新点呈现方式	10				
		技术文档的完整、规范	10				
合计			100				
评价人签名：		时间：					

项目 2　新型螺旋电缆疲劳测试装置

一、项目学习引导

1. 项目来源

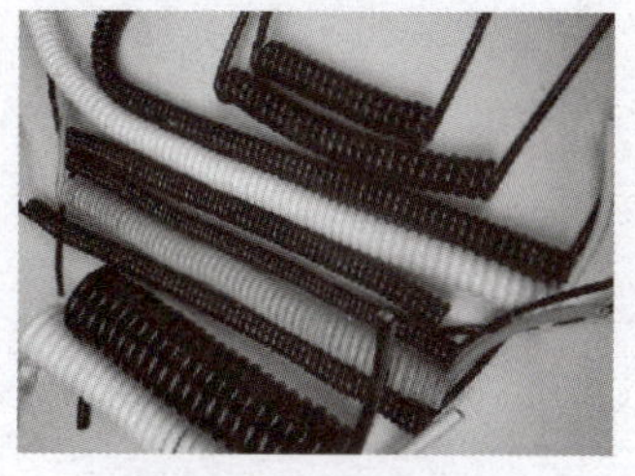

图 3-43　螺旋电缆

本项目来源于扬州戎星电气有限公司。电缆拉伸疲劳测试是螺旋电缆（图 3-43）生产的重要环节，所以每一种类型的螺旋电缆在规模生产之前或当原材料变化时都需要进行电缆的拉伸疲劳测试实验，以保证其在进行大规模生产时的质量。本项目是针对目前行业内电缆拉伸疲劳测试机现状，提供一种电缆拉伸疲劳测试装置，通过机电创新设计实现拉伸电机单向连续运行状态下拉伸架的往复运动，减少了电机换向时间，大幅提高了工作效率。

2. 项目任务要求

每一批次的螺旋电缆在批量生产之前都需要按照国家标准或用户指定的要求进行拉伸测试，拉伸次数一般从几万至几十万次不等，拉伸消耗的时间一般从几天至几十天不等，测试合格后方可批量生产。本项目需要设计一款电缆拉伸测试机，要求如下：

（1）能够实现不同型号的螺旋电缆的拉伸测试；

（2）能够对拉伸速度进行自由调节；

（3）具备自动断线停机功能，发生缆芯断线时，设备停止工作并保存当前数据；

（4）能够有效减少拉伸测试的时间。

3. 学习目标

（1）了解曲柄摇杆机构、曲柄滑块机构的原理以及成立的条件；

（2）掌握三相异步电动机调速控制的方法；

（3）掌握数字仪表与接近开关的使用方法；

（4）能够排除常用电气控制系统的一般故障；

（5）能够对产品的创新点进行检索论证；

（6）能够对产品的不足之处提出改进思路，或进行拓展设计；

（7）学会团队合作、分工协作、敢于创新，敢于发表自己的观点或看法。

4. 项目结构图

项目设计结构如图 3-44 所示。

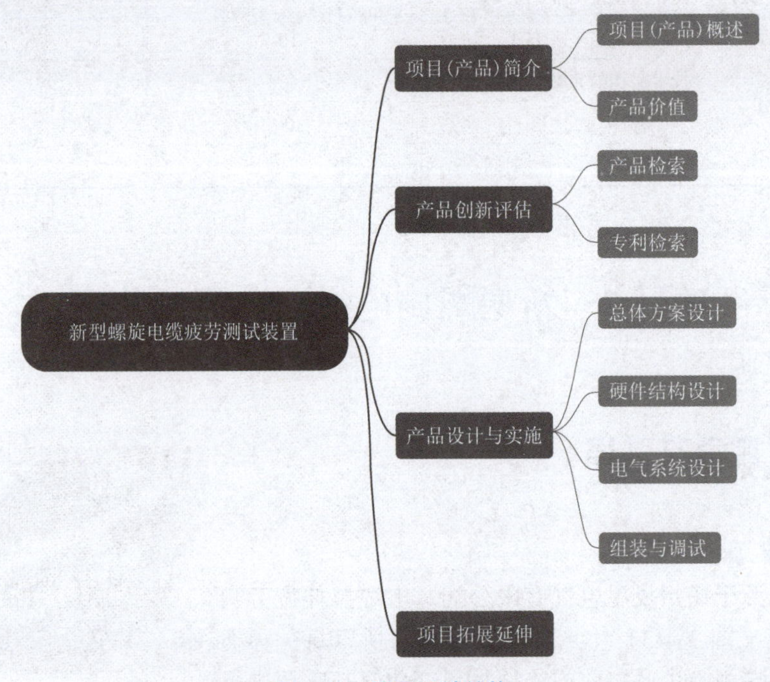

图 3-44　项目设计结构

5. 项目学习分组

项目学习小组信息如表 3-6 所示。

表 3-6　项目学习小组信息

组名				
成员姓名	学号	专业	角色	项目/角色分工

二、项目（产品）简介

1. 项目（产品）概述

产品介绍

螺旋电缆又称弹簧电缆。在实际使用时，外界的各种人为因素或者其他因素会使电缆发生拉伸等现象，所以电缆的耐拉伸性会很大程度地影响电缆的使用寿命以及安全性，一旦电缆不能满足这一性能要求，就容易发生断路、漏电等现象，造成安全事故，给用户的生命财产安全带来巨大的损失。为了保证电缆的这一性能质量合格，提高其使用的安全性能，在电缆进入市场之前，往往需要先对电缆的性能进行测试，以保证电缆性能满足使用需要。

电缆拉伸疲劳测试是电缆生产的重要环节，每一种电缆在规模生产之前或当原材料变化时都需要进行电缆的拉伸疲劳测试实验，以保证其电缆在进行大规模生产时的质量。目前市场上已有的电缆拉伸测试机是通过电机频繁的正反转切换驱动丝杠上的拉伸架做上下往复运动，来实现与其连接的电缆的重复拉伸，拉伸架在上行或下行运动过程中通过撞击安装在上端或下端的行程开关来实现控制电机的换向。每次电缆拉伸测试需要对电缆进行数万次的拉伸，需要花费大量的时间。每进行一次拉伸，拉伸架就需要撞击行程开关一次，电机就会换向运行一次。这种正反转切换的方法不仅电能利用效率低下，而且投入拉伸设备的维护成本较高。

2. 产品价值

本设计通过创新设计实现了电缆拉伸电机单向连续运行状态下拉伸架的往复运动，减少了电机每次的换向时间，每次能够节省 2 s 左右的换向时间。在实际进行柔性电缆拉伸疲劳测试中能够节省大量的时间。例如，在一个 50 000 次的弹簧电缆拉伸疲劳测试中，每次换向大约节省 2 s，合计大约可以节省时间 27 h，大大节省了时间成本，测试时间的大幅减少对企业有着重要的意义。对于企业生产，不仅仅节约了测试的时间成本，同时大幅提升生产效率，企业可以更早地完成相关企业客户的订单，在很大程度上增加企业的利润空间。

三、产品创新评估

1. 产品检索

目前市面上电缆拉伸测试机种类及外观众多，为了详细了解各品牌电缆拉伸测试机的现状及技术水平，通过网络进行产品调研评估，如图 3-45 所示。

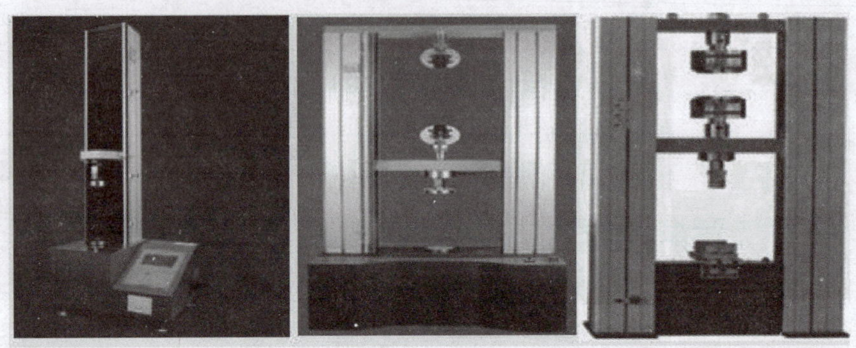

图 3-45　不同种类的电缆拉伸测试机

目前市面上没有功能相对较全面的电缆拉伸测试机，不同公司的产品只能满足单一的需求，根据市场调研的结果，总结如下：

（1）一次性测试电缆数量受限制，不能同时对多组电缆进行测试，效率不高。

（2）不能即停即报数，存在一定的设计缺陷，测试过程中增加额外的人工成本。

（3）不能长时间工作，拉伸测试的速度较慢。

本项目设计的产品克服了目前市场上各类产品的缺陷，可以实现多根电缆同时测试；可以实现电机单向连续运转驱动拉伸架往复运动且速度可调；当电缆内部缆芯断开时系统自动停止并保留当前测试拉伸的数据，具有一定新颖性和较强的现实意义。

小试牛刀：检索一款电缆拉伸测试机信息，完成以下内容：

（1）检索方式。

____

____

（2）产品组成。

____

____

（3）产品功能。

____

____

2. 专利检索

前面总结了目前市面上已有的电缆拉伸测试机的缺陷，为了克服这些缺陷，需要对电缆拉伸测试机重新进行创新设计。设计时为了避免侵犯他人的知识产权，需要进一步进行专利检索，登录中国专利公布公告网页，以“电缆拉伸机”为检索词，检索范围同时勾选

“发明公布”“发明授权”“实用新型”“外观设计”等选项，其检索结果如图 3-46 所示。

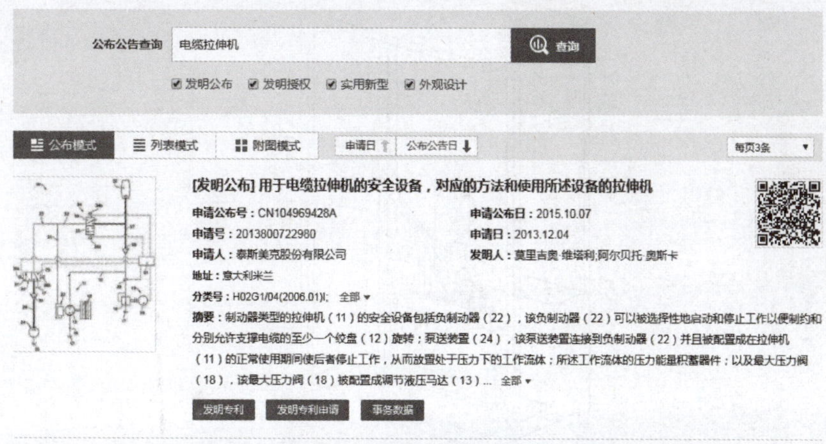

图 3-46　电缆拉伸机专利检索结果

小试牛刀：以“电缆拉伸机”或“电缆拉伸测试”为检索词，检索一种与本项目相关的专利信息，将检索的内容整理总结，并填表 3-7。

表 3-7　专利检索信息

专利种类	专利名称	专利号/申请日期	摘要主要内容

四、产品设计与实施

1. 总体方案设计

项目设计的方案是针对目前行业内电缆拉伸测试机存在的一些不足之处，提供一种新型的电缆拉伸疲劳测试装置，如图 3-47 所示。

设计实施

电缆拉伸测试机包括拉伸电机、外框架、拉伸架、固定架等，固定架固定连接于外框架下部，拉伸架位于固定架上方，并与外框架竖向滑动配合；测试电缆的两端分别连接拉伸架、固定架，测试电缆至少为一根；拉伸电机的输出端通过连杆组合驱动拉伸架沿外框架上下位移，以对测试电缆进行拉伸疲劳测试。

(1) 连杆组合包括第一臂、第二臂、第三臂、滑动轴；第一臂的一端与拉伸电机输出端固接，另一端与第二臂的一端铰接；第二臂的另一端铰接于第三臂中部，第三臂的右端铰接于外框架；滑动轴一端连接拉伸架，另一端与第三臂的左半部滑动配合。

(2) 第三臂的左半部设有滑动平台，滑动平台上设有两条滑动轨道，两条滑动轨道分

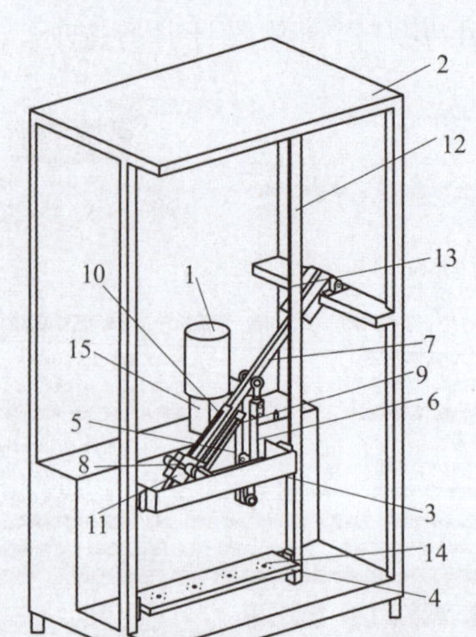

图 3-47 电缆拉伸测试机总体设计方案

1—拉伸电机；2—外框架；3—拉伸架；4—固定架；5—第一臂；6—第二臂；7—第三臂；8—滑动轴；9—滑动平台；10—滑动轨道；11—滑动块；12—立杆；13—位移导轨；14—固定孔；15—蜗轮蜗杆减速器

别置于第三臂两侧，两条滑动轨道共设一个滑动块，滑动块沿两条滑动轨道滑动，滑动轴与滑动块转动配合。

（3）外框架设有两根竖向平行布置的立杆，两根立杆的相对侧分别设有位移导轨，拉伸架的两端分别与两个位移导轨滑动配合。

（4）两根立杆的下部分别设有 T 形槽，固定架的两端通过螺栓、螺母固定于两个 T 形槽内。

（5）第一臂沿其长度方向设有条形槽，第二臂的端部设有连接轴，连接轴一端通过杆端轴承 1 与第二臂相连，连接轴的另一端通过螺栓、螺母固定于第一臂的 T 形槽内。

（6）第二臂的另一端连接有两个杆端轴承 2，通过两个杆端轴承 2 共同夹持连接于第三臂的中部。

（7）外框架上设有接近开关，接近开关用于感知第一臂，并将信号发至计数器，由计数器显示第一臂的旋转次数。

（8）拉伸电机的输入端接有变频器，通过变频器实现拉伸电机转速的可调控制。同时，将直流接触器主触点接入拉伸电机输入端；当任意被测试电缆缆芯断裂时，停机报警单元电路断电，工作指示灯熄灭，直流接触器线圈失电，直流接触器主触点断开，拉伸电机输入端断电。

2. 硬件结构设计

1）曲柄摇杆机构的基本形式

具有一个曲柄和一个摇杆的铰链四杆机构称为曲柄摇杆机构。通常，曲柄为主动件且等速转动，而摇杆为从动件做变速往返摆动，连杆做平面复合运动。曲柄摇杆机构中也有用摇杆作为主动件，摇杆的往复摆动转换

曲柄摇杆机构

成曲柄的转动，曲柄摇杆机构是四杆机构最基本的形式。曲柄摇杆机构如图 3-48 所示。

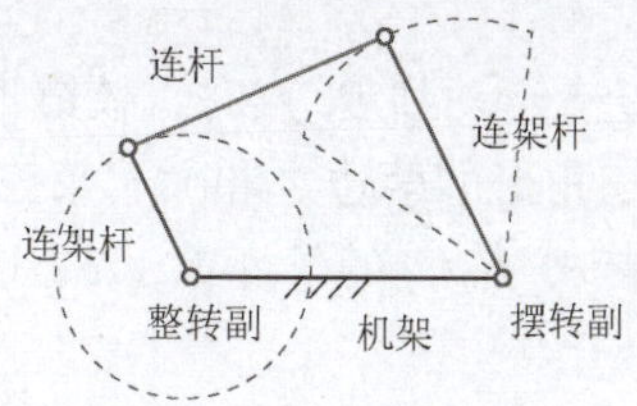

图 3-48　曲柄摇杆机构

典型的曲柄摇杆机构由机架、连架杆、连杆构成。其中机架固定不动，连杆连接两个连架杆。图 3-49 中的两个连架杆中，一个能绕其轴线旋转 360°，称为曲柄；另一个只能绕其轴线做往复运动，称为摇杆。

通过前面的介绍可知在曲柄摇杆机构中，曲柄的运动轨迹是做 360°的圆周运动，摇杆的运动轨迹是做往复运动。如果对摇杆机构的运动路径进行设计或限制，就可以让摇杆机构按照设定的路径做往复运动。实际应用中，曲柄摇杆机构有图 3-49 所示几种基本形式。

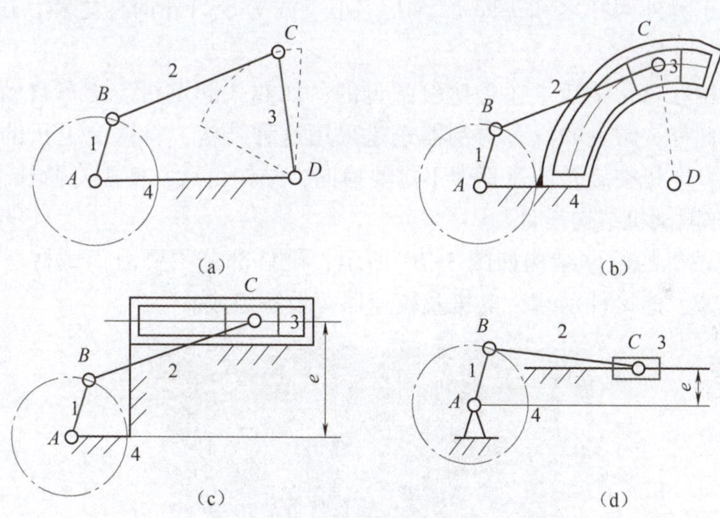

图 3-49　曲柄摇杆机构的基本形式

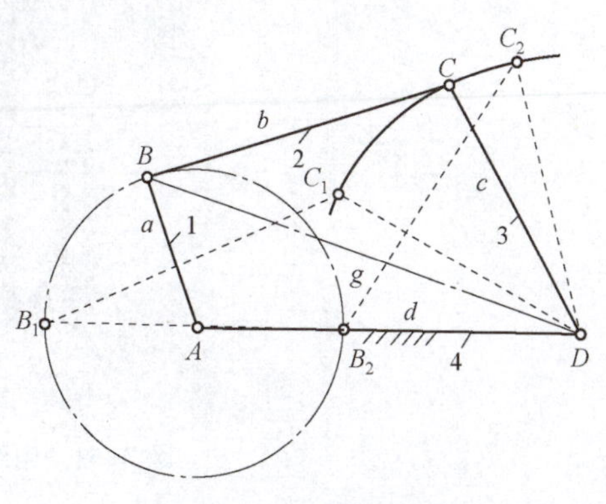

图 3-50　基本运动轨迹

通过硬件结构设计使摇杆端的滑块既可以沿弧形轨道做曲线运动，也可以沿一根固定的轴或者轨道做水平或垂直线运动。这样就可以将旋转运动转化成直线往复运动，即转动副转化成移动副。

2）曲柄摇杆机构的基本条件

在进行曲柄摇杆机构设计时，将转动副转化成移动副需要满足一定的条件。下面还是以一个普通的铰链四杆机构进行分析。如图 3-50 所示，设铰链四杆机构中机架的长度是 d，连杆的长度

是 b，两个连架杆的长度分别是 a、c。其中，连架杆 a 做360°圆周运动，连架杆 c 做往复摆动，不难看出这里 $d>a$。

当连架杆 a 从图 3-50 中的 B 点运动到 B_2 点时，铰链四杆机构中的三杆构成了三角形结构，即图中的三角形 C_2B_2D，三角形的两边之和大于第三边，因此 $B_2D+C_2D>B_2C_2$，B_2D 的长度等于 $d-a$，C_2D 的长度等于 c，B_2C_2 的长度等于 b，因此可以得出 $d-a+c>b$，即 $d+c>b+a$。

当连架杆 a 从图 3-50 中的 B 点运动到 B_1 点时，铰链四杆机构中的三杆构成了三角形结构，即图中的三角形 C_1B_1D，三角形的两边之和大于第三边，因此 $B_1C_1+C_1D>B_1D$，B_1D 的长度等于 $d+a$，C_1D 的长度等于 c，B_1C_1 的长度等于 b，因此可以得出 $b+c>d+a$。

这里只是随意选取两个三角形的两条边和第三边的关系，推导出各边长之间的条件，如果选择三角形其他的边，就会得出不同的关系。在实际设计时需要计算所有边的关系，进而得出铰链四杆机构中四杆之间的长度关系。由计算结果可以得出以下结论：在铰链四杆机构中，如果某个转动副能成为整转副，换言之就是能做圆周运动，则它所连接的两个构件中，必有一个为最短杆，且四个构件的长度满足“杆长之和条件”，最长杆和最短杆长度之和小于或等于另外两杆之和，即 $L_{min}+L_{max}$ 小于或等于另外两杆之和，L_{min} 为机架或连架杆。

曲柄连杆机构在日常生活中还是比较常见的，如鹤式起重机、货车自动卸料系统、手压式水龙头等。此外，常见的汽车雨刮器也是采用这种结构，将直流电机的转动转换成雨刮器的往复运动，电机在旋转的过程中不需要换向，结构可靠，使用寿命长。

3）电缆拉伸测试机结构设计

电缆拉伸测试机的硬件结构如图 3-51 所示，硬件部分主要由铝型材框架、滑轨、拉伸架、连接件摆臂、电机及减速器等设备组成。

拉伸机结构

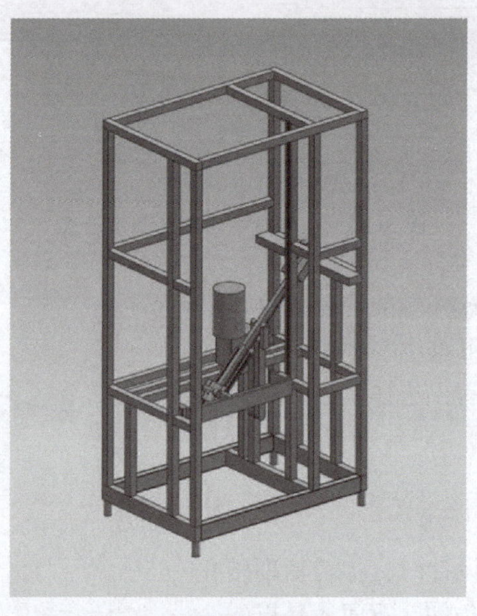

图 3-51　电缆拉伸测试机的硬件结构

在系统硬件结构中，Y 形连接件是将电机的转动转化为摆臂上下运动的核心部件，完全自主创新设计，其结构如图 3-52 所示。

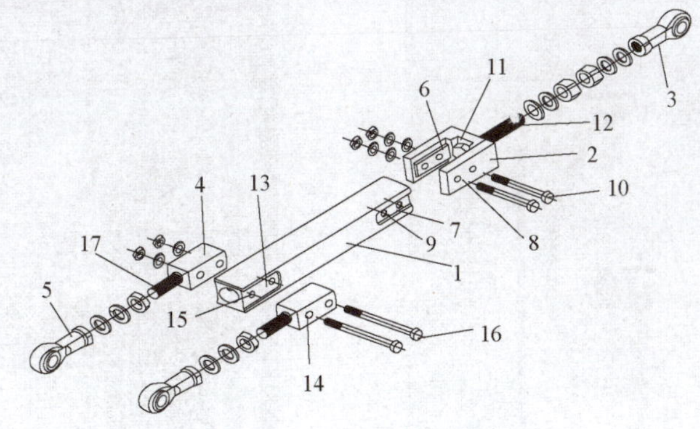

图 3-52 Y 形连接件的结构

1—主连接梁；2—U 形构件；3—杆端轴承 1；4—块状构件；5—杆端轴承 2；6—凸块；7—凹槽 1；8—通孔 1；9—通孔 2；10—螺栓 1；11—凹槽 2；12—六角螺栓；13—凹槽 3；14—通孔 3；15—通孔 4；16—螺栓 2；17—螺纹柱

图 3-52 中，包括中空铝型材、单头连接组件、双头连接组件。

（1）单头连接组件包括 U 形构件、杆端轴承，U 形构件的两侧壁内侧分别设有凸块，中空铝型材一端相对两侧分别设有与凸块匹配的凹槽 1，U 形构件的两侧壁分别设有通孔 1，凹槽 1 设有通孔 2；凸块置于对应的凹槽 1 内，将通孔 2 与通孔 1 位置对应，利用螺栓 1、螺母、垫片将 U 形构件固定于中空铝型材的端部。通孔 1、通孔 2 的直径大于螺栓 1 的外径，连接处可进行适当沿轴向的微调。

（2）U 形构件的底部内侧设有连接凹槽 2，连接凹槽 2 内设有六角螺栓，六角螺栓的头部设置于该连接凹槽 2 内，六角螺栓的尾部穿过 U 形构件的底部，并通过螺母、垫片与 U 形构件固定连接；六角螺栓的尾部还通过螺母、垫片与杆端轴承 1 螺纹连接。六角螺栓的头部相对两边长之间的距离与连接凹槽 2 的宽度相匹配，防止六角螺栓发生转动。

（3）双头连接组件包括两个块状构件、两个杆端轴承 2；中空铝型材的另一端两侧分别设有与块状构件相匹配的凹槽 3；两个块状构件分别设有通孔 3，凹槽 3 设有通孔 4，利用螺栓 2、螺母、垫片将两个块状构件固定于中空铝型材端部的相对两侧。通孔的直径大于螺栓 2 的外径，连接处可进行适当微调。块状构件设有螺纹柱，杆端轴承 2 通过螺母、垫片与对应块状构件的螺纹柱螺纹连接。Y 形连接件的外观如图 3-53 所示。

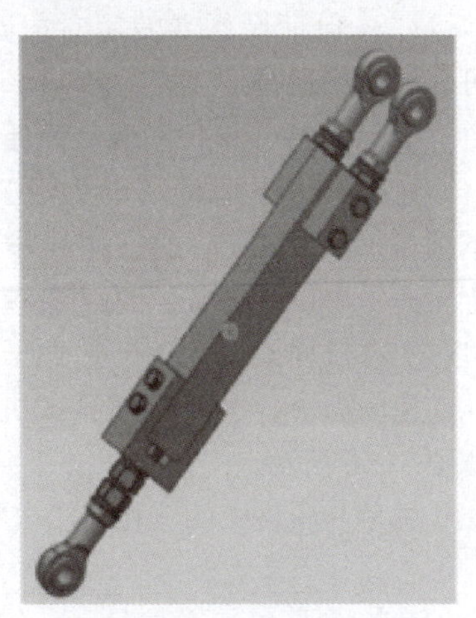

图 3-53 Y 形连接件的外观

Y 形连接件一端连接于电机的减速箱驱动轴，另一端连接至摆动臂，摆动臂推动固定在导轨上的电缆拉伸架实现拉伸架的上下运动，如图 3-54 所示。

在实际的生产过程中，螺旋电缆的种类众多、长短不一，不同的产品拉伸测试的长度可能不同。为了提高电缆拉伸测试机的适应性，拉伸架运动的范围（行程）可调，如图 3-55 所示。

图 3-54　各部件之间连接结构图

图 3-55　行程调节硬件结构

Y 形连接件的杆端轴承端与电机减速器的输出端连接位置可调，通过调节连接的位置，可以实现拉伸架在 40~160 mm 范围内垂直运动，涵盖了目前市面上所有型号螺旋电缆的测试范围。

3. 电气系统设计

1）主电路设计

本项目中的电气控制系统部分主要包括按钮、空气开关、接触器、热继电器、智能仪表、变频器、报警灯、接近开关等电气元件。其实现功能满足电缆企业需求，经济耐用，实现自动控制，保护电路。电气控制系统设计主要有以下原则：

（1）尽量保证机械生产和工艺所需电气控制需求。

（2）尽量使控制电路简单、节省资源，最终优化整个电路。

（3）保证操作者使用时电路的安全、可靠、平稳运行。

（4）使用、维护和调整简便。

拉伸架上下运动的动力源来自电机，本项目采用 1.5 kW 的三相异步电机（额定转速 1 450 r/min），通过变频器控制电机，实现拉伸架运动速度的调节，满足不同的速度需求。电缆拉伸测试机动力系统如图 3-56 所示。

图 3-56　电缆拉伸测试机动力系统

思考：项目中的三相异步电机为什么要连接减速器输出？

电缆拉伸测试机主电路如图 3-57 所示。

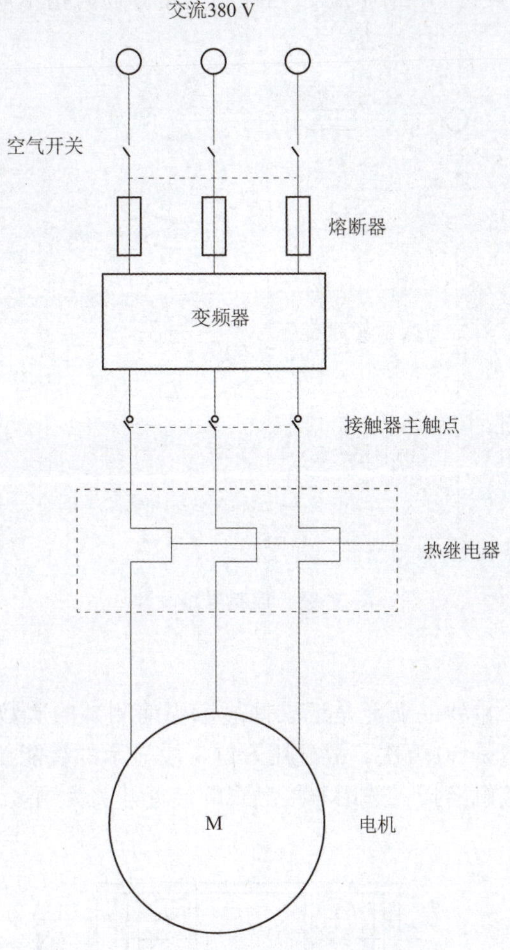

图 3-57　电缆拉伸测试机主电路

主电路从经济的角度出发，采用了传统的电气控制电路设计，主电路由空气开关、熔断器、变频器、接触器（24 V DC 驱动线圈）、热继电器组成。电缆拉伸测试机的电机在工作状态下会长时间运行，如一次 50 万次的拉伸测试需要连续运行几个月，因此在设计过程中对电路及电机的保护要充分。一般情况下对于电机控制主电路要进行短路保护和过载保护设计。短路保护根据允许的最大电流，选择合适的熔断器；电机的过载保护根据过载电流的大小选择合适的热继电器。

2）控制电路设计

电气控制系统电路一般分为主电路和控制电路，控制电路是和操作人员直接交互的部分。控制电路设计如图 3-58 所示。图中，控制电路采用 24 V 直流电源供电，将被测对象（螺旋电缆）串接至控制电路中，在拉伸测试的过程中，当螺旋电缆中某一芯断裂时，整个控制电路断电，主电路随即停止运行；控制电路中同时串联了计数仪表的常闭端子，当电缆到达工艺设定的拉伸测试次数且内部没有断裂时，仪表常闭端子断开，切断控制电路，主电路随即断开，保持在当前的状态；正常状态下，系统的启动、停止控制由自锁式启停按钮控制，自锁式启停按钮不会自动复位，需要再次按下时才会弹出复位；控制电路中串联了 24 V 指示灯，显示设备的工作状态，当控制电路导通时指示灯亮，控制电路断路时指示灯熄灭。

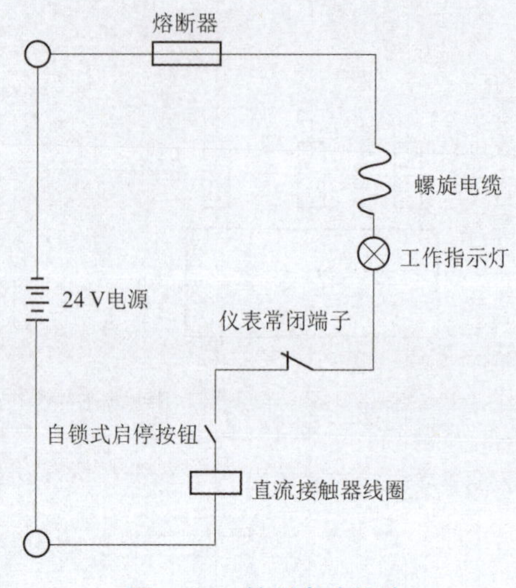

图 3-58　控制电路设计

3）测量显示电路

电缆拉伸测试机一个重要的功能是记录并显示当前测试的次数，本项目中某种型号的电缆拉伸测试的最大次数是 50 万次，故选用 6 位 7 段显示的智能仪表为显示控制装置；因拉伸次数较多，为避免接触磨损，选用非接触式的接近开关为测量装置。图 3-59 所示为智能仪表接线。

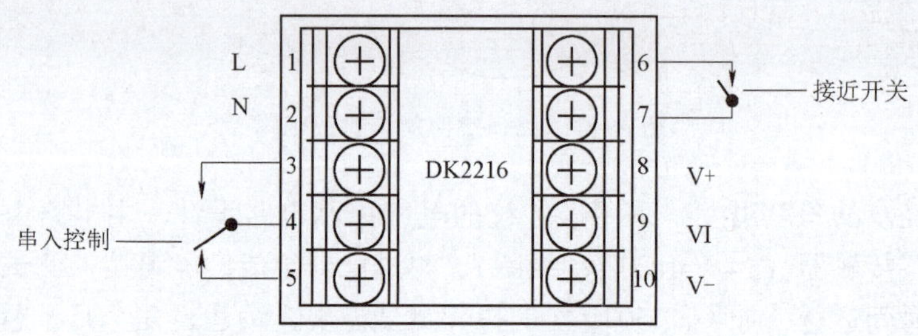

图 3-59　智能仪表接线

接近开关安装于电缆拉伸测试机外框架上，检测与电机减速器输出轴连接的旋转臂的距离，旋转臂每旋转一周，拉伸架往返运动一次，旋转臂旋转一周触发接近开关一次。在本项目中，机械部件较多，接近开关受干扰的概率较大，选型时接近开关量程尽可能小，安装时底座需要用绝缘胶布与金属框架隔离开。接近开关输出信号直接接入智能仪表，智能仪表参数需要进行设置，当接近开关的累计输入值达到设定值后，仪表的常闭触点断开。不同品牌的仪表参数设置指令可能不同，设置时需要仔细阅读使用说明书。

知识小贴士：接近开关在一般电气控制项目中使用较为广泛，接近开关的种类众多，有按接触式与非接触式进行分类的，有按测量金属与非金属进行分类的，有按测量原理进

行分类的（如电容式、电感式、红外式、超声波式）等。无论哪种分类方式，接近开关都有 NPN 和 PNP 两种输出类型，每种类型都有常开和常闭两种模式，选型时需要根据实际使用情况选择合适的输出类型，一旦选错，可能会得到相反的结果。

通过网络查阅传感器输出模式，填写表 3-8 的相关内容。

表 3-8　传感器输出模式

NPN 型		PNP 型	
常开	常闭	常开	常闭
输出效果：	输出效果：	输出效果：	输出效果：

通过表 3-8 中两种输出类型比较，可以得出什么结论？

____

____

4. 组装与调试

1）外框架组装

外框架采用标准工业铝型材连接，构成系统框架结构。工业铝型材具有以下优点：

（1）铝型材料产品的框架连接强度高，螺母、铝型材料等配件连接方便。

（2）容易拆装、模块化的连接特点使其有良好的重复装配能力。

（3）铝型材框架的配件连接方式，加工设备简单、连接件模块化。

（4）使用槽形设计，安装螺母、螺钉方便，改变结构方便。

（5）使产品的力学性能好，承载能力大。

（6）这样的框架不用喷漆，防潮防腐性能较好，简洁美观。

安装完成的外框架如图 3-60 所示。

图 3-60　安装完成的外框架

2）机械部分组装

产品组装时按照先机械部分后电气部分的顺序进行。电缆拉伸测试机机械部分组装过程如图 3-61 所示。

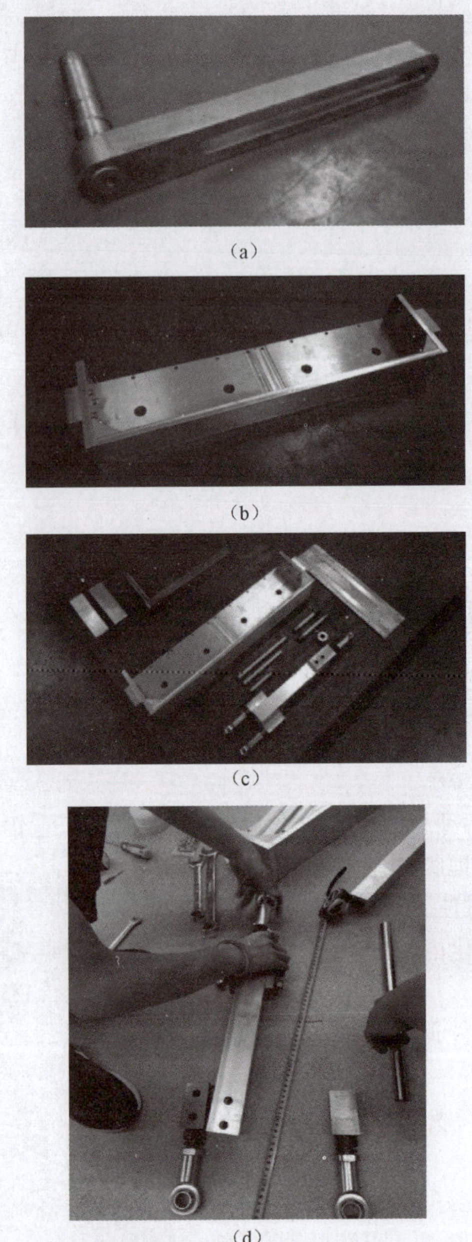

(a)

(b)

(c)

(d)

图 3-61　电缆拉伸测试机机械部分组装过程

(a) 旋转臂；(b) 拉伸架；(c) Y 形连接件；(d) 组装

3）电气部分组装调试

电气元件在安装之前首先应按照电气图进行接线、通电并进行初步调试。初步调试可以快速检测出系统中各电气元件是否正常工作以及实际电路设计可能存在的问题，主要是验证电气系统的基本功能是否达到要求。初步调试只需按照电气原理图接线、通电即可。电路初步调试如图 3-62 所示。

当所有电气元件无损坏，实现其功能且电气控制系统能满足设计的所有要求时，可以

规划好电气元件在设备框架上的位置，进行最终的固定安装、接线与调试，如图 3-63、图 3-64 所示。

安装接线时注意强弱电应分开走线，能进线槽的部分都压进线槽，不能进线槽的部分应用缠绕带缠绕，避免导线裸露；此外，设备应保持良好的接地。

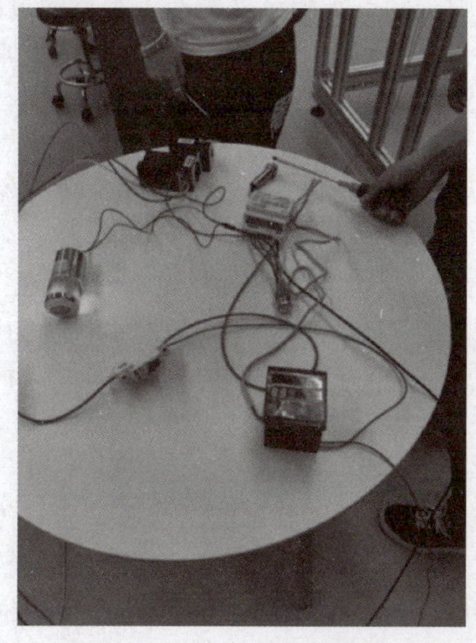

图 3-62　电路初步调试

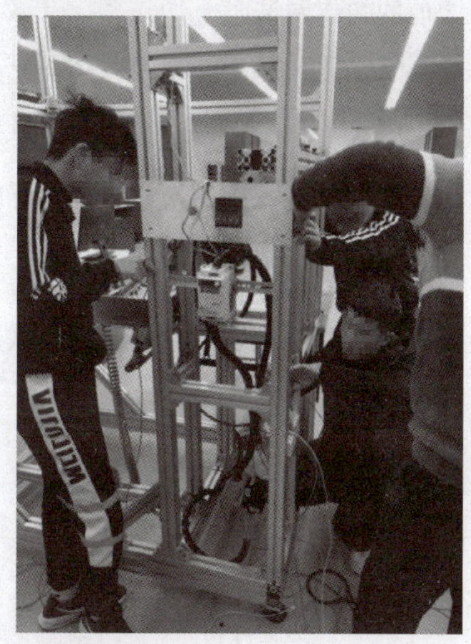

图 3-63　电气元件的安装

图 3-64　电气系统的调试状态

4）整体调试

对于一款原始创新的产品，在最终整体调试的过程中很难做到一帆风顺，每一个机械零部件的设计与加工、每一个电气元件的选型和接线都能对产品的最终运行状态产生影响。因此，产品完全组装完成后，需要进行最重要的一步——整体调试。本项目在调试过程中遇到的问题以及解决方案如下：

（1）电气部分。

①发现问题。

在电缆拉伸测试机整体调试的过程中，出现了比较严重的智能仪表计数不准确的问题。在安装之前的初步调试时一切正常，计数灵敏准确，设备安装至外框架上运行的过程中，随着旋转臂经过接近开关，仪表计数器上的数字发生了跳动，并不是每次都是增加 1 次计数。

②排查过程。

a. 检查传感器与仪表的接线，均没有问题，万用表测量仪表的工作电压、传感器的工作电压，均显示正常。

b. 恢复智能仪表的出厂设置参数，重新设置参数，上述数字跳动的现象依然存在。

c. 回顾设备没有安装之前的初步调试，仪表计数正常，因此测不准现象可能和其他设备的干扰有关，关闭所有的强电设备，减少电磁辐射，单独给仪表和传感器通电运行，手动遮挡传感器检测端，仪表显示仍然不稳定。

③解决办法。

至此，基本排除了设备故障及电磁干扰的因素，最后考虑到可能是金属框架对传感器产生了影响。本项目中所用的接近开关是金属螺纹外壳，安装时将接近开关直接旋转进安装支架，安装支架通过螺母固定于外框架上，因此接近开关与外框架直接导通，外框架与其他电气设备共同接地，在运行过程中产生了干扰。将传感器安装支架与外框架的接触面通过绝缘胶布隔离，问题得到有效解决。

（2）机械部分。

①发现问题。

机械结构对于本设计尤为重要，从最初的三维建模、加工到安装都是自主创新设计，难免会有些小问题，机械零件加工误差、机械结构安装位置偏差、实际金属部件的质量等问题综合在一起，导致电缆拉伸测试机在整体运行时抖动幅度较大，在变频器的输出频率处于某一范围内时，各部件的共振尤为明显。

②解决办法。

由机械加工导致的误差已无法更改，为了增强产品的稳定性，机械部分安装的过程中应注重细节的优化，最大程度地减小误差的累积。

a. 每两个机械水平接触面安装时应保证在同一水平面上，可以用水平激光仪检测，逐渐调整。

b. 每两个机械垂直接触面安装时尽可能在直角处斜拉三角支撑，增加直角连接的稳固性。

c. 本项目中除旋转臂和摆臂外，其他部件应尽可能轻薄，以减轻驱动电机的负载。通过定滑轮给拉伸架增加配重，缓解拉伸架下落过程中重力反作用于电机引起的抖动。

最终调试后的电缆拉伸测试机如图 3-65 所示。

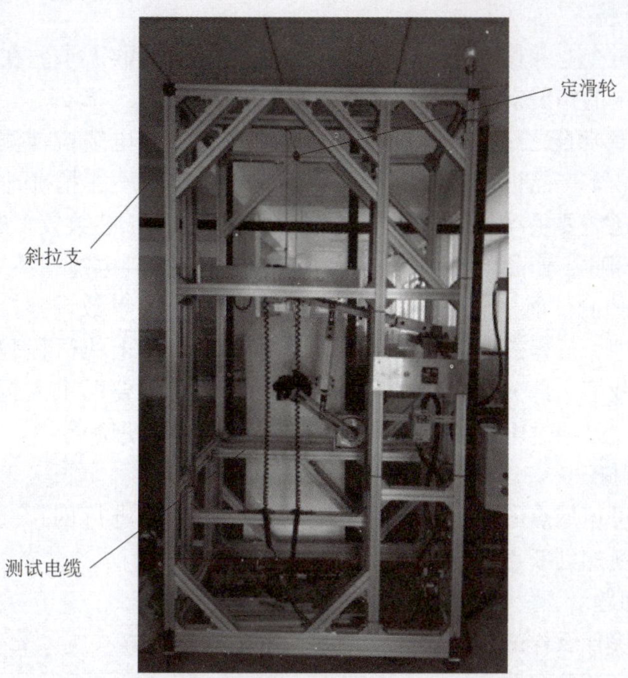

图 3-65　最终调试后的电缆拉伸测试机

五、项目拓展延伸

1. 本项目的有益效果

（1）本设计通过机械结构创新设计实现了驱动电机单向连续运行状态下拉伸架的往复运动，减少了电机每次的换向时间。在实际进行电缆拉伸疲劳测试中能够节省大量的时间，如在 500 000 次的电缆拉伸测试中，每次大约节省 2 s，合计大约可以提前 270 h 完成测试，大大节省了时间成本。对于企业的测试生产，有重要的实际意义。

（2）本设计通过机械结构设计可以实现测试电缆拉伸行程的自由调整，可以完全适应满足各种型号电缆的测试需求，相比目前市场上传统的电缆拉伸测试机，产品的适用范围更广。

（3）通过变频调速技术既能够实现电缆拉伸速度的调节，又大大地节省了时间成本，可以满足实际生产过程中不同产品的生产测试需求。

（4）本设计主体构件采用中空铝型材料，减轻了连接件的自重，同时也能够降低相应的成本；分体式结构便于设备维修和更换易损件，适用范围更广；本设计结构简单合理，生产制造容易，制造的成本低、周期短，连接件的自身重量较轻，抗弯能力和抗扭曲性能良好，机体更加可靠耐用；本设计节能、噪声小、发热少、自动化程度高、精度高、维修保养方便。

（5）新型柔性电缆拉伸测试机，当一根或多根缆芯断裂时系统会立即停机并且计数器显示此时的拉伸次数，使电缆拉伸疲劳测试更加准确、可靠。

2. 项目技术拓展

本产品已经交付企业并投入使用，满足了企业生产测试的需求。在实际的拉伸测试过程中，发现还有一定的拓展空间，总结如下：

（1）产品的特色功能之一是当电缆中任意一芯断裂后，电缆拉伸测试机自动停止并保存当前拉伸次数值。本产品可以判断电缆是否发生断裂，但不能精确地定位到具体的哪一根芯，发生断裂后还需要手动仪表检测具体的断裂位置，对于芯数较多的电缆（如50芯），测试工作量较大。因此，产品的一个拓展点就是能准确定位到电缆中某一芯的断裂位置。

（2）电缆在拉伸测试前，需要根据电缆的型号及材料等参数调整拉伸架的行程，根据机械部分的设计原理，行程的调试需要手动调节电机旋转臂上的行程调节螺母的位置，由于电机的旋转臂承载了一部分拉伸架的重量，调整行程时需要两个人配合完成。因此，产品的另一个拓展点就是通过电动或气动的方式实现行程的方便调节。

3. 拓展创新实施

根据项目技术可拓展点的内容，选择其中的1个拓展点进行创新设计，或者针对本项目涉及的内容提出新的创新点，尝试完成以下内容：

1）拟解决的问题

简要说明拟解决什么样的问题，详细阐述拟解决问题的方法。

2）技术方案或路径

3）实施方案或路径

绘制相关的方案原理图、电气原理图或控制流程图，能够准确表达解决问题的方案或技术路径。

4）拓展成果呈现方式

拟采用哪种方式（技术报告、专利交底书、技术论文、路演 PPT）呈现拓展创新点的成果，试设计出其框架结构。

六、展示评价

各小组自由展示创新成果，利用多媒体工具，图文并茂地介绍创新点具体内容、实施的思路及方法、实施过程中遇到的困难及解决办法、创新成果的呈现方式及相关文档整理情况。评价方式由组内自评、组间互评、教师评价三部分组成，围绕职业素养、专业能力综合应用、创新性思维和行动三部分，完成表 3-9 的填写。

表 3-9　项目评价

序号	评价项目	评价内容	分值	自评 30%	互评 30%	师评 40%	合计
1	职业素养 25 分	小组结构合理，成员分工合理	5				
		团队合作，交流沟通，相互协作	5				
		主动性强，敢于探索，不怕困难	5				
		能采用多样化手段检索收集信息	5				
		科学严谨的工作态度	5				
2	专业能力综合应用 25 分	绘图正确、规范、美观	5				
		表述正确无误，逻辑严谨	5				
		能综合融汇多学科知识	10				
		项目综合难度	5				
3	创新性思维和行动 50 分	项目拓展创新点挖掘	10				
		解决问题方法或手段的新颖性	10				
		创新点检索论证结果	10				
		项目创新点呈现方式	10				
		技术文档的完整、规范	10				
合计			100				
评价人签名：		时间：					

延伸阅读——“大国重器，工匠精神”

徐立平：为铸“利剑”不畏艰险

1. 人物速写

从 1987 年参加工作至今，他一直从事着极其危险的航天发动机固体动力燃料药面的微整形工作，相当于在炸药堆里雕刻火药。他在工作中不断摸索、实践，自学数控知识并亲手设计出多个改良设备，大大提升了药面雕刻精准度。他为火箭上天、神舟遨游、北斗导航、嫦娥探月等一项项国家重大工程任务“精雕细刻”，以匠人之心，用双手助力着大国航天梦。

2. 人物事迹

徐立平是航天科技特级技师，自 1987 年参加工作以来，30 余年一直从事固体火箭发动机药面整形工作，该工序是固体火箭发动机生产过程中最危险的工序之一，被喻为是“雕刻火药”。多年来，他承担的战略导弹、战术导弹、载人航天、固体运载火箭等国家重大专项武器装备生产，次次不辱使命。安全精准操作，工艺要求 0.5 mm 的整形误差，他始终控制在 0.2 mm 内。在重点型号研制生产中，他经常被指定为唯一操作者，在高危险、高精度、进度紧等严苛的生产条件下，经他整形的产品型面均一次合格，尺寸从无超差。

多年来，他先后数十次参与发动机缺陷修补型号攻关，并创新实现了真空灌浆、加压注射等修补工艺。在某重点战略导弹发动机脱粘原因分析中，他凭借扎实的技能和超人的勇气，钻入发动机腔、精准定位并对缺陷部位完成挖药、修补，修补后的发动机最终成功试车，保障了国家重点战略导弹研制计划顺利进行，为国家挽回数百万元的损失。为解决手工面对面操作带来的安全隐患，徐立平带领班组开展机械整形技术攻关，推动实现了包括“神舟”系列在内的 20 余种发动机远距离数控整形，填补了国内行业技术空白。

模块四

电气产品集成创新

模块简介

系统集成（system integration）通常是指将软件、硬件与通信技术组合起来为用户解决具体的问题，集成的各个分离部分原本就是一个个具有完备功能的独立的系统，集成后整体的各部分之间能彼此有机地、协调地工作，以发挥出明显优于各独立系统的整体效益，达到整体优化的目的。系统集成实现的关键在于解决系统之间的互联和互操作性问题，它是一个多厂商、多协议和面向各种应用的体系结构。

本模块涉及的电气产品集成创新，采用了系统集成的思想，以快速解决用户实际需求为出发点进行的创新性活动。针对市场上没有能直接满足用户需求的产品，采用集成创新的方式可以有效缩短项目开发周期，节约开发投入成本。

项目1　轨道式巡检机器人系统集成创新

一、项目学习引导

1. 项目来源

本项目来源于江苏省江都水利工程管理处万福闸管理所。河道闸门的启闭直接控制了水资源的调度，关系到民生，社会责任及安全责任重大。河道闸门的启闭需要根据水利部门上级统一调度指令完成，在闸门启闭过程中还需要实时监测水情状态、闸门的运动状况等，以确保水资源的顺利调度。对于较窄的河道，闸门数量少，传统的方法是采用普通视频监控或人工巡检；对于较宽的河道，闸门数量较多，传统的方法投入较大，维护成本较高。

轨道机器人

2. 项目任务要求

随着信息、物联网、自动化等技术的发展，传统行业正不断地与新兴技术融合，实现行业的升级。为了响应国家水利部门提出的“智慧水务”的号召，同时节约成本，江都万福闸管理处拟对现有的闸门监控系统进行升级，实现闸门状态监控全自动化。本项目实现的轨道式巡检机器人的集成，项目涉及的主要技术有电气技术、通信技术、自动化技术、传感器技术等，项目任务要求如下：

（1）设计一款轨道式巡检机器人，代替人工实现自动巡检功能。

（2）巡检范围能够覆盖河面上所有闸门。

（3）免布线，采用电池供电，且具备自动返回充电的功能。

（4）能够实现巡检图像的远距离无线传输。

3. 学习目标

（1）了解轨道式巡检机器人的种类及其应用场合；

（2）了解轨道式巡检机器人的内部结构及主要部件；

（3）掌握集成系统中各子设备或子系统的选型；

（4）掌握各子系统或子设备之间的连接与安装方法；

（5）能够对各子系统或子设备进行单独测试；

（6）能够对集成系统进行整体调试并排除故障；

（7）能够对集成系统进行优化设计；

（8）学习“追求卓越，永无止境”的工匠精神。

4. 项目结构图

项目设计结构如图 4-1 所示。

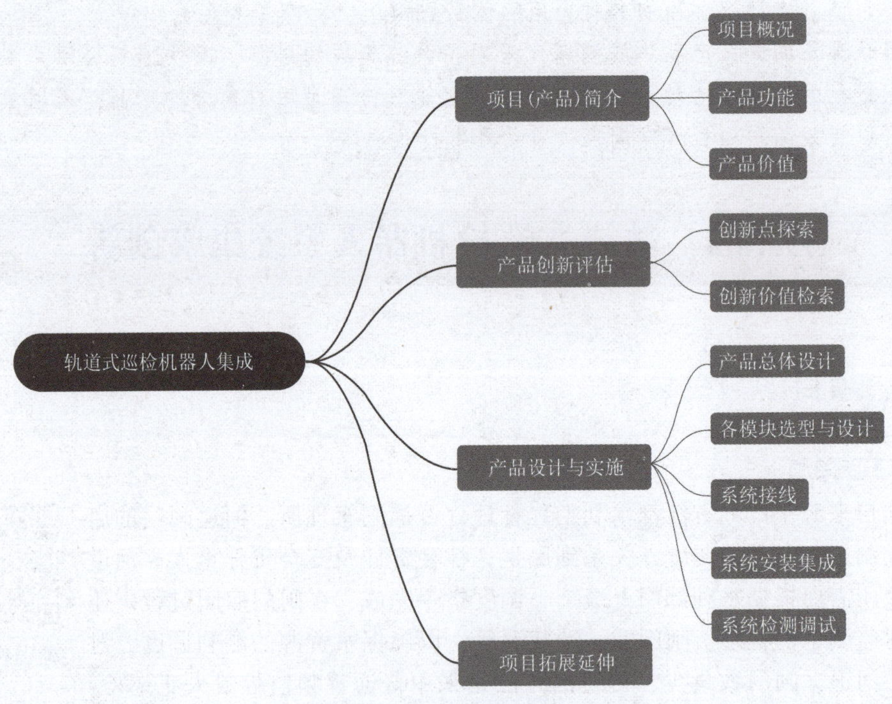

图 4-1　项目设计结构

5. 项目学习分组

项目学习小组信息如表 4-1 所示。

表 4-1　项目学习小组信息

组名				
成员姓名	学号	专业	角色	项目/角色分工

二、项目（产品）简介

1. 项目概况

扬州江都万福闸孔数多（65 孔），跨度约 1 000 m，实践证明，使用自动化系统进行开关闸运行时，存在诸多不利因素。例如，闸门在开启前及开启时，需检查闸门情况、门顶有无垃圾、运行时有无卡阻情况、开关是否到位等，需要人员在闸门旁边的工作便桥及时观察，并向控制室操作人员及时反馈闸门运行情况，如图 4-2 所示。

图 4-2　闸门状态监测

实际工作中由于闸孔数量多、距离远，常存在沟通不及时、表达不到位的情况。这样需要增加工作人员，工作人员的增加必然提高投入成本。

2. 产品功能

通过项目背景，可以总结出项目需求，设计一种自动化的产品，以较经济的方式实现闸门自动监测，完全替代人工，提高工作效率。根据项目需求，可以确定最终的设计目标，即设计一种轨道式巡检机器人，且满足以下几个特点：

（1）搭载高清摄像头代替人眼，观测闸门运动状态并将图像传输至控制室；

（2）能够在户外工作，这就需要考虑到防水以及高温或低温环境下产品的适应能力；

（3）自动充电、自动运行，目的是提高产品自动化程度，减轻人工工作量；

（4）可以在工作工字钢上运动（以闸门现有基础设施——工字钢为轨道，在很大程度上节约了轨道成本，有助于产品推广应用。）

3. 产品价值

(1) 产品替代工作人员完成巡检工作，节约了人工成本，减轻了工作人员工作强度，经济和社会效益显著。

(2) 产品集成了多个硬件设备和多项技术，涉及的技术范围较广，填补了水利领域轨道式户外巡检机器人的空白。

三、产品创新评估

1. 创新点探索

所有通过系统集成方式实现的产品，其主要创新点可以从两个方面挖掘：一方面是集成后最终产品或系统整体的创新；另一方面是在系统集成过程中，实现的各个独立的产品之间的连接方式、连接方法、构造、控制算法、软件的创新以及解决的实际问题。本项目可以挖掘的创新点有：

(1) 轨道式巡检机器人系统。

(2) 轨道式巡检机器人吊装结构创新。

2. 创新价值检索

挖掘出创新点后，需进行创新价值检索，即检索该创新点是否已经存在，如果已经存在，在设计方案时就需要进行改进，避免侵犯别人的知识产权。这里以“轨道式巡检机器人系统”创新为例，介绍创新价值检索过程。

1) 产品检索

以“轨道式巡检机器人”作为检索词，并未检索出相关的产品，如图 4-3 所示。减少关键词，进一步增大检索范围，以“巡检机器人”为检索词，检索结果如图 4-4 所示。

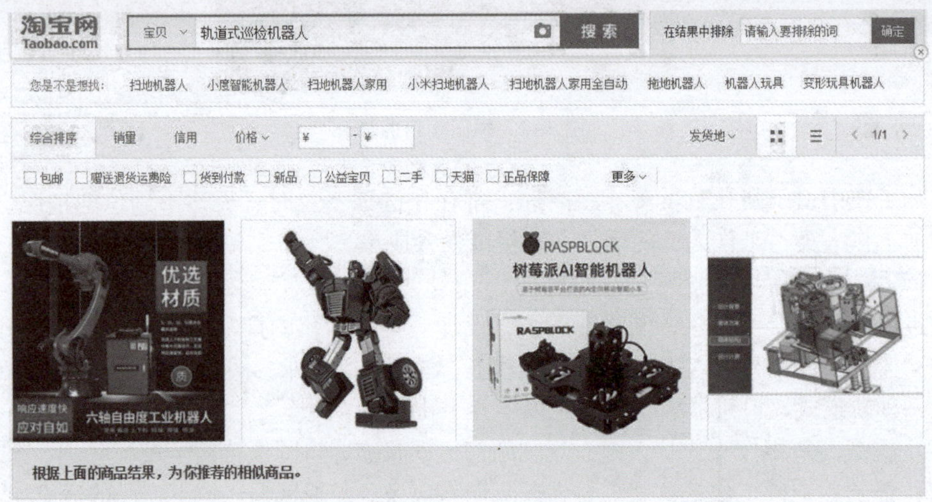

图 4-3 产品检索 1

图 4-4 检索结果中只有一个是轨道用巡检机器人，了解详情后发现该巡检机器人只应用于室内，体积小，并不能满足户外长时间运行的要求，因此不适用于本项目。

图 4-4　产品检索 2

2）专利检索

在中国专利公布公告网页，以“轨道式巡检机器人”为检索词进行检索，共检索出 75 条专利信息，浏览所有的专利信息，没有申请“轨道式巡检机器人”的专利，如图 4-5 所示。如果创新点已经被申请了专利，则需要下载并仔细阅读已有专利的保护内容，挖掘的创新点不能侵犯已有的知识产权。

公布模式　列表模式　附图模式　　每页显示10条记录

序号	申请号	申请（专利权）人	发明（设计）名称
1	2020102447706	中通服创立信息科技有限责任公司	一种轨道式巡检机器人的跟随监控方法及系统
2	2020103148896	重庆盘古美天物联网科技有限公司	路侧停车轨道式巡检机器人
3	2020102865552	中煤科工集团重庆研究院有限公司	矿用轨道式巡检机器人链条爬坡辅助机构
4	2020102447299	中通服创立信息科技有限责任公司	基于UWB定位系统的轨道式巡检机器人的跟随监控方法
5	2020102435662	中通服创立信息科技有限责任公司	一种基于人体雷达的轨道式巡检机器人的跟随监控方法
6	2020100384435	中煤科工集团重庆研究院有限公司	矿用轨道式巡检机器人爬坡辅助装置
7	2020100149492	深圳市赛为智能股份有限公司	一种轨道式巡检机器人充电装置及其工作方法
8	2019112711543	深圳市赛为智能股份有限公司	轨道式巡检机器人云台升降装置及其工作方法
9	2019112495436	深圳市赛为智能股份有限公司	轨道式巡检机器人局部放电检测的伸缩装置及其工作方法
10	201911055612X	国家电网有限公司; 国网电力科学研究院武汉南瑞有限责任公司; 国网辽宁省电力	一种轨道式巡检机器人专用辅助充电系统、机器人及母港

图 4-5　专利检索

小试牛刀：检索一款巡检机器人的信息，完成以下内容：

（1）检索方式。

（2）功能及应用场合。

（3）巡检机器人的组成。

四、产品设计与实施

1. 产品总体设计

1）系统集成流程

集成实施

电气产品集成的过程首先进行产品功能分析，根据分析的结果确定系统组成，然后进行各子模块选型，下一步就是各子模块系统集成安装，最后是系统整体运行调试。系统集成流程如图 4-6 所示。

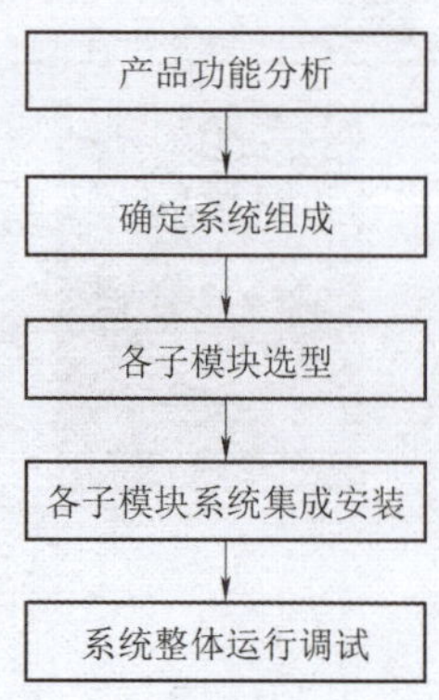

图 4-6　系统集成流程

2）系统组成

图 4-7 所示为轨道式巡检机器人系统组成框图，机器人本体部分主要由电动行车系统、视频监控系统、无线网络传输系统、电池动力供电系统四部分组成，各部分又包括了若干子设备或子系统。各子系统包含了一个或多个设备，这些设备也是独立的产品。

（1）电动行车系统：包含电动行车、行车控制器。

（2）视频监控系统：包含前端高清摄像球机、后端监控平台。

（3）无线网络传输系统：包含无线自组网传输主机及高增益天线。

（4）电池动力供电系统：包含锂电池组、逆变器、电池充电装置等。

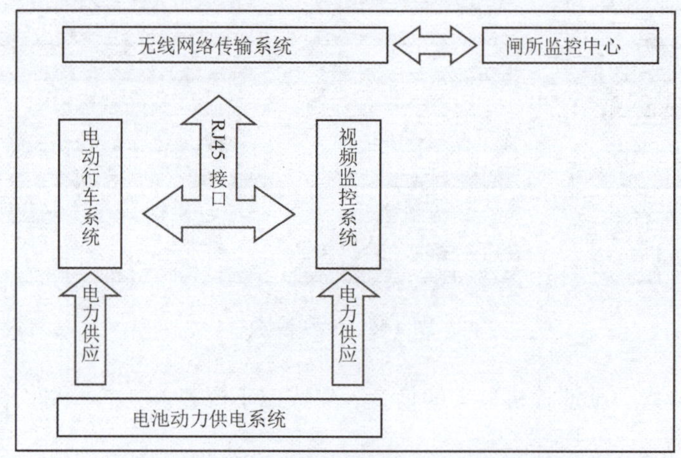

图 4-7　轨道式巡检机器人系统组成框图

各组成部分在轨道式巡检机器人内部的分布如图 4-8 所示。

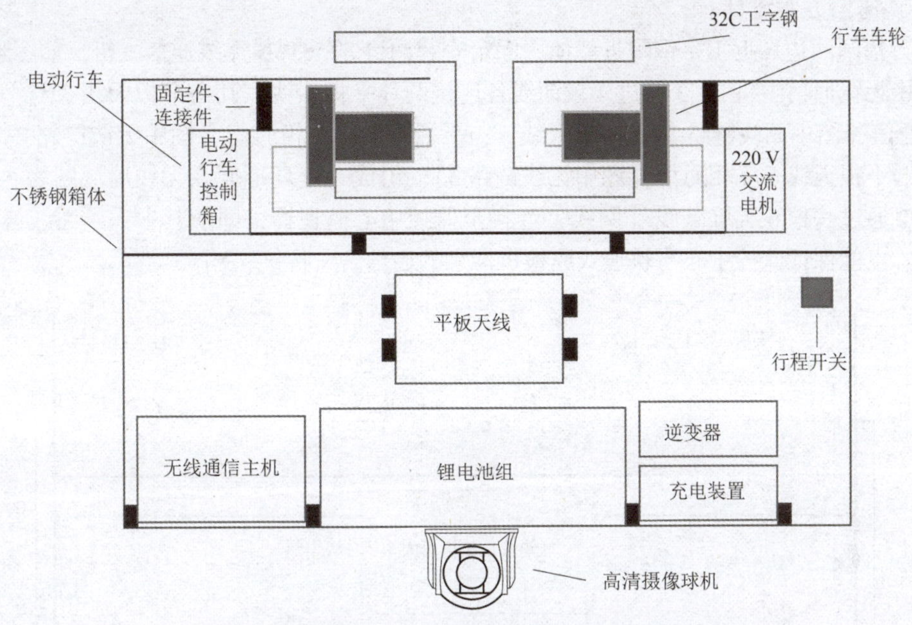

图 4-8　各组成部分在轨道式巡检机器人内部的分布

知识小贴士：系统集成过程中，使用的设备种类众多，各子设备对供电的要求不尽相同，有的设备是交流供电，有的设备是直流供电。锂电池组输出的是直流电，当需要使用交流电时可以选择合适的逆变器，将电池输出的直流电转换为交流电。

轨道式巡检机器人外部结构如图 4-9 所示。

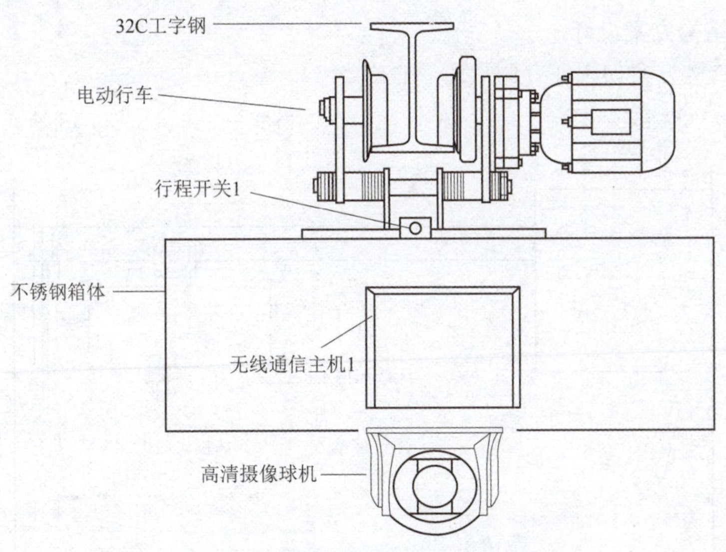

图 4-9　轨道式巡检机器人外部结构

3）系统方案设计

（1）通信方案设计。

在万福闸两边靠近工字钢附近墙体，固定安装两台 ST58T8G 无线通信主机，如图 4-10 所示，图中无线通信主机 2、3 通过 4 条馈线各连接两片平板天线，其中平板天线 3 与平板天线 1 互相通信（图中无线链路 1），平板天线 5 与平板天线 2 互相通信（图中无线链路 2），平板天线 4 与平板天线 6 互相通信（图中无线链路 3），组成一个环形冗余无线局域网络。无线通信主机 2 通过一根 6 类屏蔽线（网线）连接至监控中心监视器，即使其中一条无线链路因故障断链，也能保证监控中心与轨道式巡检机器人的通信。

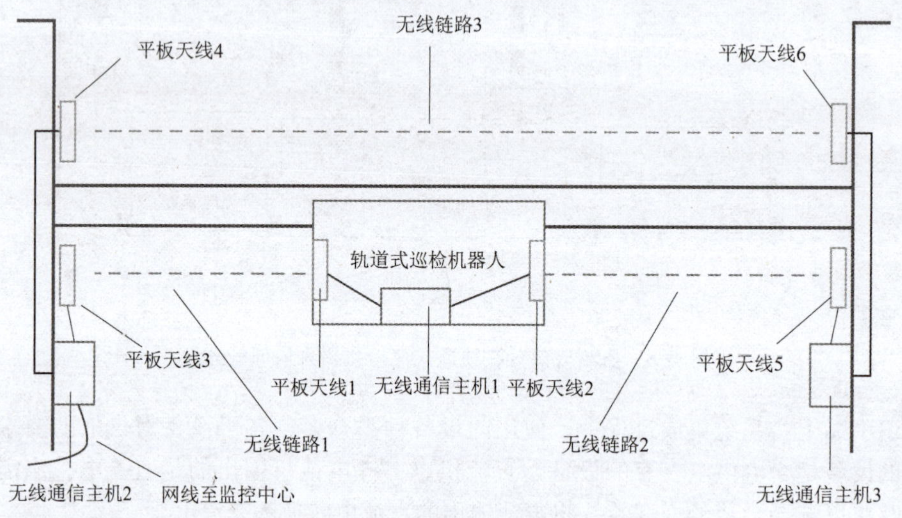

图 4-10　系统通信方案

（2）总体结构方案设计。

系统总体结构方案如图 4-11 所示。

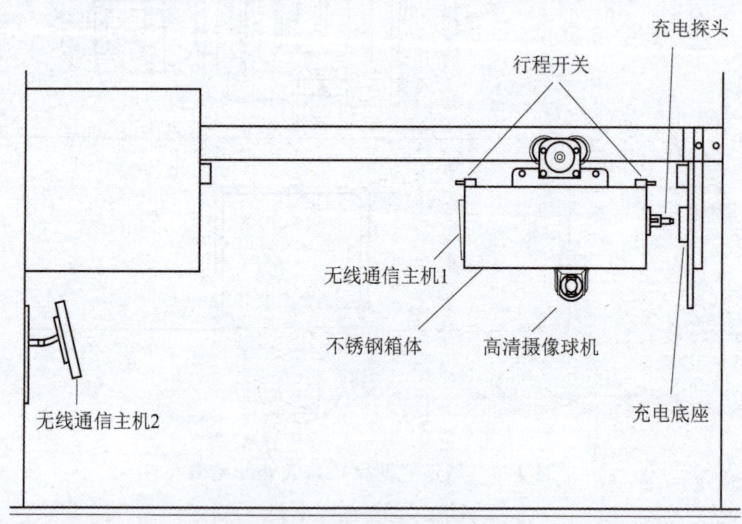

图 4-11　系统总体结构方案

小试牛刀： 根据本节介绍的轨道式巡检机器人设计方案，完成表 4-2。

表 4-2 轨道式巡检机器人系统组成

产品名称	组成部分	子设备或子系统
轨道式巡检机器人		

2. 各模块选型与设计

1）机器人箱体

本项目中，轨道式巡检机器人箱体既要有一定的强度，容纳所有集成的子设备，又要满足实际要求，能在现场工字钢上运动，市面上没有能直接满足要求的成品，需要根据实际情况自行制作。机器人箱体采用高强度不锈钢焊接，规划尺寸为 600 mm×450 mm×550 mm，实际尺寸可根据现场实际情况微调。同时对整个不锈钢箱体进行油漆喷涂，保证箱体的美观整洁。机器人箱体结构如图 4-12 所示。

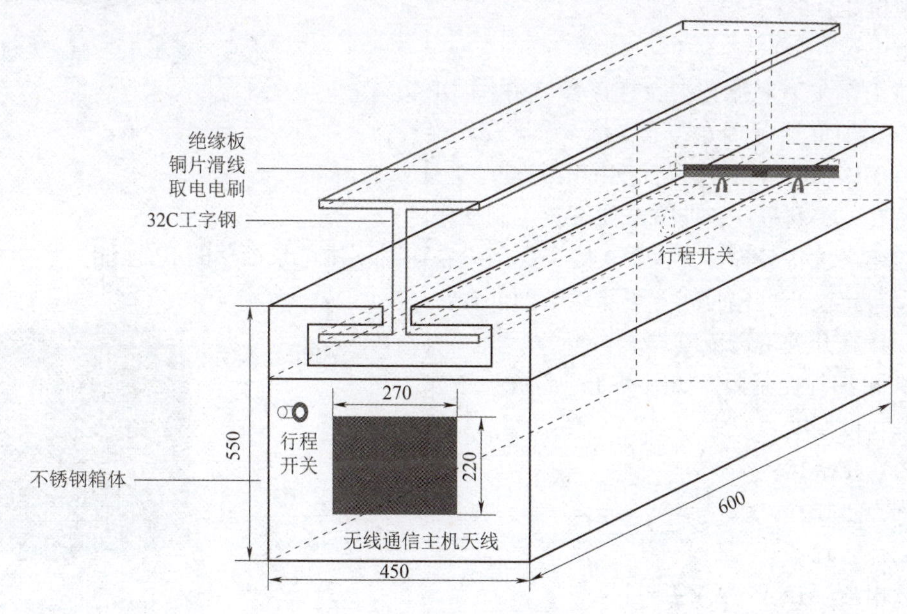

图 4-12 机器人箱体结构

2）机器人行车系统

采用 TOYO HSG-B200 电动行车作为设备载具，吊挂在 32C 工字钢下，匹配行车控制箱、IP 网络控制模块、可编程控制器，移动速度达 20 m/min。配合行程开关、IP 网络控制模块、可编程控制器、配套控制程序可实现自动巡检功能。

（1）电动行车，如图 4-13 所示。

额定输入功率：510 W；

额定电压：220 V AC；

额定频率：50 Hz；
净重：11 kg；
最大载荷：200 kg；
移动速度：20 m/min；

图 4-13　电动行车外观

（2）驱动电机，如图 4-14 所示。
额定电压：220 V AC；
额定功率：1.5 kW；
额定转速：2 840 r/min；
额定电流：3.46 A；
功率因数：0.84；
最大转矩：2.3 N·m；
减速器减速比：60∶1。

图 4-14　驱动电机

（3）IP 网络控制模块。
品牌：欧姆龙；
型号：HHC-N-4I4O；
供电电压：5 V；
供电电流：≥1 A；
支持工作在 TCP 服务端、TCP 客户端、UDP 方式；
工作在 TCP 服务端方式下支持 4 个客户端连接；
支持 MODBUS TCP 协议，支持组态王；
支持在线更新程序，非常方便客户定制程序；
能自定义设备名称，支持中文定义，当设备多时不用记录烦琐的 IP 地址；
可以自定义心跳包时间，可靠性断网恢复；
可工作在开关量透传模式。

（4）可编程控制器，如图 4-15 所示。
品牌：欧姆龙；
型号：RX-10；
输入点：16；
输出点：12；
输入电压：12 V/24 V；
支持 USB 程序下载；
支持 OTG 接口；
支持扩展模块；
支持简易 PLC 编程。

图 4-15　可编程控制器

（5）行程开关，如图 4-16 所示。
防护等级：IP62；
操作频率：25 次/min；
动作行程：<5 mm；
环境温度：-15~45 ℃。

图 4-16　行程开关

3）视频监控系统

该系统采用海康威视 DS-2DC4420IW-D 400 万像素 4 in 红外网络高清智能球机作为前端视频监控设备，通过无线网络传输系统将采集到的高清视频传送至监控中心，后端采用 IVMS-4200 海康配套平台软件，可控制球机云台，实现 360°无死角监控，如图 4-17 所示，主要参数如下：

支持最大 2 048×1 536@ 30 f/s 高清画面输出；

支持 H. 265 高效压缩算法，可较大节省存储空间；

支持 20 倍光学变倍，16 倍数字变倍；

采用高效红外阵列，低功耗，照射距离达 150 m；

支持区域入侵侦测、越界侦测、音频异常侦测、移动侦测、视频遮挡等功能；

支持断网续传功能保证录像不丢失，配合 Smart NVR 实现事件录像的二次智能检索、分析和浓缩播放；

支持宽动态、3D 数字降噪、Smart IR 等功能；

水平方向 360°连续旋转，垂直方向-15°~90°；

支持 300 个预置位，8 条巡航扫描，4 条花样扫描；

支持 3D 定位功能，可通过鼠标框选目标以实现目标的快速定位与捕捉；

支持定时任务、守望、一键巡航功能；

支持最大 128 GB 的 Micro SD/SDHC/SDXC 卡存储；

支持 1 路音频输入和 1 路音频输出；

支持报警功能，内置 2 路报警输入和 1 路报警输出，支持报警联动；

支持 E 家协议和萤石云服务。

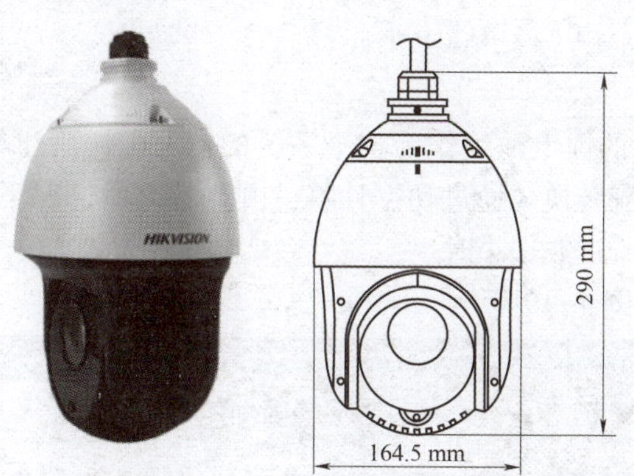

图 4-17　视频监控系统

4）无线传输系统

本系统采用工业级数字无线传输设备作为无线通信主机，匹配 18dBi 高增益定向平板天线组成无线局域网络，点对点传输可达 20 km，有效传输带宽达 300 Mb/s，作为视频信号与电动行车控制信号的传输载体，如图 4-18 所示，可有效地防止数据丢包、连接不稳定现象的发生，主要参数如下：

操作模式：支持 AP 模式、WDS 模式、ClientBridge+Repeater AP 模式；

支持 IEEE 802.11 an 模式，传输速率 2TX（300 Mb/s）/2RX（300 Mb/s）；

支持高达 29 dBm 无线输出功率；

支持宽电压的输入，电压输入范围 12~24 V DC；

支持负荷电流保护机制，内建 4 kV ESD（Electro Static Discharge）乘载与放电防雷设计，对于雷击频繁区的家用室内或特殊阳台屋檐使用，只要将接地线接好地即可防范瞬间雷击造成的损害；

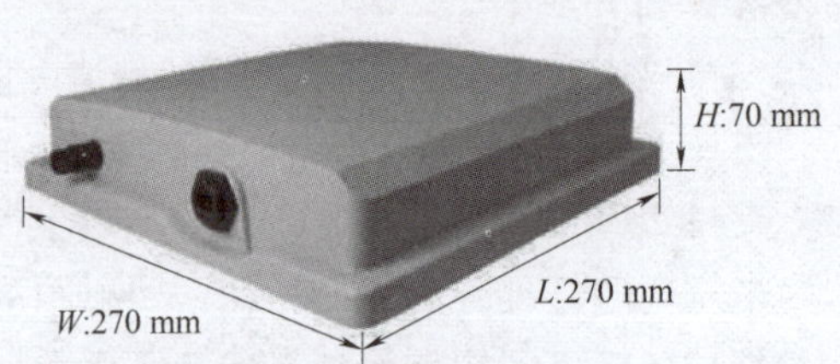

图 4-18　无线传输主机

支持 8 组 Multiple-BSSID 功能，并支持 IAPP 无线网络漫游功能；

支持无线 IGMP v1/v2/v3 功能，可传导线上即时影音封包；

支援 WDS（Wireless Distribution Service）可支持 8 组桥接功能，同时支持多组 Tag VLAN；

智能无线距离参数自动设定，输入距离后系统可自动微调最佳对应进阶参数以达到相对距离的最佳无线传输速率效果；

支持 QoS WMM（品质服务）频宽管理及流量控管，并支援 IEEE 802.1p QoS 标准群播及优先权功能，适合多媒体应用可根据 IP DSCP（DiffServ Code Point）栏位设定资料优先；

支持有线与无线界面 IEEE 802.1d Spanning Tree 扩展树功能，当利用多台 WDS 无线连接同时有线线路连接后达到有线与无线网络互相备援时，有效预防网络 Loop 无限回圈不正常问题；

支持 SNMP v2c、SNMP v3、SNMP Trap。

5）电池供电系统

采用 48 V 80 A · h 的锂电池组作为整个系统的电源，使用组福克斯 NFA7552W-48 V 转 220 V 逆变器直流交流转换，通过功率计算，电池满电的情况下可保证电动行车及高清摄像球机正常不停歇运行近 8 个小时。

（1）锂电池组，如图 4-19 所示。

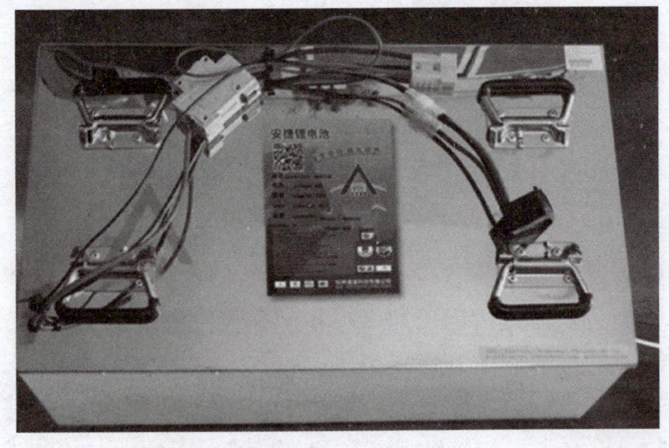
图 4-19　锂电池组

输出电压：48 V

电池容量：80 A · h

尺寸：305 mm×225 mm×230 mm/450 mm×285 mm×145 mm；

净重：25 kg±500 g。

（2）纽福克斯逆变器，如图 4-20 所示。

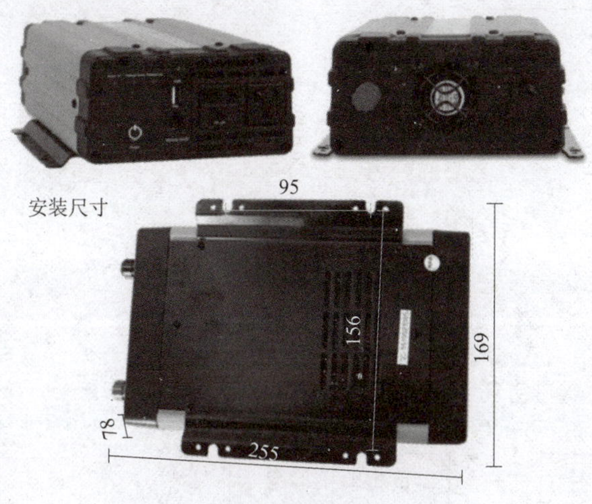

图 4-20 纽福克斯逆变器

输出功率：600 W；

产品型号：7552V；

持续输出功率：540 W；

持续输入电压：49 V±3 V；

额定输出电压：220 V±15 V；

频率：（50±0.02）Hz；

净重：1 719 g。

6）充电系统

在 32C 工字钢轨道上一端或两端各铺设 1 m 的滑线，滑线接入 220 V 市电，箱体内安装石墨电刷，当电动行车靠边时，电刷接触滑线铜线部分，接通 220 V 市电，经箱体内电池充电装置给锂电池组充电，同时充电装置设有充电过压保护器，防止电池过度充电导致电池组受损。充电系统结构如图 4-21 所示。图中，在铜片滑线上喷涂导电油脂保证取电电刷与铜片滑线的良好接触，降低电刷与铜片的接触电阻，同时确保无接触电火花的产生。

3. 系统接线

1）充电系统接线

充电系统是将电网电压 220 V AC、50 Hz 的市电输送至轨道式巡检机器人的充电接口，市电与充电接口是通过一对电刷连接，接线时将市电通过导线连接至铜片滑线，充电装置的电压输入端口通过导线连接至取电电刷，如图 4-22 所示。

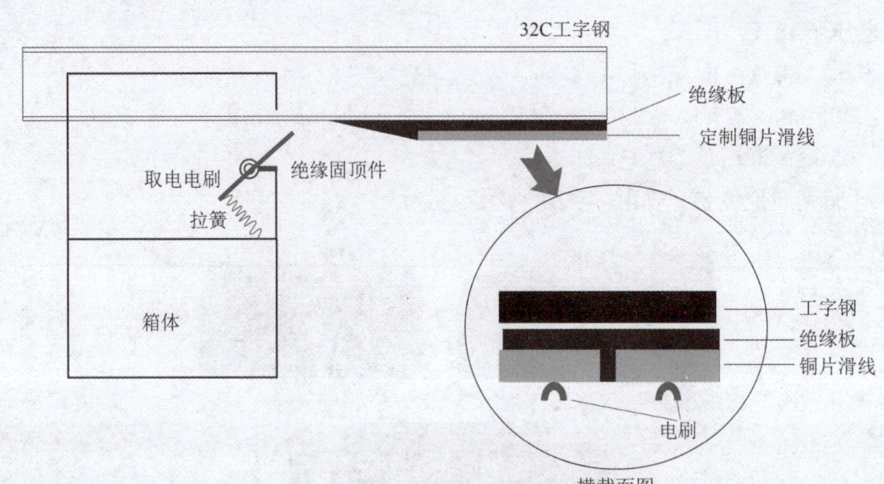

图 4-21　充电系统结构

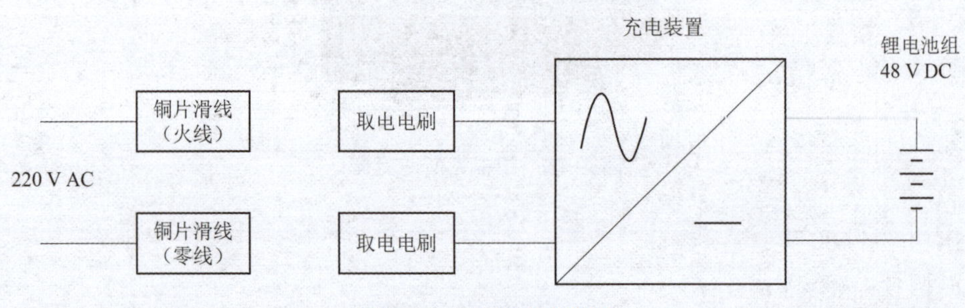

图 4-22　充电系统接线

2）供电系统接线

供电系统是指锂电池的输出线路部分，系统集成的各部件种类众多，需要的电源参数不尽相同，有些设备需要交流供电，有的设备需要直流供电，如一些传感器的供电电压为 24 V DC 或 12 V DC，单片机系统供电电压为 5 V DC。供电系统接线如图 4-23 所示。

根据集成系统中各子模块的电压类型，选择合适的变压器。在本项目中，锂电池输出电压是直流 48 V，行走电机和 PLC 需要的供电电压是 220 V AC，接线时需要逆变器转换；对于其他的直流变压器，接线时要注意电源的“+”“-”不能接反；交流与直流接线导线在机器人壳体内部要分开走线，避免电磁干扰。

3）信号传输及控制系统接线

信号传输与控制线路均属于弱电线路，原则上要与强电部分分开走线。本项目中的弱电线路有两类，一类是通信传输线（以太网），另一类是控制信号线，如图 4-24 所示。

图 4-24 中，高清摄像球机、网络控制器、无线通信主机都是通过超五类网线直接接入交换机，无线通信主机将高清摄像球机的视频信号发送至控制室，同时接收控制室发出的轨道式巡检机器人运动指令，并通过网络控制器传送至可编程控制器（PLC）。网络控制器与可编程控制器之间采用的是点对点直接连接，因此采用导线将网络控制器的输出端口与 PLC 的输入端口直连即可；PLC 的输出端口与电机控制板也是点对点方式直接连接；行程开关安装在轨道式巡检机器人的前后两端，用来检测是否运行到极限位置，行程开关采用

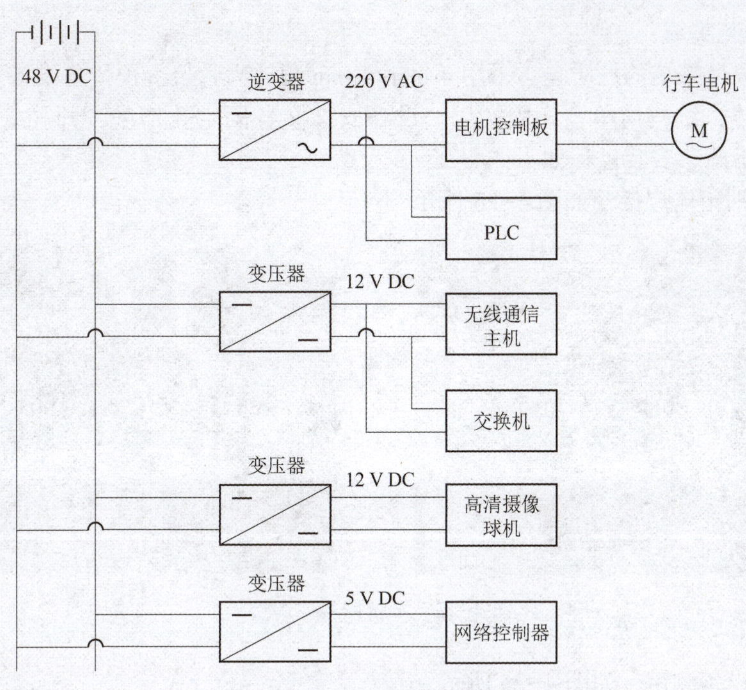

图 4-23　供电系统接线

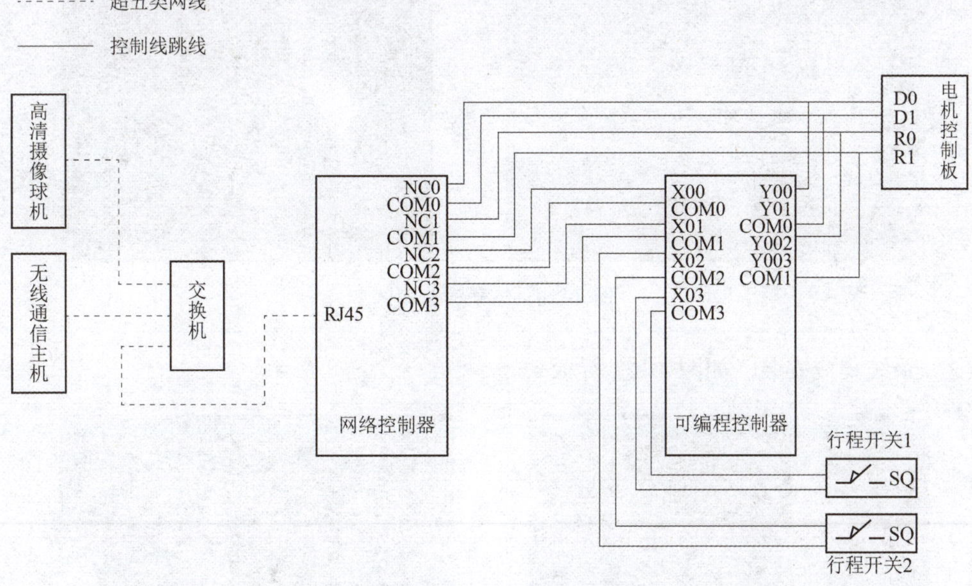

图 4-24　通信及控制系统接线

的是触碰式，开关通过导线直接接入 PLC 的输入端子。

思考：本项目将多种设备集成在一个相对封闭狭小的空间内，有交流线路、直流线路及通信线路，各种线路在内部应如何走线？

4. 系统安装集成

考虑到集成后系统的总质量，采用 4 mm×4 mm 角铁为骨架，预留各设备安装孔槽，以不锈钢制作箱体，结构简单、牢固实用。设备安装在各固定孔槽中，开孔处涂抹防水胶，做好箱体防水措施。安装过程如下：

（1）不锈钢箱体焊接，如图 4-25 所示。

图 4-25 不锈钢箱体焊接

（2）各子设备测试，如图 4-26 所示。

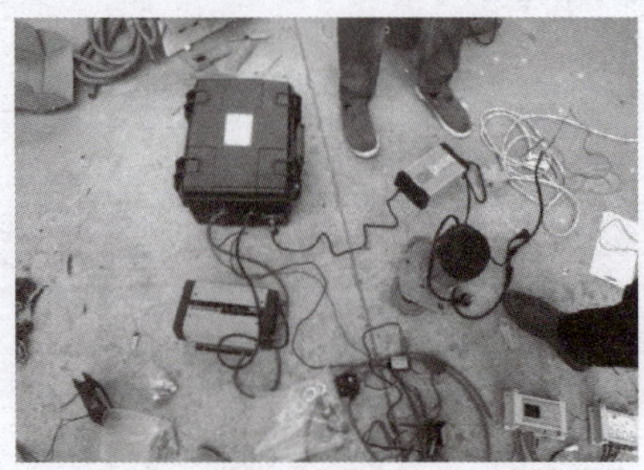

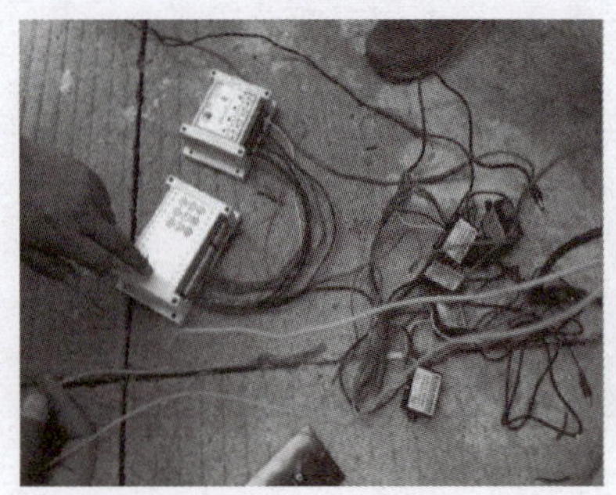

图 4-26 各子设备测试

（3）系统集成安装，如图 4-27 所示。

图 4-27 系统集成安装

（4）产品轨道吊装，如图 4-28 所示。

图 4-28 产品轨道吊装

（5）充电接口安装，如图 4-29 所示。

图 4-29 充电接口安装

（6）整体调试运行，如图 4-30 所示。

图 4-30 整体调试运行

5. 系统检测调试

系统集成安装完成后，我们希望产品就能正常工作，然而在实际的工程项目中，集成的各子部件数量可能较多，集成安装完成后，一次通电产品可以正常工作的可能性较小，通常需要进一步检测调试完成。

产品运行

工程上对于集成系统的检测与调试一般按照顺序分别从供电系统、通信系统、软件三个方面进行。

1）供电系统检测调试

当系统启动后无任何反应时，首先要检查电源动力系统，电源的故障、错误的接线等都是导致系统无法正常工作的直接原因。以本项目电源系统为例，供电系统检测如图 4-31 所示。

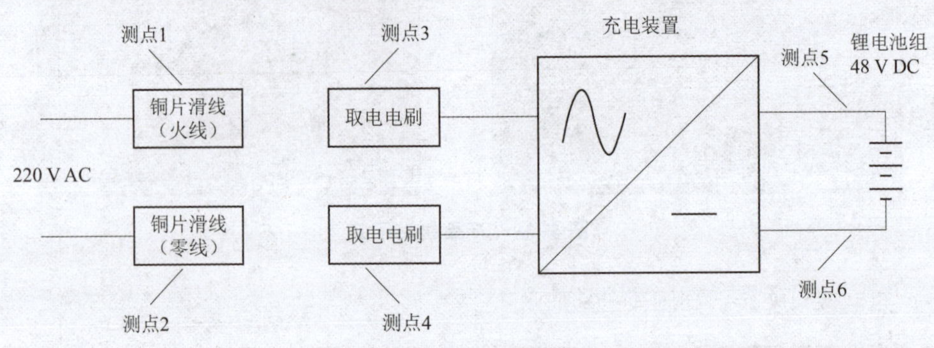

图 4-31　供电系统检测

供电系统检测时按照先输入后输出的顺序逐一检查各连接处的电压是否有显示且电压数值是否正常。电源的检测只需要万用表即可，具体的操作步骤如下：

（1）输入侧电源检测。

接通系统电源，将万用表量程旋钮旋至“交流电压”挡，将万用表的表笔分别置于测点 1 和测点 2 处，测量 220 V AC 是否正常，如没有电压或电压值较低，需要检查铜线滑线安装得是否牢固，是否存在接触不好的点。如电压值正常，将取电电刷移至铜片滑线上，将表笔置于测点 3 与测点 4 处，检查取电电刷两端的电压值是否正常。

（2）输出侧电源检测。

将万用表量程调至“直流电压”挡，表笔置于测点 5 与测点 6 处，查看锂电池组是否有输出，且输出直流电压值是否在合理的范围内。

（3）电压转换模块电源检测。

将万用表量程调至“直流电压”挡，对图 4-32 中的测点 1 及测点 3 进行测量，检查逆变器和变压器的输入端电压 48 V DC 是否正常；对测点 4 电压进行测量，查看变压器的输出 12 V DC 是否正常；将万用表量程调至“交流电压”挡，对测点 2 进行测量，查看逆变器的输出 220 V AC 是否正常，逆变器将直流电压转换成交流电压，逆变器输出电压的稳定性和产品本身有很大的关系，检测时一定要注意逆变器输出电压的稳定性。

2）通信系统检测调试

如果对电源供电系统检测调试未发现任何异常，下一步就需要对通信系统接线进行检测与调试，如图 4-33 所示。

（1）网络通信部分。

网络通信部分首先要保证所有的网线通畅，在网线通畅的情况下检查交换机，首先检查交换机工作指示灯是否正常。本项目中，高清摄像球机、无线通信主机、网络控制器都连接在同一交换机上，因此要确保以上设备的 IP 地址设置正确，所有连接在交换机上的子设备 IP 地址都必须在同一网段内，且地址应不相同，避免冲突。

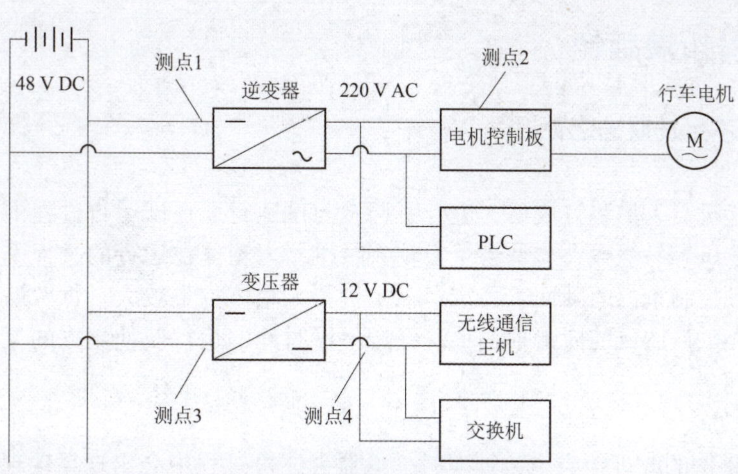

图 4-32　电压转换模块接线检测

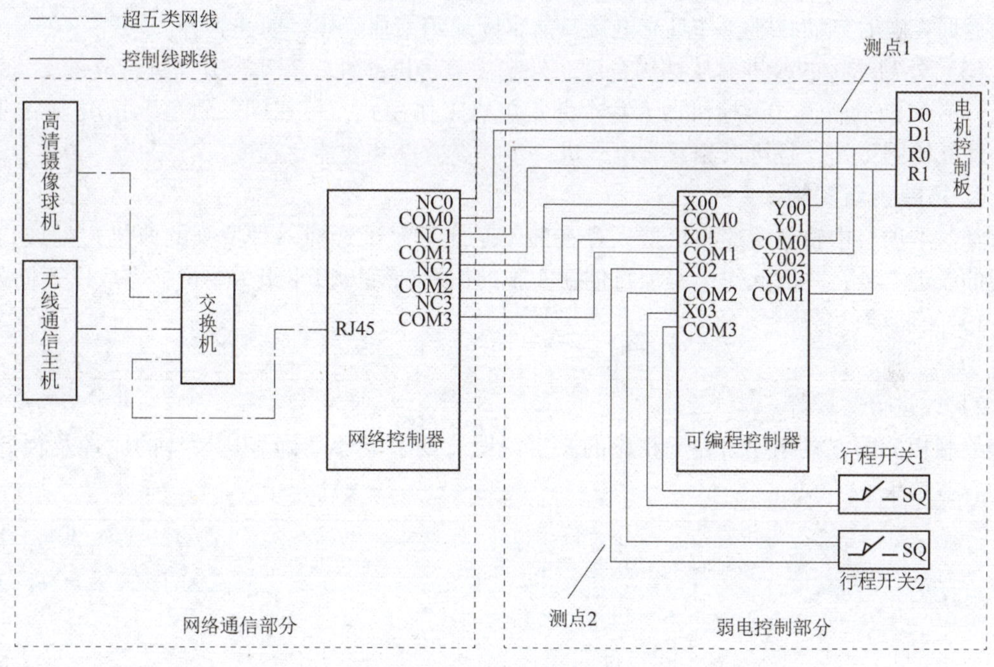

图 4-33　通信接线检测

（2）弱电控制部分。

本项目中对于弱电控制部分，网络控制器与可编程控制器之间采用的是点对点通信，首先需要检查设备之间的通信点接线是否正确，其次要确定控制器端子是低电平有效还是高电平有效，并以此为依据，检查公共端和信号端接线是否接反；可编程控制器与电机控制板之间以及网络控制器与电机控制板之间的接线也是点对点直接连接，接线时同样要检查控制电平的有效性。

五、项目拓展延伸

1. 产品的不足及改进之处

1）不足之处

轨道式巡检机器人吊装完成后，进行了调试与试运行。在试运行过程中出现了三个问题，一是行走电机容易烧毁；二是当风力较大时机器人箱体在运行的过程中抖动的幅度较大，导致传输到控制室内的画面不稳定；三是机器人箱体重量较大，每次返回充电时由于惯性较大，对充电口造成的撞击损伤大。经过一段时间的运行及使用方的反馈，产品存在较大的升级空间。

2）改进之处

（1）吊装结构的改进：当风力较大时，机器人巡检过程中会出现晃动现象，可以对吊装结构进行改进，增加系统整体结构的稳定性。

（2）充电系统的改进：为了减小因惯性造成的对充电接口的冲击，对充电系统进行改进，返回充电时自动减速，并且充电接口能牢固地约束住箱体，防止弹开。

（3）外观结构的改进：从结构合理、外观优美、机动性好等几个方面进行改进。

（4）目前的轨道式巡检机器人基本都是单机工作模式，可在同一轨道上拓展多个机器人，使其协同工作，且可以相互充电，进一步提高效率和智能化程度。

2. 拓展创新实施

针对本项目中轨道式巡检机器人存在的不足之处，试选择一种罗列的改进之处或自己发现的改进之处，并以此作为本项目创新实施的拓展训练，以小组为单位，完成以下任务：

1）拓展项目名称

____

2）改进方案设计

绘制相关的方案原理图并配相应的文字说明，要求能够准确表达设计的原理及预计达到的有益效果。

3）拓展成果呈现方式

拟采用哪种方式（技术报告、专利交底书、技术论文、路演PPT）呈现拓展创新点的成果，试设计出其框架结构。

六、展示评价

各小组自由展示创新成果，利用多媒体工具，图文并茂地介绍创新点具体内容、实施的思路及方法、实施过程中遇到的困难及解决办法、创新成果的呈现方式及相关文档整理情况。评价方式由组内自评、组间互评、教师评价三部分组成，围绕职业素养、专业能力综合应用、创新性思维和行动三部分，完成表4-3的填写。

表4-3　项目评价

序号	评价项目	评价内容	分值	自评30%	互评30%	师评40%	合计
1	职业素养25分	小组结构合理，成员分工合理	5				
		团队合作，交流沟通，相互协作	5				
		主动性强，敢于探索，不怕困难	5				
		能采用多样化手段检索收集信息	5				
		细致认真，追求卓越的态度	5				
2	专业能力综合应用25分	绘图正确、规范、美观	5				
		表述正确无误，逻辑严谨	5				
		能综合融汇多学科知识	10				
		项目综合难度	5				
3	创新性思维和行动50分	项目拓展创新点挖掘	10				
		解决问题方法或手段的新颖性	10				
		创新点检索论证结果	10				
		项目创新点呈现方式	10				
		技术文档的完整、规范	10				
合计			100				
评价人签名：			时间：				

延伸阅读——“大国重器，工匠精神”

张路明：追求卓越　永无止境

1. 人物速写

他坚守科研一线近40年，在无线通信领域有着“战神”称号。他主导研发了我国四代短波通信产品，曾带领团队成功解决边海防通信难题，他和团队助力新一代战机、新一代通信网络等重大项目和重大工程的建设与应用，屡屡为我国无线通信技术的发展与进步立下功勋。

2. 人物事迹

张路明长期扎根专业技术一线，从事无线通信射频电路设计工作，几十年如一日埋头钻研，聚焦军工通信核心关键技术研究、产品研制，先后突破了短波小型化射频信道的“机芯平台”“高速跳频”软切换技术、“抗强干扰”同轴腔体滤波器、“超宽带大动态”低噪声放大技术等数十项关键技术，其中多项技术达到世界领先水平，突破了国外在高性能短波侦收、小型化高性能抗干扰电台、超宽带短波通信系统等方面的技术封锁。他参与研制了共4代（模拟、数字、自适应、自动）短波、超短波通信系统数十型号产品，支持了我国在短波、超短波电台等军工通信装备紧跟世界领先水平同步发展。

他从1988年至今负责研制“100 W短波自适应通信系统”“××战术短波跳频电台”“舰艇遇险救生通信系统”“125 W自适应电台”“软件无线电网关”等多个项目。中国自主研发制造战斗机歼20是国防重器，意义重大且深远。他负责其中“×20机载短波通信设备”项目，指导确定技术路线和技术方案。通过试飞验证，该技术方案基本解决了机载短波通信设备发射效率低的问题，较大提升了有效通信距离，满足了飞机远距离覆盖的要求。

模块五

电气产品升级改造创新

模块简介

产品升级改造就是在原有产品的基础上，为了提高产品质量、降低成本、节约能耗、加强资源综合利用和“三废”治理、劳保安全等目的，采用先进的、适用的新技术、新工艺、新设备、新材料等，对现有产品、设施、生产工艺条件等进行的改造。改造后的产品在某一方面的性能应优于原产品，改造活动既可以从硬件方面着手也可以从软件方面着手。

本模块涉及的电气产品升级改造创新，针对现有某种电气产品的不足或缺陷，主要以电气产品的控制系统改造为出发点，通过对传感器检测系统的改造、控制算法设计、控制器（PLC）升级、人机交互界面（HMI）的开发，提升现有产品的性能，增加产品的附加值，解决用户的实际需求。

项目 1　洗衣机的模糊智能控制

一、项目学习引导

1. 项目来源

本项目来源于大学生创新实践计划，目前常用的先进智能控制算法有专家系统、模糊控制算法、神经网络控制和遗传算法等。其中，模糊控制相对于其他智能控制算法容易理解和实现，因此在工业控制领域及家电领域应用较多。如模糊电视机，可根据室内灯光自动调节屏幕亮度，此外还有模糊空调、模糊微波炉、模糊剃须刀等。本项目以洗衣机的模糊控制为例，介绍智能控制在传统电器升级改造中的应用。

2. 项目任务要求

在生产实践中，复杂控制问题一般都可通过操作人员的熟练经验和控制理论相结合去解决，由此产生了智能控制。模糊控制的过程类似于经验丰富的操作人员手动操作控制某个对象的过程，模糊控制不依赖被控对象的数学模型，它主要用来解决那些用传统控制方法难以解决的复杂性控制问题。本项目的任务要求如下：

(1) 采用模糊控制算法对传统洗衣机控制系统进行升级改造。

(2) 改造后的设备整体性能明显优于改造前。

(3) 对改造的效果进行仿真测试。

3. 学习目标

(1) 了解模糊算法的基本原理及应用场合；

(2) 理解模糊集合的内涵；

(3) 掌握模糊论域的概念及定义方法；

(4) 掌握隶属度函数的种类及其使用方法；

(5) 能够根据控制要求设计模糊规则并建立模糊规则表；

(6) 能够用不同的方法对模糊规则进行去模糊化处理；

(7) 能够利用仿真软件进行算法验证；

(8) 能够用模糊控制理论对电气产品进行改造设计；

(9) 学会团队分工协作、沟通交流；

(10) 学习用勤奋与韧劲解决问题的优秀品质。

4. 项目结构图

项目设计结构如图 5-1 所示。

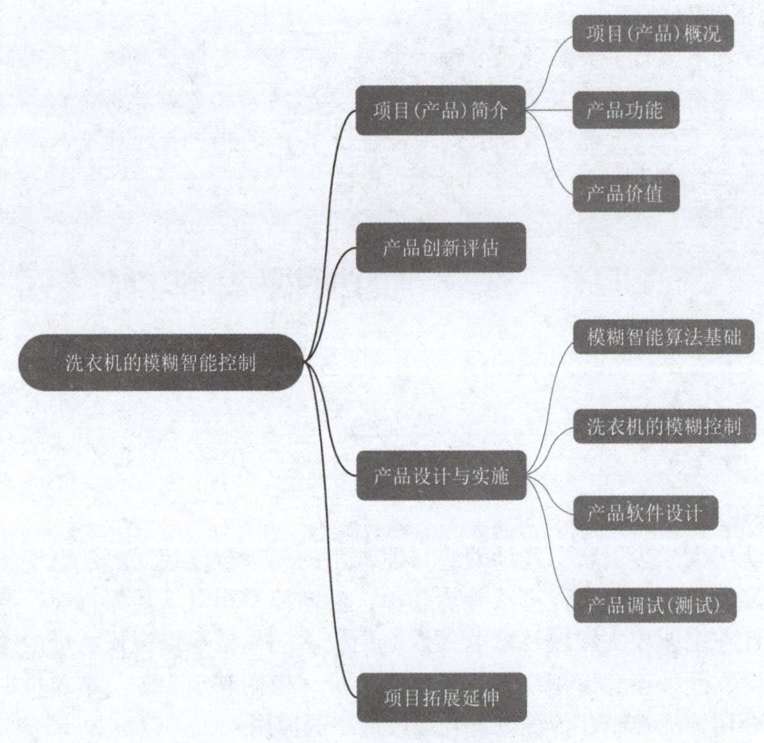

图 5-1　项目设计结构

5. 项目学习分组

项目学习小组信息如表 5-1 所示。

表 5-1　项目学习小组信息

组名				
成员姓名	学号	专业	角色	项目/角色分工

二、项目（产品）简介

1. 项目（产品）概况

模糊控制洗衣机是一种利用模糊控制理论来控制洗衣机运行的技术。模糊控制理论是一种基于模糊逻辑的控制方法，它可以处理不确定性和模糊性的问题，适用于一些复杂的非线性系统。在模糊控制洗衣机中，洗衣机的运行状态和洗涤质量等参数都可以通过模糊控制器来控制。模糊控制器根据洗衣机的输入和输出信号，通过模糊化、规则库和模糊推理等步骤，得出洗衣机的控制策略，从而实现洗衣机的自动控制。

2. 产品功能

传统洗衣机依赖于人们对被洗涤衣物的多少、面料，以及衣物的脏污程度的判断，并根据判断来确定洗涤衣物的时间和方式，如果洗衣机操作人员的经验不足，不能掌握其正确的操作方法，就可能造成一些资源的浪费或达不到洗涤干净的目的。

模糊控制洗衣机通过传感器检测水温值、衣量值、布质种类、浑浊度值、水位值；根据衣量值和浑浊度值进行模糊推理计算得到洗涤剂用量值；根据衣量值、浑浊度值以及水温值进行模糊推理计算得到洗涤时间值；根据衣量值进行模糊推理计算得到水位值；根据布质种类和浑浊度值进行模糊推理计算得到水流强度值；根据衣量值和浑浊度值进行模糊推理计算得到漂洗次数；根据衣量值、布质种类进行模糊推理计算得到脱水时间值。

3. 产品价值

模糊控制洗衣机在使用时只需将衣物放入，按下启动开关即可，洗衣机中的传感器可检测衣物的信息，经过模糊化确定布质、衣量等信息，再经过模糊推理和反模糊化的合成推理，最终计算出最佳洗涤时间、水位值等控制输出量，从而既节约了资源又使衣物洗干净。其价值主要体现在：

（1）可以适应不同的洗涤质量要求，根据用户的需求进行自动调节。

（2）可以处理不确定性和模糊性问题，提高了洗衣机的稳定性和可靠性。

（3）可以根据洗衣机的输入和输出信号进行实时控制，提高了洗衣机的效率和性能。

总的来说，模糊控制洗衣机是一种先进的洗衣机控制技术，可以提高洗衣机的效率和性能，适应不同的洗涤质量要求，具有广泛的应用前景。

三、产品创新评估

产品或项目必须进行有效的创新评估，据不完全统计，各国因未查阅专利文献、使研究课题失去价值，每年造成的损失数以十亿计，间接损失就更多了。我国在“七五”期间，大众企业的近万个课题，约有三分之二都是重复研究。

专利检索是产品创新评估的有效方法之一，任何人都不能保证自己的想法是世界上独一无二的，你能想到的发明专利，别人很有可能也想到了，所以任何个人和企业在申请专利前，都应认真检索是否自己提炼的创新点已经被别人实现，是否专利已经出现在世界各大专利局的数据库中而不自知。

洗衣机智能控制可以挖掘的创新点如下：

(1) 应用模糊逻辑技术设计，只要打开电源总开关，不需要一个个地拨动各个功能控制开关，洗衣机就会按照使用者的要求自动工作。

(2) 系统自动选择出一种适合当前待洗涤衣物情况的最佳程序，确定洗涤剂用量、用水量、洗涤时间、漂洗次数、水流方式等，使洗衣机自动工作，直至将衣物洗干净。

扩展资料：模糊控制洗衣机是如何检测衣物的质量或数量的?

洗衣桶内注入一定量的水后，电机将低速运转，然后迅速切断电源。洗衣桶将驱动电机在惯性作用下继续旋转。此时，电机绕组产生一个反电动势，该反电动势被整流和放大以获得矩形脉冲序列。通过分析脉冲数和脉冲宽度，可以得到衣服的质量和数量。

小试牛刀：模糊控制洗衣机根据衣物的脏污程度自动计算洗衣液的用量，检索资料，说明模糊控制洗衣机是如何判断衣物的脏污程度的。

1）传感器种类。

____

____

2）检测原理。

____

____

四、产品设计与实施

1. 模糊智能算法基础

通过模糊控制对传统洗衣机进行升级改造，首先需要掌握模糊算法的相关理论及基础知识，需要学习的内容主要有模糊控制的理论基础、模糊控制的原理与设计、MATLAB 软件的使用及其语言等。

模糊控制是建立在人工经验基础之上的，对于一个熟练的操作人员，往往凭借丰富的实践经验，采取适当的对策来巧妙地控制一个复杂过程。如能将这些熟练操作员的实践经验加以总结和描述，并用语言表达出来，就会得到一种定性的、不精确的控制规则。如果用模糊数学将其定量化，就转化为模糊控制算法，从而形成模糊控制理论，如图 5-2 所示。

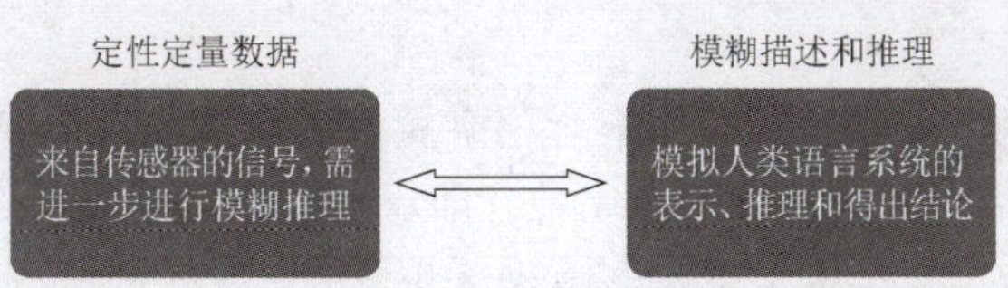

图 5-2　定量化与模糊推理

模糊控制尚无统一的定义，广义上可将模糊控制定义为“以模糊集合理论、模糊语言变量及模糊推理为基础的一类控制方法”，或定义为“采用模糊集合理论和模糊逻辑，并同传统的控制理论相结合，模拟人的思维方式，对难以建立数学模型的对象实施的一种控制方法”。

1）模糊集合

与模糊集合相对的是普通集合，如整数集合、负数集合等，这些集合中的元素都是100%地属于这个集合。有这么一类集合，其中的元素以某种程度隶属于这个集合，这类集合称之为“模糊集合”，而每个元素属于这个集合的程度，称之为该元素的“隶属度”。经典集合与模糊集合如图 5-3 所示：经典集合中白色的圆要么属于 A，要么属于 B；模糊集合中，白色圆既属于 A 也属于 B。工程领域内很多参数都相互关联，属于模糊集合。

模糊集合

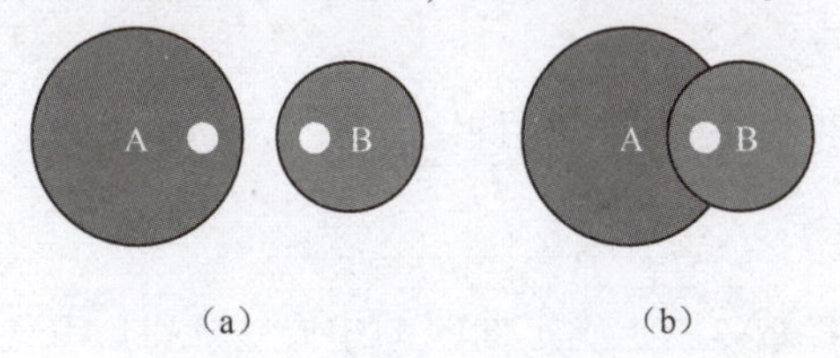

图 5-3　经典集合与模糊集合

(a) 经典集合；(b) 模糊集合

扩展资料：

模糊集合的概念在人们日常生活中随处可见，如大小、高低、胖瘦、美丑、安危、快慢、优劣等。模糊概念本质上是客观事物在质量互变过程中存在的中间过渡状态，即存在亦此亦彼模糊性在人头脑里的反映。1965 年美国自动控制专家扎德（L. A. Zadeh）发表了著名论文《模糊集》，做出定量描述与分析处理模糊现象的方法，标志了模糊理论的诞生。

2）模糊集合的表示

论域元素为离散值时，常见有以下三种模糊集合的表示方法：Zadeh 表示法、序偶表示法和向量表示法。常用 Zadeh 表示法：

设论域 $U=\{u_1,u_2,\cdots,u_n\}$，其中 u_1，u_2，…，u_n 为论域元素，A 为模糊集合，$A(u_n)$ 表示论域元素 u_n 隶属于模糊集合 A 的程度，表示为

$$A=\frac{A(U_1)}{U_1}+\frac{A(U_2)}{U_2}+\cdots+\frac{A(U_n)}{U_n}$$

例 1　$U=\{x_1,x_2,x_3,x_4,x_5\}$，$x_i$ 表示同学，对每位同学的学习刻苦程度在[0,1]间打分，记模糊集合 $A=$“学习刻苦”。$A(x_1)=0.3,A(x_2)=0.55,A(x_3)=0.7,A(x_4)=0.4,A(x_5)=0.9$，则模糊集合 A 用 Zadeh 表示法为

$$A=\frac{0.3}{x_1}+\frac{0.55}{x_2}+\frac{0.7}{x_3}+\frac{0.4}{x_4}+\frac{0.9}{x_5}$$

3）隶属度函数

普通集合用特征函数来表示，模糊集合用隶属度函数来描述。隶属度函数很好地描述了事物的模糊性，典型的隶属度函数有 11 种，即双 S 型隶属度函数、联合高斯型隶属度函数、高斯型隶属度函数、广义钟形隶属度函数、Ⅱ型隶属度函数、双 S 型乘积隶属度函数、抛物线型隶属度函数、S 型隶属度函数、梯形隶属度函数、三角形隶属度函数、Z 型隶属度函数。在此仅介绍常用的 3 种隶属度函数。

（1）三角形隶属度函数。

三角形曲线的形状由 3 个参数 a、b、c 确定，即

$$f(x,a,b,c)=\begin{cases}0, & x\leqslant a\\ \dfrac{x-a}{b-a}, & a\leqslant x\leqslant b\\ \dfrac{c-x}{c-b}, & b\leqslant x\leqslant c\\ 0, & x\leqslant c\end{cases}$$

式中，参数 a 和 c 确定三角形的“脚”，而参数 b 确定三角形的“峰”。MATLAB 表示为

$$\mathrm{trim}f(x,[a,b,c])$$

（2）高斯型隶属度函数。

高斯型隶属度函数由两个参数 σ 和 c 确定，即

$$f(x,\sigma,c)=\mathrm{e}^{-\frac{(x-c)^2}{2\sigma^2}}$$

式中，参数 σ 通常为正，参数 c 用于确定曲线的中心。MATLAB 表示为 $\mathrm{gaussm}f(x,[\sigma,c])$。

（3）S 型隶属度函数。

S 型隶属度函数由参数 a 和 c 确定，即

$$f(x,a,c)=\frac{1}{1+\mathrm{e}^{-a(x-c)}}$$

式中，参数 a 的正负决定了 S 型隶属度函数的开口朝左或朝右，用来表示“正大”或“负大”的概念。MATLAB 表示为 $\mathrm{sigm}f(x,[a,c])$。

思考：典型的隶属度函数有多种，在设计时根据实际情况选用，查阅其他隶属度函数的资料，总结归纳隶属度函数的一个共同的特点：

4）隶属度函数的确定方法

隶属度函数是模糊控制的应用基础。目前还没有成熟的方法来确定隶属度函数，主要还停留在经验和实验的基础上，通常的方法是初步确定粗略的隶属度函数，然后通过学习和实践来不断地调整和完善。遵照这一原则的隶属度函数选择方法有以下三种。

（1）模糊统计法。

根据所提出的模糊概念进行调查统计，提出与之对应的模糊集合 A，通过统计实验，确定不同元素隶属于 A 的程度，即

$$u_0\text{ 对模糊集合 }A\text{ 的隶属度}=\frac{u_0\in A\text{ 的次数}}{\text{实验总次数 }N}$$

(2) 主观经验法。

当论域为离散论域时，可根据主观认识，结合个人经验，经过分析和推理，直接给出隶属度。这种确定隶属度函数的方法已被广泛应用。

(3) 神经网络法。

对于难以定量实现的，可利用神经网络的学习功能，由神经网络自动生成隶属度函数，并通过网络的学习自动调整隶属度函数的值。

5) 模糊关系

模糊关系

描述客观事物间联系的数学模型称为关系。集合论中的关系精确地描述了元素之间是否相关，而模糊集合论中的模糊关系则描述了元素间相关的程度。换句话说，普通关系式是明确的，可用简单的“有”或“无”来衡量事物间的关系，但实际中有很多关系是不明确的，可用模糊关系表示。模糊关系指多个模糊集合的元素间所具有关系的程度，可用模糊矩阵表示。

(1) 模糊矩阵。

设 $x \in U$，$y \in V$，$R=U \times V$，R 的隶属度是 $[0, 1]$ 上的一个值，代表了元素 x 和 y 对于该模糊集合的关联程度。

例 2　设有一组同学 X，$X=\{$张三，李四，王五$\}$，他们的功课为 Y，$Y=\{$英语，数学，物理，化学$\}$。成绩表如表 5-2 所示。

表 5-2　成绩表

姓名＼功课	英语	数学	物理	化学
张三	70	90	80	65
李四	90	85	76	70
王五	50	95	85	80

取隶属度函数 $\mu(u)=\dfrac{u}{100}$，其中 u 为成绩。如果把他们的成绩转换为隶属度，则构成一个 $x \times y$ 上的模糊关系 R，如表 5-3 所示。

表 5-3　成绩表的模糊化

姓名＼功课	英语	数学	物理	化学
张三	0.7	0.9	0.8	0.65
李四	0.9	0.85	0.76	0.7
王五	0.5	0.95	0.85	0.8

将表 5-3 写成模糊矩阵，即

$$\boldsymbol{R}=\begin{bmatrix} 0.7 & 0.9 & 0.8 & 0.65 \\ 0.9 & 0.85 & 0.76 & 0.7 \\ 0.5 & 0.95 & 0.85 & 0.8 \end{bmatrix}$$

(2) 模糊关系的合成。

所谓合成，即由两个或两个以上的关系构成一个新的关系。模糊关系也存在合成运算，是通过模糊矩阵的合成进行的。

模糊运算

R 和 S 分别为 $U \times V$ 和 $V \times W$ 上的模糊关系，而 R 和 S 的合成是 $U \times W$ 上的模糊关系，记为 $R \circ S$，其隶属度函数为

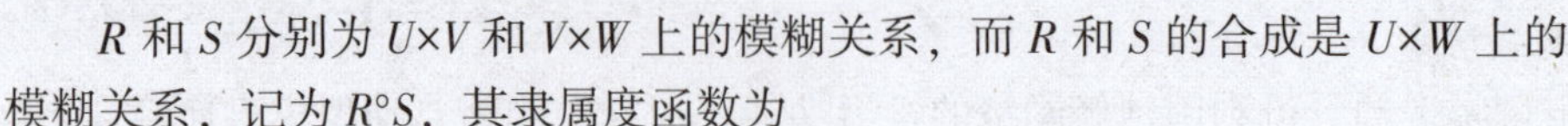

$$\mu_{R \circ S}(u,w) = \vee \{\mu_R(u,v) \wedge \mu_S(v,w)\},u \in U,w \in W,v \in V$$

例 3　设 $\boldsymbol{A}=\begin{bmatrix} a_{11} & a_{12} \\ a_{21} & a_{22} \end{bmatrix},\boldsymbol{B}=\begin{bmatrix} b_{11} & b_{12} \\ b_{21} & b_{22} \end{bmatrix}$，则 $\boldsymbol{C}=\boldsymbol{A} \circ \boldsymbol{B}=\begin{bmatrix} c_{11} & c_{12} \\ c_{21} & c_{22} \end{bmatrix}$

$$c_{11}=(a_{11} \wedge b_{11}) \vee (a_{12} \wedge b_{21})$$
$$c_{12}=(a_{11} \wedge b_{12}) \vee (a_{12} \wedge b_{22})$$
$$c_{21}=(a_{21} \wedge b_{11}) \vee (a_{22} \wedge b_{21})$$
$$c_{22}=(a_{21} \wedge b_{12}) \vee (a_{22} \wedge b_{22})$$

当 $\boldsymbol{A}=\begin{bmatrix} 0.7 & 0.1 \\ 0.3 & 0.9 \end{bmatrix}$，$\boldsymbol{B}=\begin{bmatrix} 0.4 & 0.9 \\ 0.2 & 0.1 \end{bmatrix}$时，有 $\boldsymbol{A} \circ \boldsymbol{B}=\begin{bmatrix} 0.4 & 0.9 \\ 0.3 & 0.9 \end{bmatrix}$，$\boldsymbol{B} \circ \boldsymbol{A}=\begin{bmatrix} 0.4 & 0.3 \\ 0.6 & 0.6 \end{bmatrix}$。

6）模糊推理

(1) 模糊语句。

将含有模糊概念的语法规则所构成的语句称为模糊语句。根据其语义和构成语法规则的不同，可分为以下几种类型：

①模糊陈述句：语句本身具有模糊性，又称模糊命题，如“今天天气很热”。

②模糊判断句：是模糊逻辑中最基本的语句。语句形式：x 是 a，记为 (a)，且 a 所表示的概念是模糊的，如“张三是好学生”。

③模糊推理句。语句形式：若 x 是 a，则 x 是 b，则$(a) \to (b)$为模糊推理语句，如“今天是晴天，则今天暖和”。

(2) 模糊推理。

常用的有两种模糊推理语句，即

If　A　then　B　else　C

If　A　and　B　then　C

下面以第二种推理语句为例进行探讨，该语句可构成一个简单的模糊控制器，如图 5-4 所示。

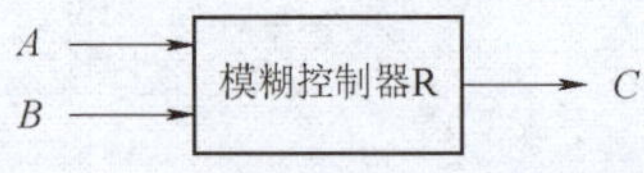

图 5-4　两输入单输出模糊控制器

其中，A，B，C 分别是论域 U 上的模糊集合，A 为误差信号上的模糊子集，B 为误差变化率上的模糊子集，C 为控制器输出上的模糊子集。

常用的模糊推理有两种方法：Zadeh 和 Mamdani 法。Mamdani 推理法是一种模糊控制中普遍使用的方法，其本质是一种合成推理方法。

模糊推理语句“If　A　and　B　then　C”蕴涵的关系为 $(A \wedge B \to C)$。

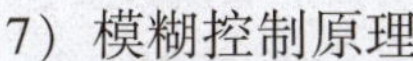

7）模糊控制原理

模糊控制是以模糊集理论、模糊语言变量和模糊逻辑推理为基础的一种智能控制方法，它从行为上模仿人的模糊推理和决策过程。

该方法首先将操作人员或专家经验编成模糊规则，然后将来自传感器的实时信号模糊化，将模糊化后的信号作为模糊规则的输入，完成模糊推理，将推理后得到的输出量加到执行器上。模糊控制的基本原理框图如图 5-5 所示。

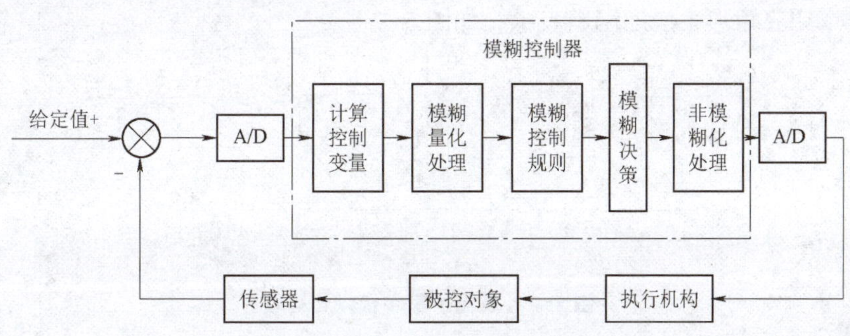

图 5-5　模糊控制的基本原理框图

它的核心部分是模糊控制器，模糊控制器的控制律由计算机的程序实现，实现模糊控制算法的过程描述如下：计算机经采样获取被控量的精确值，然后将此量与给定值比较得到误差信号，一般选误差 E 作为模糊控制器的一个输入量。把误差 E 的精确量进行模糊化变成模糊量。误差 E 的模糊量可用相应的模糊语言表示，得到误差 E 的模糊语言集合的一个子集 $\boldsymbol{e}$（$\boldsymbol{e}$ 是一个模糊向量），再由 $\boldsymbol{e}$ 和模糊关系 R 根据推理的合成规则进行模糊决策，得到模糊控制量 u，即

$$u=\boldsymbol{e}\circ R$$

模糊控制系统与通常的计算机数字控制系统的主要差别是采用了模糊控制器。模糊控制器是模糊控制系统的核心，一个模糊控制系统的性能优劣，主要取决于模糊控制器的结构、所采用的模糊规则、合成推理算法及模糊决策的方法等因素。

8）模糊控制器的组成

模糊控制器的组成框图如图 5-6 所示。

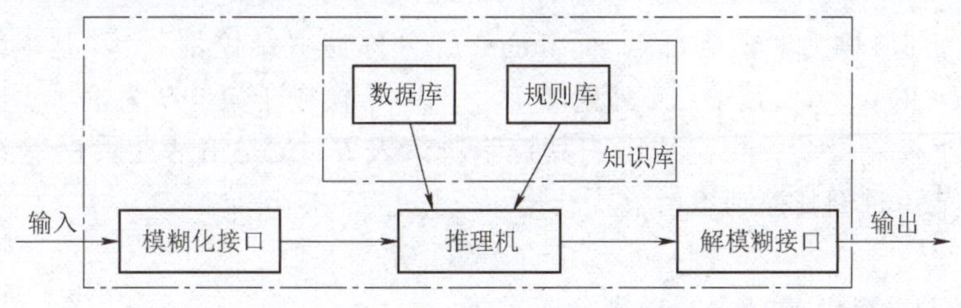

图 5-6　模糊控制器的组成框图

（1）模糊化接口。

模糊控制器的输入必须通过模糊化才能有控制输出，因此，它实际上是模糊控制器的输入接口，其主要作用是将真实的确定量输入转换为一个模糊向量。对于一个模糊输入变

量 e，其模糊子集通常可以按以下方式划分：

①e=｛负大，负小，零，正小，正大｝=｛NB，NS，ZO，PS，PB｝；

②e=｛负大，负中，负小，零，正小，正中，正大｝=｛NB，NM，NS，ZO，PS，PM，PB｝；

③e=｛负大，负中，负小，零负，零正，正小，正中，正大｝=｛NB，NM，NS，NZ，PZ，PS，PM，PB｝。

将方式③用三角形隶属度函数表示，如图 5-7 所示。

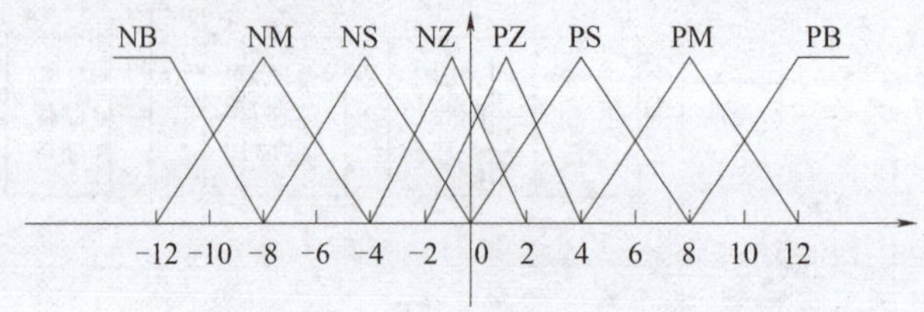

图 5-7 模糊子集和模糊化等级

（2）知识库（Knowledge Base，KB）。

知识库由数据库和规则库两部分组成。

①数据库（Data Base，DB）。

数据库存放的是所有输入、输出变量的全部模糊子集的隶属度向量值（即经过论域等级离散化以后对应值的集合）。若论域是连续域，则为隶属度函数。在规则推理的模糊关系方程求解过程中，向推理机提供数据。

②规则库（Rule Base，RB）。

模糊控制器的规则库基于专家知识或手动操作人员长期积累的经验，它是按人的直觉推理的一种语言表示形式。模糊规则通常由一系列的关系词连接而成，如 if-then、else、also、end、or 等，关系词必须经过“翻译”才能将模糊规则数字化。最常用的关系词为 if-then、also，对于多变量模糊控制系统，还有 and 等。例如，某模糊控制系统输入变量为 e（误差）和 ec（误差变化），它们对应的语言变量为 E 和 EC，可给出一组模糊规则为

R1：If E is NB and EC is NB then U is PB

R2：If E is NB and EC is NS then U is PM

通常把 if…部分称为“前提部”，而 then…部分称为“结论部”，其基本结构可归纳为 If A and B then C。其中，A 为论域 U 上的一个模糊子集，B 为论域 V 上的一个模糊子集，根据人工控制经验，可离线组织其控制决策表 R。R 是笛卡儿乘积集 $U\times V$ 上的一个模糊子集，则某一时刻其控制量由下式给出：

$$C=(A\times B)\circ R$$

式中，×表示模糊直积运算；°表示模糊合成运算。

规则库用来存放全部模糊控制规则，在推理时为推理机提供控制规则。由上述可知，规则的条数与模糊变量的模糊子集划分有关，划分越细，规则条数越多，但并不代表规则库的准确度越高，规则库的准确度还与专家知识的准确度有关。

（3）推理与解模糊接口（Inference and Defuzzy-Interface）。

推理是模糊控制器中，根据输入模糊量，由模糊控制规则完成模糊推理来求解模糊关

系方程，并获得模糊控制量的功能部分。在模糊控制中，考虑到推理时间，通常采用运算较简单的推理方法，最基本的有 Zedeh 近似推理，它包含正向推理和逆向推理两类。正向推理用于模糊控制中，而逆向推理一般用于知识工程学领域的专家系统中。

推理结果的获得，表示模糊控制的规则推理功能已经完成。但是，至此所获得的结果仍是个模糊向量，不能直接用来作为控制量，还必须进行一次转换，求得清晰的控制量输出，即为解模糊。通常把输出端具有转换功能作用的部分称为解模糊接口。

综上所述，模糊控制器实际上就是依靠微机（或单片机）来构成的。它的绝大部分功能都是由计算机程序来完成的。随着专用模糊芯片的研究和开发，也可以由硬件逐步取代各组成单元软件功能。

9）单变量模糊控制的结构

在单变量模糊控制器中，将其输入变量的个数定义为模糊控制的维数，如图 5-8 所示。

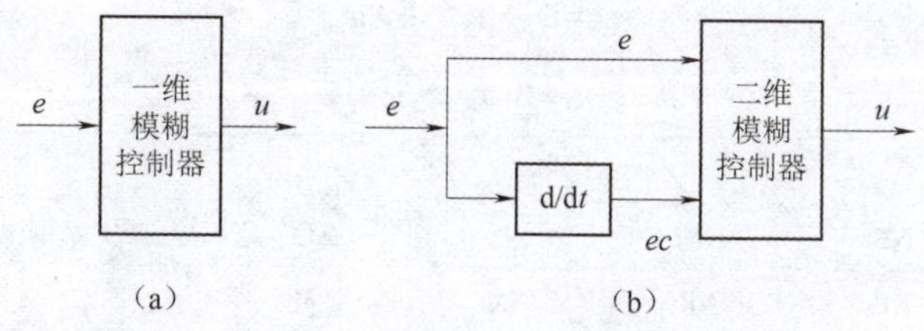

图 5-8　单变量模糊控制器

（a）一维模糊控制器；（b）二维模糊控制器

（1）一维模糊控制器。

如图 5-8（a）所示，一维模糊控制器的输入变量往往选择为受控变量和输入给定值的偏差 e，由于仅仅采用偏差值，很难反映过程的动态特性品质，因此，所能获得的系统动态性能是不能令人满意的。这种一维模糊控制器往往被用于一阶被控对象。

（2）二维模糊控制器。

如图 5-8（b）所示，二维模糊控制器的两个输入变量基本上都选用受控变量值和输入给定值的偏差 e 和偏差变化 ec，由于它们能够较严格地反映受控过程中输出量的动态特性，因此，在控制效果上要比一维控制器好得多，也是目前采用较广泛的一类模糊控制器。

10）模糊控制器的设计步骤

模糊控制器最简单的实现方法是将一系列模糊控制规则离线转化为一个查询表（又称控制表），存储在计算机中供在线控制时使用。这种模糊控制器结构简单、使用方便，是最基本的一种形式。本节以单变量二维模糊控制器为例，介绍这种形式模糊控制器的设计步骤，其设计思想是设计其他模糊控制器的基础，模糊控制器的设计步骤如下：

（1）模糊控制器的结构。

单变量二维模糊控制器是最常见的结构形式。

（2）定义输入、输出模糊集。

对偏差 e、偏差变化 ec 及控制量 u 的模糊集及其论域定义如下：e、ec 和 u 的模糊集均为 {NB，NM，NS，ZO，PS，PM，PB}。

（3）定义输入、输出隶属度函数。

偏差 e、偏差变化 ec 及控制量 u 的模糊集和论域确定后，需对模糊变量确定隶属度函数，即对模糊变量赋值，确定论域内元素对模糊变量的隶属度。

（4）建立模糊控制规则。

根据人的直觉思维推理，由系统输出的误差及误差的变化趋势来设计消除系统误差的模糊控制规则。模糊控制规则语句构成了描述众多被控过程的模糊模型。例如，卫星的姿态与作用的关系、飞机或舰船与舵偏角的关系、工业锅炉中的压力与加热的关系等，都可用模糊规则来描述。在条件语句中，偏差 e、偏差变化 ec 及控制量 u 对于不同的被控对象有着不同的意义。

（5）建立模糊控制表。

上述描写的模糊控制规则可采用模糊规则表（表 5-4）来描述，表中共有 49 条模糊规则，各个模糊语句之间是“或”的关系，由第一条语句所确定的控制规则可以计算出 u_1。同理，可以由其余各条语句分别求出控制量 u_2，…，u_{49}，则控制量为模糊集合 U，可表示为

$$U=u_1+u_2+\cdots+u_{49}$$

表 5-4　模糊规则表

U		***e***						
		NB	**NM**	**NS**	**ZO**	**PS**	**PM**	**PB**
ec	NB	NB	NB	NM	NM	NS	NS	ZO
	NM	NB	NM	NM	NS	NS	ZO	PS
	NS	NM	NB	NS	NS	ZO	PS	PS
	ZO	NM	NS	NS	ZO	PS	PS	PM
	PS	NS	NS	ZO	PS	PS	PM	PM
	PM	NS	ZO	PS	PM	PM	PM	PB
	PB	ZO	PS	PS	PM	PM	PB	PB

（6）模糊推理。

模糊推理是模糊控制的核心，它利用某种模糊推理算法和模糊规则进行推理，得出最终的控制量。

（7）反模糊化。

通过模糊推理得到的结果是一个模糊集合。但在实际模糊控制中，必须要有一个确定值才能控制或驱动执行机构。将模糊推理结果转化为精确值的过程称为反模糊化。常用的反模糊化有 3 种：

①最大隶属度法。

选取推理结果的模糊集合中隶属度最大的元素作为输出值，即 $v_o=\max(\mu_v(v))$，$v\in V$。如果在输出论域 V 中，其最大隶属度对应的输出值多于一个，则取所有具有最大隶属度输出的平均值，即

$$v_o=\frac{1}{N}\sum_{i=1}^{N}v_i,v_i=\max(\mu_v(v))$$

式中，N 为具有相同最大隶属度输出的总数。

最大隶属度法不考虑隶属度函数的形状，只考虑最大隶属度处的输出值。因此，难免会丢失许多信息。其突出优点是计算简单。在一些控制要求不高的场合，可采用最大隶属度法。

②重心法。

为了获得准确的控制量，就要求模糊方法能很好地表达出隶属度函数的计算结果。重心法是取隶属度函数曲线与横坐标围成面积的重心作为模糊推理的最终输出值，即

$$v_o = \frac{\int_v v \cdot \mu_v(v)\,dv}{\int_v \mu_v(v)\,dv}$$

对于具有 m 个输出量化级数的离散域情况，有

$$v_o = \frac{\sum_{k=1}^{m} v_k \cdot \mu_v(v_k)}{\sum_{k=1}^{m} \mu_v(v_k)}$$

与最大隶属度法相比较，重心法具有更平滑的输出推理控制。即使对应于输入信号的微小变化，输出也会发生变化。

③加权平均法。

工业控制中广泛使用的反模糊方法为加权平均法，输出值由下式决定：

$$v_o = \frac{\sum_{k=1}^{m} v_i \cdot k_i}{\sum_{k=1}^{m} k_i}$$

式中，系数 k_i 的选择根据实际情况而定。不同的系数决定系统具有不同的响应特性。当系数 k_i 取隶属度 $\mu_v(v_i)$ 时，就转化为重心法。

2. 洗衣机的模糊控制

以洗衣机洗涤时间的模糊控制系统设计为例，其控制是一个开环的模糊决策过程，模糊控制按以下步骤进行：

1）确定模糊控制器的结构

选用两输入单输出模糊控制器。控制器的输入为衣物的污泥和油脂，输出为洗涤时间。

2）定义输入、输出模糊集

将污泥分为 3 个模糊集：SD（污泥少）、MD（污泥中）、LD（污泥多）；将油脂分为 3 个模糊集：NG（油脂少）、MG（油脂中）、LG（油脂多）；将洗涤时间分为 5 个模糊集：VS（很短）、S（短）、M（中等）、L（长）、VL（很长）。

3）定义隶属度函数

选用以下三角形隶属度函数可实现污泥模糊化。

$$\mu_{污泥} = \begin{cases} \mu_{SD}(x) = \dfrac{50-x}{50}, & 0 \leqslant x \leqslant 50 \\ \mu_{MD}(x) = \begin{cases} \dfrac{x}{50}, & 0 \leqslant x \leqslant 50 \\ \dfrac{100-x}{50}, & 50 < x \leqslant 100 \end{cases} \\ \mu_{LD}(x) = \dfrac{x-50}{50}, & 50 < x \leqslant 100 \end{cases}$$

采用 MATLAB 进行仿真，其仿真图如图 5-9 所示。

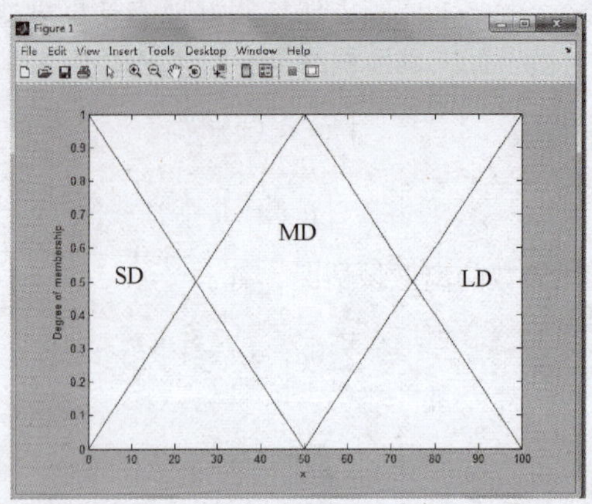

图 5-9 污泥隶属度函数仿真图

选用以下三角形隶属度函数可实现油脂模糊化。

$$\mu_{油脂}=\begin{cases}\mu_{NG}(y)=\dfrac{50-y}{50}, & 0\leqslant y\leqslant 50\\ \mu_{MG}(y)=\begin{cases}\dfrac{y}{50}, & 0\leqslant x\leqslant 50\\ \dfrac{100-y}{50}, & 50<y\leqslant 100\end{cases}\\ \mu_{LG}(y)=\dfrac{y-50}{50}, & 50<y\leqslant 100\end{cases}$$

采用 MATLAB 进行仿真，其仿真图如图 5-10 所示。

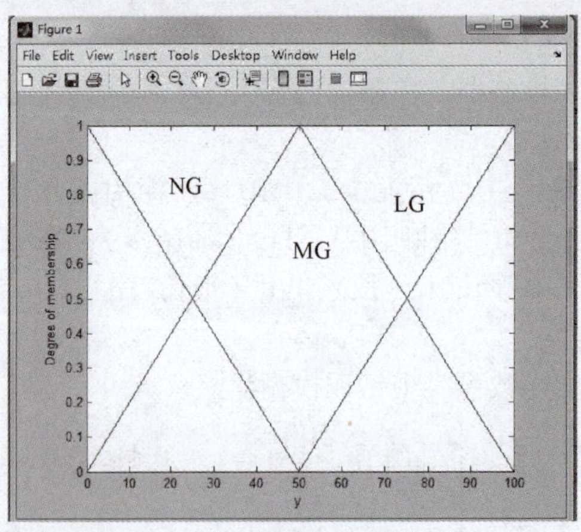

图 5-10 油脂隶属度函数仿真图

选用以下三角形隶属度函数可实现洗涤时间的模糊化。

采用 MATLAB 进行仿真，其仿真图如图 5-11 所示。

$$
\mu_{洗涤时间}=\begin{cases}\mu_{VS}(z)=\dfrac{10-z}{10}, & 0\leqslant z\leqslant 10\\ \mu_{S}(z)=\begin{cases}\dfrac{z}{10}, & 0\leqslant z\leqslant 10\\ \dfrac{25-z}{15}, & 10<z\leqslant 25\end{cases}\\ \mu_{M}(z)=\begin{cases}\dfrac{z-10}{15}, & 10\leqslant z\leqslant 25\\ \dfrac{40-z}{15}, & 25<z\leqslant 40\end{cases}\\ \mu_{L}(z)=\begin{cases}\dfrac{z-25}{15}, & 25\leqslant z\leqslant 40\\ \dfrac{60-z}{20}, & 40<z\leqslant 60\end{cases}\\ \mu_{VL}(z)=\dfrac{z-40}{20}, & 40\leqslant z\leqslant 60\end{cases}
$$

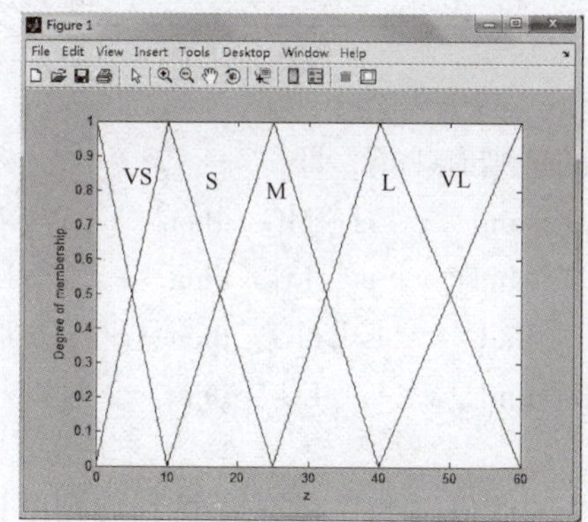

图 5-11　洗涤时间隶属度函数仿真图

4）建立模糊控制规则

根据人的操作经验设计模糊控制规则，模糊控制规则设计的标准为："污泥越多，油脂越多，洗涤时间越长""污泥适中，油脂适中，洗涤时间适中""污泥越少，油脂越少，洗涤时间越短"。

5）建立模糊控制规则表

根据模糊控制规则的设计标准建立模糊控制规则表，如表 5-5 所示。

表 5-5　洗衣机的模糊控制规则表

洗涤时间 z		污泥 x		
		SD	MD	LD
油脂 y	NG	VS *	M	L
	MG	S	M	L
	LG	M	L	VL

第 * 条规则为："If　衣物污泥少且油脂少　then　洗涤时间很短"。

6）模糊推理

模糊推理分以下几步进行：

（1）规则匹配。

假定当前传感器测得的信息为：x_0(污泥) = 60，y_0(油脂) = 70，分别代入所属的隶属度函数中求隶属度为

$$\mu_{SD}(60)=0,\mu_{MD}(60)=\frac{4}{5},\mu_{LD}(60)=\frac{1}{5}$$

$$\mu_{NG}(70)=0,\mu_{MG}(70)=\frac{3}{5},\mu_{LG}(70)=\frac{2}{5}$$

可得到 4 条相匹配的模糊规则，如表 5-6 所示。

表 5-6　模糊推理结果

洗涤时间 z		污泥 x		
		SD	**MD（4/5）**	**LD（1/5）**
油脂 y	NG	0	0	0
	MG（3/5）	0	$\mu_M(z)$	$\mu_L(z)$
	LG（2/5）	0	$\mu_L(z)$	$\mu_{VL}(z)$

（2）规则触发。

由表 5-6 可知，被触发的规则有 4 条，即

Rule 1：　If　x　is　MD　and　y　is　MG　then　z　is　M；

Rule 2：　If　x　is　MD　and　y　is　LG　then　z　is　L；

Rule 3：　If　x　is　LD　and　y　is　MG　then　z　is　L；

Rule 4：　If　x　is　LD　and　y　is　LG　then　z　is　VL。

（3）规则前提推理。

在同一条规则内，前提之间通过“与”的关系得到规则结论。前提的可信度之间通过取小运算，由表 5-5 可得一条规则总前提的可信度为：

规则 1　前提的可信度为 min（4/5，3/5）= 3/5；

规则 2　前提的可信度为 min（4/5，2/5）= 2/5；

规则 3　前提的可信度为 min（1/5，3/5）= 1/5；

规则 4　前提的可信度为 min（1/5，2/5）= 1/5。

由此得到洗衣机规则前提可信度表，如表 5-6 所示。

（4）将上述两个表进行“与”运算。

得到每条规则总的可信度输出，如表 5-7 所示。规则总的可信度输出如表 5-8 所示。

表 5-7　规则前提可信度表

规则前提		污泥 x		
		SD	**MD（4/5）**	**LD（1/5）**
油脂 y	NG	0	0	0
	MG（3/5）	0	3/5	1/5
	LG（2/5）	0	2/5	1/5

表 5-8　规则总的可信度输出

规则前提		污泥 x		
		SD	MD（4/5）	LD（1/5）
油脂 y	NG	0	0	0
	MG（3/5）	0	$\min(\mu_M(z), 3/5)$	$\min(\mu_L(z), 1/5)$
	LG(2/5)	0	$\min(\mu_L(z), 2/5)$	$\min(\mu_{VL}(z), 1/5)$

（5）模糊系统总的输出。

模糊系统总的可信度为各条规则可信度推理结果的并集，即

$$\begin{aligned}\mu_{agg}(z) &= \max\{\min(\mu_M(z), 3/5), \min(\mu_L(z), 1/5), \min(\mu_L(z), 2/5), \min(\mu_{VL}(z), 1/5)\}\\ &= \max\{\min(\mu_M(z), 3/5), \min(\mu_L(z), 2/5), \min(\mu_{VL}(z), 1/5)\}\end{aligned}$$

可见有 3 条规则被触发。

（6）反模糊化。

模糊系统总的输出 $\mu_{agg}(z)$ 实际上是 3 个规则推理结果的并集，需要进行反模糊化，才能得到精确的推理结果。下面以最大隶属度平均法为例进行解模糊化。

洗衣机的模糊推理过程如图 5-12 和图 5-13 所示。

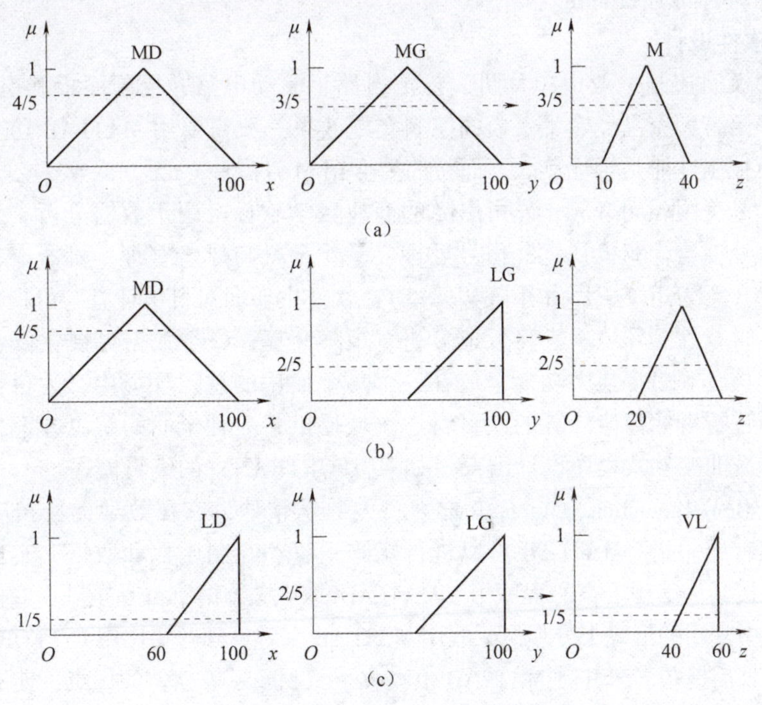

图 5-12　洗衣机的 3 个规则被触发

（a）规则 1；（b）规则 2；（c）规则 3

由图 5-13 可知，洗涤时间隶属度最大值为 $\mu = \frac{3}{5}$，将 $\mu = \frac{3}{5}$ 代入洗涤时间隶属度函数 $\mu_M(z)$ 中，得

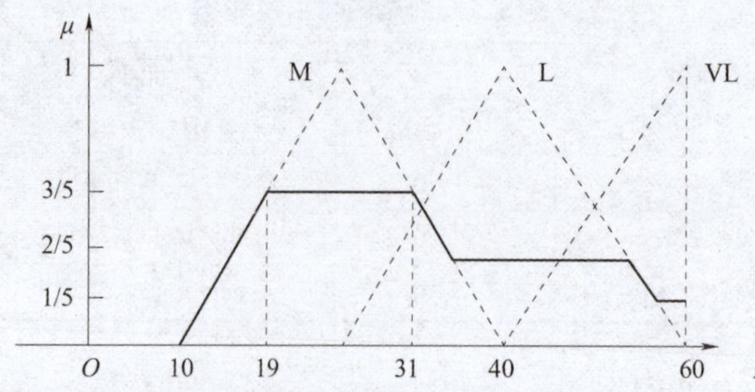

图 5-13　洗衣机的组合输出及解模糊化

$$\mu_M(z_1)=\frac{z_1-10}{15}=\frac{3}{5}, \mu_M(z_1)=\frac{40-z_2}{15}=\frac{3}{5}$$

得 $z_1=19$，$z_2=31$。

采用最大平均法，可得精确输出为

$$z^*=\frac{z_1+z_2}{2}=\frac{19+31}{2}=25$$

即所需要的洗涤时间为 25 min。

3. 产品软件设计

洗衣机的模糊控制一般由单片机、检测电路、驱动电路、控制面板和电源电路组成。单片机的编程语言大家已经熟悉。模糊控制实施效果一般需要用 MATLAB 仿真软件进行仿真模拟，判断控制性能是否优良。下面将简要介绍 MATLAB。

MATLAB 是美国 MathWorks 公司出品的商业数学软件，用于数据分析、无线通信、深度学习、图像处理与计算机视觉、信号处理、量化金融与风险管理、机器人、控制系统等领域。MATLAB 意为矩阵工厂（矩阵实验室），软件主要面对科学计算、可视化以及交互式程序设计的高科技计算环境。它将数值分析、矩阵计算、科学数据可视化以及非线性动态系统的建模和仿真等诸多强大功能集成在一个易于使用的视窗环境中，为科学研究、工程设计以及必须进行有效数值计算的众多科学领域提供了一种全面的解决方案，并在很大程度上摆脱了传统非交互式程序设计语言（如 C、FORTRAN）的编辑模式。

MATLAB 和 Mathematica、Maple 并称为三大数学软件，它在数学类科技应用软件中在数值计算方面首屈一指。MATLAB 可以进行矩阵运算、绘制函数和数据、实现算法、创建用户界面、连接其他编程语言的程序等。MATLAB 的基本数据单位是矩阵，它的指令表达式与数学、工程中常用的形式十分相似，故用 MATLAB 来解算问题要比用 C、FORTRAN 等语言完成相同的事情简捷得多，并且 MATLAB 也吸收了像 Maple 等软件的优点，使 MATLAB 成为一个功能强大的数学软件。在新的版本中也加入了对 C、FORTRAN、C+、Java 的支持。

1）洗衣机模糊控制中污泥隶属度函数设计仿真程序

```
% Define N+1 triangle membership function
clear all;
close all;
N=2;
```

```
x=0:0.1:100;
for i=1:N+1
f(i)=100/N*(i-1);
end
u=trimf(x,[f(1),f(1),f(2)]);
figure(1);
plot(x,u);
for j=2:N
u=trimf(x,[f(j-1),f(j),f(j+1)]);
hold on;
plot(x,u);
end
u=trimf(x,[f(N),f(N+1),f(N+1)]);
hold on;
plot(x,u);
xlabel('x');
ylabel('Degree of membership');
```

油脂隶属度函数设计程序仿真类似污泥程序。

2）洗涤时间隶属度函数设计仿真程序

```
clear all;
close all;
z=0:0.1:60;
u=trimf(z,[0,0,10]);
figure(1);
plot(z,u);
u=trimf(z,[0,10,25]);
hold on;
plot(z,u);
u=trimf(z,[10,25,40]);
hold on;
plot(z,u);
u=trimf(z,[25,40,60]);
hold on;
plot(z,u);
u=trimf(z,[40,60,60]);
hold on;
plot(z,u);
xlabel('z');
ylabel('Degree of membership');
```

3）洗衣机模糊控制系统仿真程序

```
% Fuzzy Control for washer
clear all;
close all;
a=newfis('fuzz_wash');
a=addvar(a,'input','x',[0,100]);                    % 模糊污点
a=addmf(a,'input',1,'SD','trimf',[0,0,50]);
a=addmf(a,'input',1,'MD','trimf',[0,50,100]);
a=addmf(a,'input',1,'LD','trimf',[50,100,100]);
a=addvar(a,'input','y',[0,100]);                    % 模糊油脂
a=addmf(a,'input',2,'NG','trimf',[0,0,50]);
a=addmf(a,'input',2,'MG','trimf',[0,50,100]);
a=addmf(a,'input',2,'LG','trimf',[50,100,100]);
a=addvar(a,'output','z',[0,60]);                    % 模糊时间
a=addmf(a,'output',1,'VS','trimf',[0,0,10]);
a=addmf(a,'output',1,'S','trimf',[0,10,25]);
a=addmf(a,'output',1,'M','trimf',[10,25,40]);
a=addmf(a,'output',1,'L','trimf',[25,40,60]);
a=addmf(a,'output',1,'VL','trimf',[40,60,60]);
rulelist=[1 1 1 1 1;
      1 2 3 1 1;
      1 3 4 1 1;
      2 1 2 1 1;
      2 2 3 1 1;
      2 3 4 1 1 ;
      3 1 3 1 1;
      3 2 4 1 1;
      3 3 5 1 1];
a=addrule(a,rulelist);
showrule(a)
a1=setfis(a,'DefuzzMethod','mom') ;
writefis(a1,'wash') ;
a2=readfis('wash') ;
figure(1);
plotfis(a2);
figure(2);
plotmf(a,'input',1);
figure(3);
plotmf(a,'input',2);
```

```
figure(4);
plotmf(a,'output',1);
ruleview('wash');                                    % 动态仿真
x=60;
y=70;
z=evalfis([x,y],a2)                                  % 使用模糊推理
```

4. 产品调试（测试）

洗衣机模糊控制系统仿真程序，取 $x=60$，$y=70$，反模糊化采用重心法，推理结果为24.9。利用 showrule 命令可观察规则库，利用 ruleview 命令可实现模糊控制的动态仿真，结果如图 5-14～图 5-20 所示。

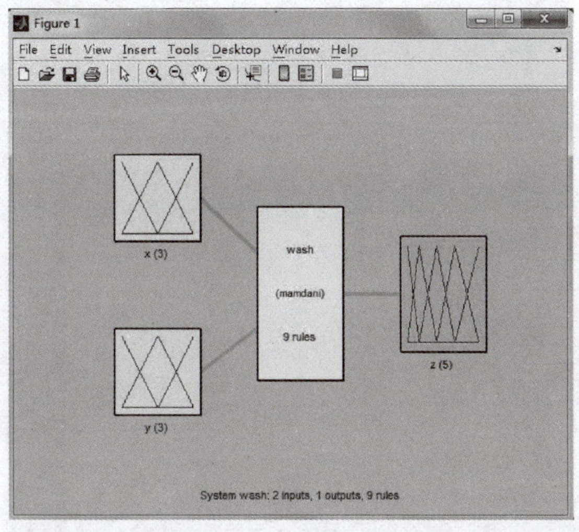

图 5-14　二输入一输出

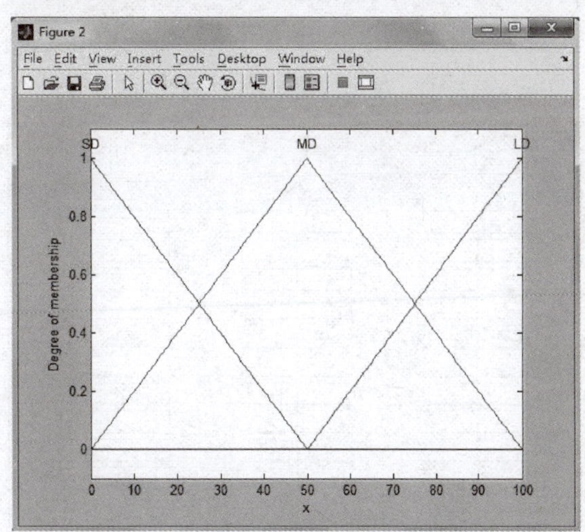

图 5-15　污泥隶属度函数仿真图

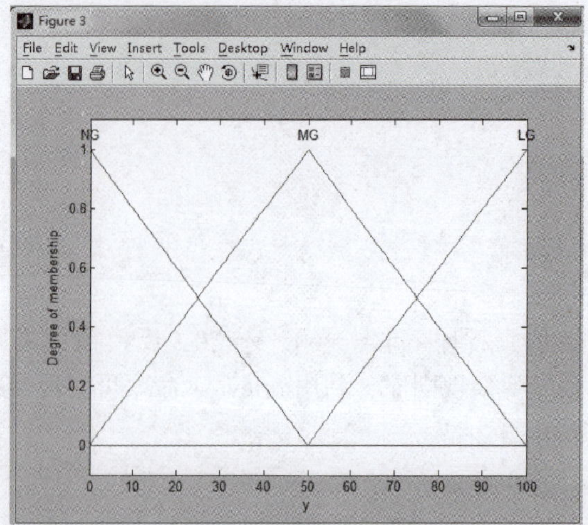

图 5-16　油脂隶属度函数仿真图

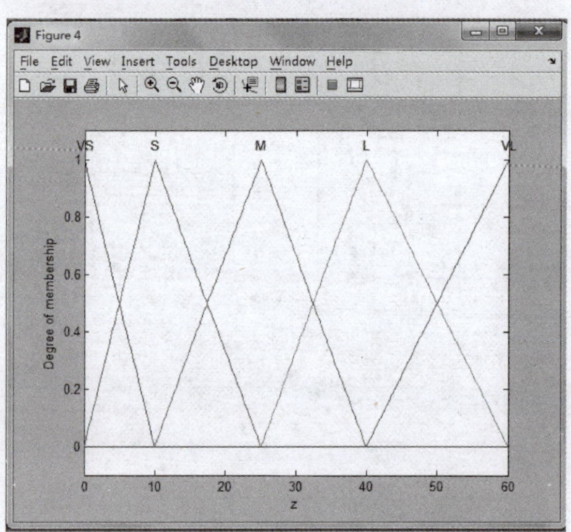

图 5-17　洗涤时间隶属度函数仿真图

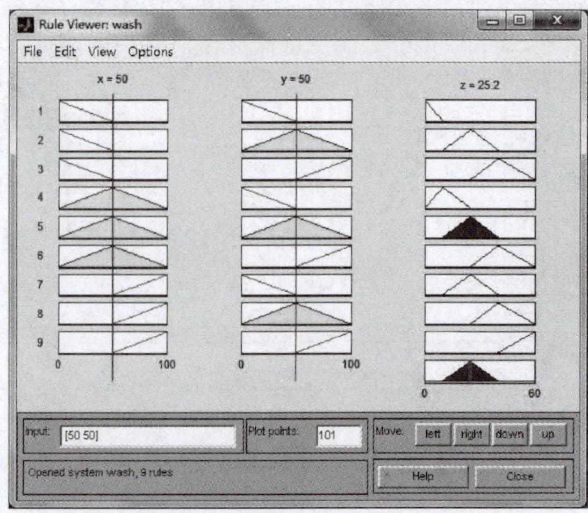

图 5-18　动态仿真模糊系统 1

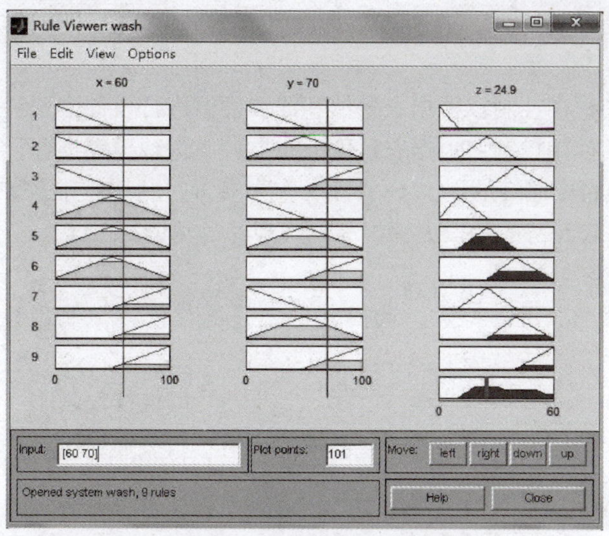

图 5-19　动态仿真模糊系统 2

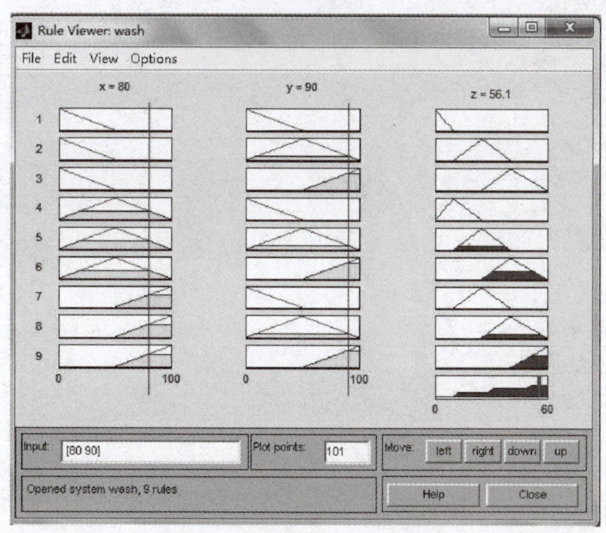

图 5-20　动态仿真模糊系统 3

五、项目拓展延伸

1. 项目技术拓展

本项目的成果（通过算法或软件对设备进行升级改造），不仅可以参加各类创新实践类项目或比赛，也可以撰写论文发表或申请专利。对本项目而言，其特点总结如下：

（1）洗涤剂用量的模糊控制：根据衣量值和浑浊度值推理计算得到洗涤剂用量值；

（2）洗涤时间的模糊控制：根据衣量值、浑浊度值及水温值进行模糊推理计算得到洗涤时间值；

（3）水位高低的模糊控制：根据衣量值进行模糊推理计算得到水位值；

（4）水流强度的模糊控制：根据布质种类和浑浊度值进行模糊推理计算得到水流强度值；

（5）漂洗次数的模糊控制：根据衣量值和浑浊度值进行模糊推理计算得到漂洗次数；

（6）脱水时间的模糊控制：根据衣量值、布质种类进行模糊推理计算得到脱水时间值。

读者可根据本项目中总结的以上 6 个特点作为参考，利用智能控制算法对传统电气设备进行升级改造，以较经济的手段大幅提高电气产品的功能。

2. 拓展创新实施

根据总结的模糊洗衣机的特点，选择其中之一进行模糊控制设计，并尝试完成以下内容：

（1）拓展点名称：________________________的模糊控制。

（2）确定模糊控制器的结构：_______输入，_______输出。

（3）定义输入、输出模糊集：

____

____

（4）选择隶属度函数。

（5）建立模糊控制规则。

（6）绘制模糊控制规则表。

六、展示评价

各小组展示拓展创新实施的成果，评价方式由组内自评、组间互评、教师评价三部分组成，围绕职业素养、专业能力综合应用、创新性思维和行动三部分，完成表 5-9 的填写。

表 5-9　项目评价

<table>
<tr><th>序号</th><th>评价项目</th><th>评价内容</th><th>分值</th><th>自评 30%</th><th>互评 30%</th><th>师评 40%</th><th>合计</th></tr>
<tr><td rowspan="5">1</td><td rowspan="5">职业素养
25 分</td><td>小组结构合理，成员分工合理</td><td>5</td><td></td><td></td><td></td><td></td></tr>
<tr><td>团队合作，交流沟通，相互协作</td><td>5</td><td></td><td></td><td></td><td></td></tr>
<tr><td>主动性强，敢于探索，不怕困难</td><td>5</td><td></td><td></td><td></td><td></td></tr>
<tr><td>能采用多样化手段检索收集信息</td><td>5</td><td></td><td></td><td></td><td></td></tr>
<tr><td>严谨认真的工作态度</td><td>5</td><td></td><td></td><td></td><td></td></tr>
<tr><td rowspan="5">2</td><td rowspan="5">专业能力
综合应用
35 分</td><td>模糊控制器结构设计</td><td>5</td><td></td><td></td><td></td><td></td></tr>
<tr><td>输入、输出模糊集合定义</td><td>5</td><td></td><td></td><td></td><td></td></tr>
<tr><td>隶属度函数的选择</td><td>5</td><td></td><td></td><td></td><td></td></tr>
<tr><td>模糊控制规则的建立</td><td>10</td><td></td><td></td><td></td><td></td></tr>
<tr><td>模糊控制规则表的绘制</td><td>10</td><td></td><td></td><td></td><td></td></tr>
<tr><td rowspan="5">3</td><td rowspan="5">创新性思
维和行动
40 分</td><td>项目拓展创新点挖掘</td><td>10</td><td></td><td></td><td></td><td></td></tr>
<tr><td>解决问题方法合理性</td><td>10</td><td></td><td></td><td></td><td></td></tr>
<tr><td>设计思路的创新性</td><td>10</td><td></td><td></td><td></td><td></td></tr>
<tr><td>项目创新点呈现方式</td><td>5</td><td></td><td></td><td></td><td></td></tr>
<tr><td>技术文档的完整、规范</td><td>5</td><td></td><td></td><td></td><td></td></tr>
<tr><td colspan="3">合计</td><td>100</td><td colspan="4"></td></tr>
<tr><td colspan="8">评价人签名：　　　　　　　　　　　时间：</td></tr>
</table>

项目 2　不锈钢电加热管退火温度系统改造设计

一、项目学习引导

1. 项目来源

本项目来源于第四届中国创新挑战赛。由企业向社会公开发布技术需求，参赛者根据企业技术需求设计技术方案，得到对应企业认可后进一步落地实施。将金属快速加热到一定温度后使其在自然状态下缓慢冷却的过程称为退火。钢管退火是将钢管加热到发生相变或部分相变的温度，经过保温后缓慢冷却的热处理方法。退火的目的是改善金属内部组织并提高金属的性能，同时可以减小金属硬度，增加其韧性。

2. 项目任务要求

退火是金属加工过程的中间环节，金属退火时可以有效消除前一道工序遗留下的组织缺陷，因此金属退火属于半成品热处理，又称预先热处理，一般为金属材料的最终加工做好组织准备，是大多数金属管材生产加工的重要工序。退火的质量直接影响下一工序的生产，如切削、折弯等。退火炉是实现退火制程的主要装置，目前先进的退火炉自动化程度较高，拥有先进的控制算法、炉温氛围均匀等优点，然而先进的退火炉价格相对较高，从企业实际应用的角度出发，对现有退火炉进行升级改造是较经济的方案。本项目的任务要求如下：

退火

（1）针对现有退火炉的不足之处，完成对退火炉的升级改造。

（2）改造后的退火炉具备一定的自适应能力，能够实现不同型号的不锈钢管的退火。

（3）具备先进的控制算法，温度控制精度高，响应迅速。

（4）具备人机交互功能。

3. 学习目标

（1）了解金属退火工艺的功能；

（2）了解退火炉组成及发展现状；

（3）熟悉非接触式温度传感器的工作原理及特性；

（4）掌握非接触式温度传感器的使用方法；

（5）能够选择合适的产品对现有退火炉进行硬件改造；

（6）能够利用组态软件开发退火炉人机交互界面；

（7）能够进行专家经验知识的存储与提取；

（8）能够用模糊算法将专家经验知识量化为精确的控制量。

4. 项目结构图

项目设计结构如图 5-21 所示。

5. 项目学习分组

项目学习小组信息如表 5-10 所示。

表 5-10　项目学习小组信息

组名				
成员姓名	学号	专业	角色	项目/角色分工

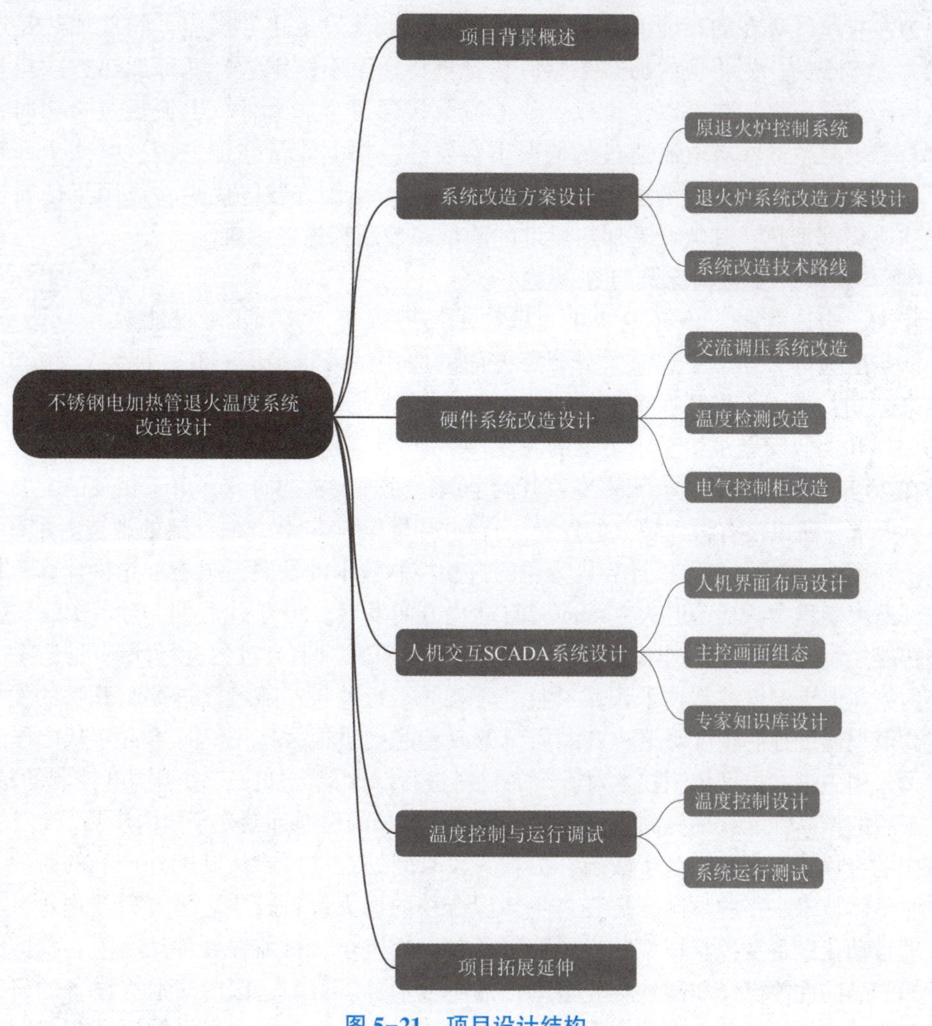

图 5-21　项目设计结构

二、项目背景概述

1. 退火制程概述

将金属快速加热到一定温度后使其在自然状态下缓慢冷却的过程称为退火。钢管退火是将钢管加热到发生相变或部分相变的温度，经过保温后缓慢冷却的热处理方法。退火的目的是改善金属内部组织并提高金属的性能，同时可以减小金属硬度，增加其韧性。退火是金属加工过程的中间环节，金属退火时可以有效消除前一道工序遗留下的组织缺陷，因此金属退火属于半成品热处理，又称预先热处理，一般为金属材料的最终加工做好组织准备，是大多数金属管材生产加工的重要工序，退火的质量直接影响下一工序的生产，如切削、折弯等。

2. 不锈钢管退火热处理的主要方式及特点

目前不锈钢管热处理的加热方式主要有间接加热和直接加热两种方式。间接加热采用封闭式的退火炉，目前比较常见的是真空炉，即在执行退火制程的过程中将炉子内抽成真空，因为在有氧气存在的环境下，高温的金属会和氧气发生化学反应，间接加热是通过热传导的方式实现的，先将炉内加热，然后热量再传递至不锈钢管，这种加热方式热量损耗大，滞后严重。直接加热是以交流或直流电流直接通过金属管件，电流流过金属时，由于金属自身有电阻，故在有电流通过的情况下会发热，根据能量守恒原理，电能全部转化为热能。这种加热方式具有升温速度快、加热效率高、操作方便等优点，适用于金属棒材或管材整体或局部加热；其缺点是加热温度的测量和控制都比较困难。

3. 退火技术的发展状况及存在问题

需求分析

近年来，金属管材、棒材生产热处理技术发展很快，大到工业、能源、电力、航空航天等方面，小到家居造型等方面的应用越来越多，对其性能要求也越来越高。随着人们环保意识的增强，对金属热处理过程中产生的废气污染的处理和回收问题也给予了更多的关注。

早在20世纪初，国外就有很多专家开始金属热处理技术的研究，由于相关的配套硬件设备达不到要求，所以没有得到较大的发展。直到20世纪60年代左右，热处理技术才有了较快的发展，到了70年代，随着以计算机为主的自动控制技术的发展，国外首先将计算机控制技术应用到退火制程中，推动退火系统向着自动化方向发展。80年代后期，随着PLC、温控仪等小型智能控制器的发展，国际上掀起了采用微型计算机对退火过程进行控制的热潮。美国、日本等国家在退火温度控制技术领域一直处于领先。近些年，随着先进控制算法的发展，进一步提高退火温度控制精度对退火产品质量的改善起到了很大作用。日本常年从中国进口金属材料，采用先进的温度控制技术对进口的材料进行二次退火加工，由于温度控制的精度高，二次加工后的产品性能大幅提高，最终加工的金属产品的性能远领先于国内产品。

国内的金属热处理技术起步较晚，很长一段时间处在进口或仿制国外产品的阶段，受到基础工业整体技术水平的限制，拥有自主知识产权的退火设备较少。随着科技进步，我国金属热处理自动化设备及控制技术的发展取得了较大的进步，目前在硬件产品上，我国企业自主研发的产品的性能已经和国外较先进的产品不分伯仲。目前，国内对退火设备的研究已经从硬件逐渐转移到软件及人工智能算法上。如上海宝钢自主研发的退火控制分布式网络控制系统，以PLC、工业控制计算机IPC为控制核心，采用现场总线技术实现了退火炉网络化控制；国内远拓机电自主研发的退火成套设备集成了PLC、人机界面以及人工智能控制算法，实现了不同材质、不同型号产品的退火温度自适应控制，达到了国际先进水平；太原某钢铁公司设计的微型机自适应群控系统，将退火温度控制精度提高了一个数量级。

目前我国的热处理炉将近20 000台，然而单台设备并不能完全满足不同材质、不同管径的管件的退火需求。绝大多数退火炉的进出料多为人工操作，并没有完全实现自动化，为了进一步提高加热工件各方面性能、减少污染、提高控制精度，还需对退火温度控制策略进行深入研究。

小试牛刀： 通过网络检索一款退火炉（退火设备），完成表5-11。

表5-11　退火设备信息检索

产品名称	品牌	热传递方式	产品组成及主要参数

三、系统改造方案设计

不锈钢电加热管退火制程根据管径或内部氧化镁粉填充量不同，需要对温度进行微调控制，目前主要还是依靠有经验的技术人员根据实际状况进行微调控制。本项目在掌握退火制程工艺的基础上，设计一种钢管退火制程温度 SCADA（数据采集与监视控制）系统，不但可以实现温度的智能调节、数据自动采集，还能满足不同材质、不同型号管件产品的需求，系统可扩展性强、设计灵活、操作简便。

1. 原退火炉控制系统

某电热元件企业不锈钢电加热管局部退火装置为该企业已投产设备，该设备以红外温度传感器和温控仪表组成闭环控制系统，如图 5-22 所示。系统采用交流电流直接加热，交流电通过金属时向导体表面集中，产生明显的集肤效应，短时内金属表面电流较大，温升快，随着时间的推移管件内部氧化镁粉的温度开始升高并逐渐接近外部金属温度，工艺数据表明内部氧化镁粉超过 725 ℃时绝缘性能开始下降。

图 5-22　原不锈钢电加热管台式退火炉

图 5-22 中，台式退火炉主要由电极夹具、红外温度传感器、温控仪表、挡位调整手柄组成。执行退火工艺的操作过程如下：

（1）按下电极夹具按钮，气动电磁阀打开，将不锈钢加热管两端放入电极夹具中，再次按下电极夹具按钮，气动电磁阀关闭，将不锈钢加热管夹紧。

（2）根据产品工艺要求，手动设定温控仪表的工艺控制温度。

（3）按下开始加热按钮，根据温控仪表显示的温度值，微调挡位调整手柄，保持合适的升温速度。

（4）不锈钢电加热管的温度达到工艺温度后，温控仪表自动切断加热电源，打开气动夹具的电磁阀，退火完成后的管件自动落入设备下方的冷却槽内自然冷却。

随着生产规模逐年扩大，产品种类也逐渐增加，原退火装置已不能满足实际生产的需求，目前的产品合格率只有 70%左右。产品合格率不高的主要原因是产品型号及种类众多，不同产品的工艺温度不同，并且不同产品的内部氧化镁粉填充量不一样，导致产品电导率变化范围较大。为了保证较好的退火效果，温度上升的速度必须控制在一定范围内，对于升温较快的产品，要通过挡位调整手柄适当减小加热电流，限制升温速度，温度上升太快会导致温控仪表的控制作用不及时；对于升温较慢的产品，要通过挡位调整手柄适当增加加热电流，提高升温速度，温度上升太慢会导致内部氧化镁粉温度逐渐上升到 725 ℃，最终导致产品电导率不合格。每个退火制程操作员的工作强度都很大，并且退火制程的质量完全取决于现场操作人员的注意力及操作经验。

2. 退火炉系统改造方案设计

购买先进的退火炉价格昂贵，在原有设备的基础上进行升级改造是较经济的方案，为了提高产品合格率，减轻操作人员工作强度，本书对原退火系统进行升级改造。退火系统改造原理如图 5-23 所示。

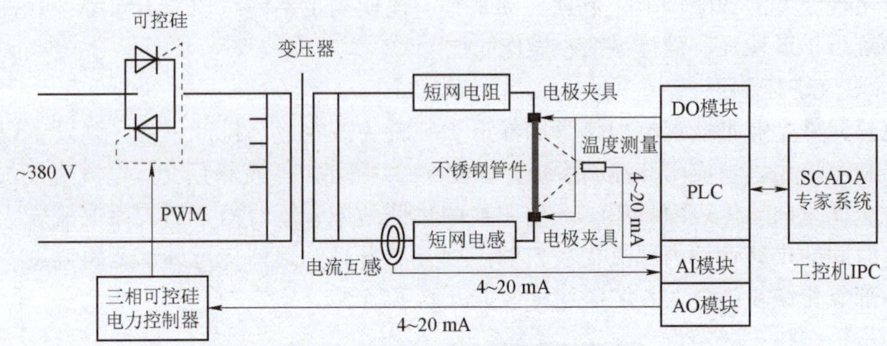

图 5-23　退火系统改造原理

原电源功率恒定，输入电压 380 V，单相 50 Hz，降压变压器容量 100 kV · A。一次侧电压由可控硅替代原手动电阻式调压装置，三相可控硅电力控制器接收 PLC 输出的 4～20 mA 控制信号，输出 PWM 调制信号至一次侧三相可控硅，为了保证二次侧加热电流调节范围与改造前一致，限定 PLC 控制信号范围，使一次侧电压调节范围与原手动调压范围一致；二次侧通过电流互感器将加热电流转换为 4～20 mA 输入 PLC；温度测量采用冗余设计，经 PLC 计算后传送至上位机系统；上位机 SCADA 系统根据专家经验执行退火制程控制策略。

3. 系统改造技术路线

退火系统改造技术路线如图 5-24 所示。

知识小贴士：SCADA（Supervisory Control and Data Acquisition）系统，即数据采集与监视控制系统。SCADA 系统是以计算机为基础的自动化监控系统；它应用领域很广，可以应用于电力、冶金、石油、化工、燃气、铁路等领域的数据采集与监视控制以及过程控制等诸多领域。

（1）SCADA 系统的功能有哪些？

______

______

______

（2）SCADA 系统软件有哪些？

______

______

______

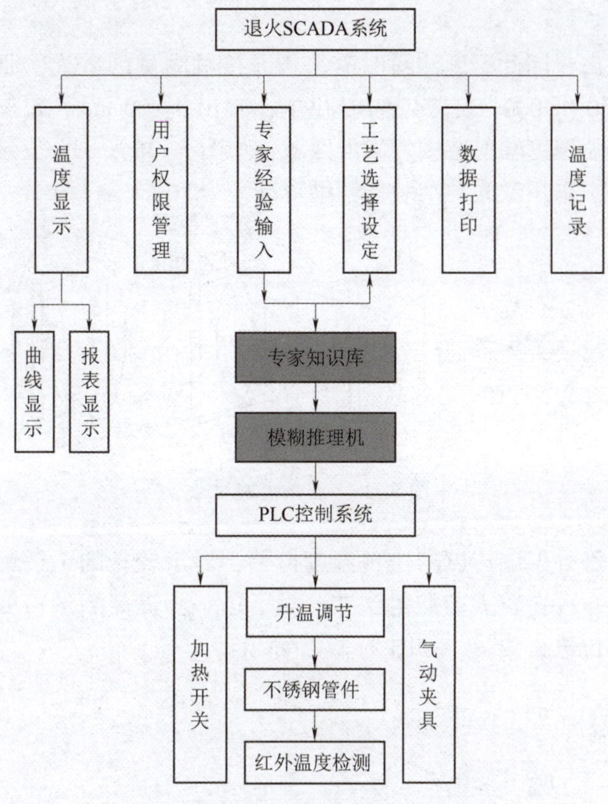

图 5-24 退火系统改造技术路线

四、系统硬件改造设计

不锈钢电加热管退火装置硬件改造主要有三部分：交流调压系统改造、温度检测改造、控制柜改造。本章就硬件改造部分进行详细阐述。

1. 交流调压系统改造

拆除了原系统中手动调压装置，设计了自动调压系统，通过 PLC 输出 4~20 mA 控制信号，实现原加热电源一次侧电压的自动控制。交流调压系统改造原理如图 5-25 所示。

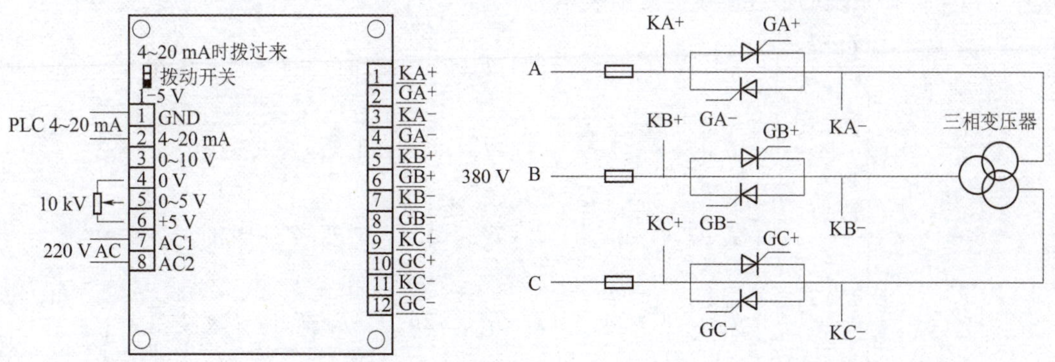

图 5-25 交流调压系统改造原理

2. 温度检测改造

由于退火温度较高，因此温度测量时需采用非接触测量的方式，原设备采用红外温度传感器，测量范围为 0~1 000 ℃，24 V DC 供电，输出 4~20 mA，输出信号直接输入温控仪表。红外温度传感器温度辐射范围为扇形区域，如图 5-26 所示，安装位置对测量精度有较大的影响，本方案拟采用激光对准装置辅助对准。

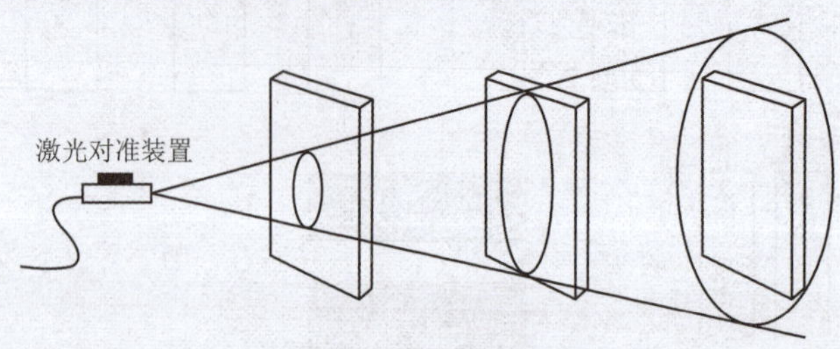

图 5-26　激光辅助对准

原系统采用一支红外温度传感器实现温度检测，对于较长的不锈钢管，局部温度并不能准确表示退火温度，存在较大的测量误差。为了进一步提高测量精度，拟采用三支红外温度传感器在不同部位进行测量，如图 5-27 所示。

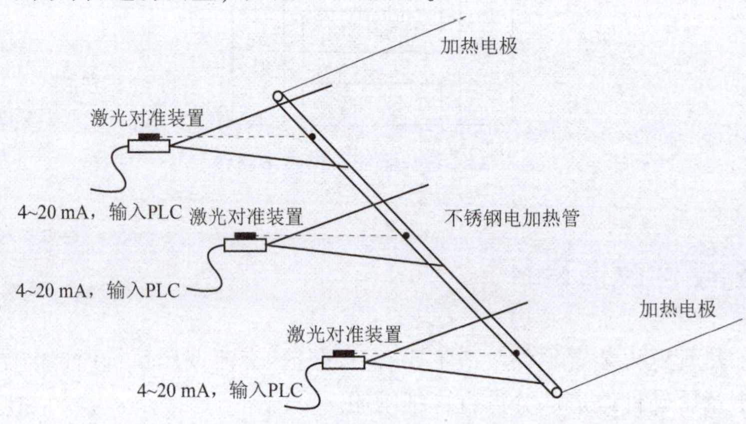

图 5-27　温度测量系统改造

设三组红外温度传感器检测的温度分别为 T_1、T_2、T_3，测量最大偏差 n ℃，则 PLC 计算并上传至专家系统的最终温度测量值表示为

$$T=\begin{cases}\dfrac{T_1+T_2+T_3}{3}, & |T_1-T_2|\leqslant 2n,\ |T_2-T_3|\leqslant 2n,\ |T_3-T_1|\leqslant 2n\\ \dfrac{T_1+T_2}{2}, & |T_1-T_2|\leqslant 2n,\ |T_2-T_3|>2n,\ |T_3-T_1|>2n\\ \dfrac{T_2+T_3}{2}, & |T_1-T_2|>2n,\ |T_2-T_3|\leqslant 2n,\ |T_3-T_1|>2n\\ \dfrac{T_1+T_3}{2}, & |T_1-T_2|>2n,\ |T_2-T_3|>2n,\ |T_3-T_1|\leqslant 2n\\ 0, & \text{其他}\end{cases}$$

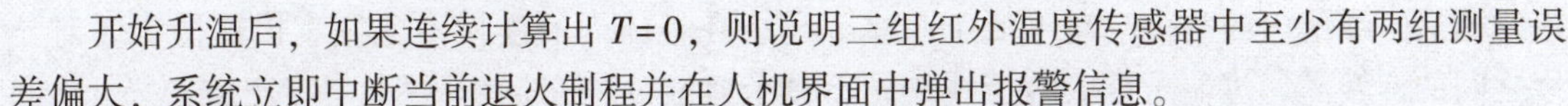

开始升温后，如果连续计算出 $T=0$，则说明三组红外温度传感器中至少有两组测量误差偏大，系统立即中断当前退火制程并在人机界面中弹出报警信息。

思考：工业领域中测温传感器的种类及其应用场合，完成表 5-12。

表 5-12 测温传感器的分类

传感器种类	测温范围	应用场合

3. 电气控制柜改造

原设备没有配备电气控制柜，所有电气元件均安装于工作台下方，无防尘及屏蔽处理，时间长了有较大的安全隐患。改造后的系统增加了电气控制柜，新增设备集成于电气控制柜中，本书设计的电气控制柜能够适应工业现场环境，柜体全封闭，内置风扇循环系统，底部留有电缆入口，考虑到方便日后维护或更换电气元件，电气控制柜内预留足够的空间。

柜体尺寸及设备布局如图 5-28 所示。柜门采用透明钢化玻璃，22 in 液晶显示器垂直安装，方便操作人员观察人机界面数据信息；键盘和鼠标置于屉式活动板上，操作时将屉板拉出，操作完后将屉板推入，关上柜门即可。

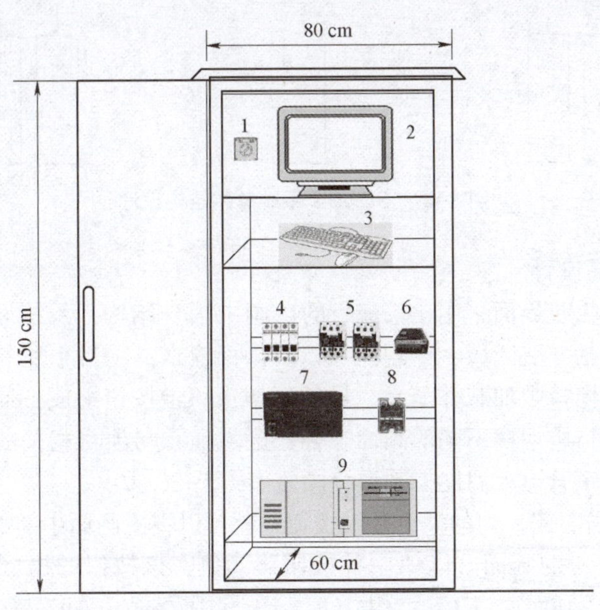

图 5-28 柜体尺寸及设备布局

1—手/自动切换开关；2—液晶显示器；3—鼠标和键盘；4—空气开关；5—继电器；6—开关电源；7—PLC；8—调压模块；9—工控机 IPC

系统硬件采用标准轨道及网孔板固定安装，易于拆卸，方便日后设备更新与维护。电气控制柜中的内部接线均选用耐高温性强的纯铜国标线缆。所有的接线外层穿一层防火护套，柜中所有导线采用尼龙扎带捆扎并安放于线槽内，每捆线的走向为水平或垂直，导线入线槽后，线槽内的空余空间不低于30%。导线在柜体内的连接不允许直接连接，任何导线之间的连接需通过端子排上的接线端子，每个接线处均有标识说明，同一个接线端子上最多接两条导线。电气控制柜中的设备外壳、电缆屏蔽层共地连接，机柜接地端子与接地网连接。整个电气系统的设计均采用符合国际标准的控制系统的设计原则。

五、人机交互 SCADA 系统设计

项目采用西门子 WinCC 最新版本 V7.4 实现人机交互系统开发。SCADA 系统总体结构设计如图 5-29 所示。

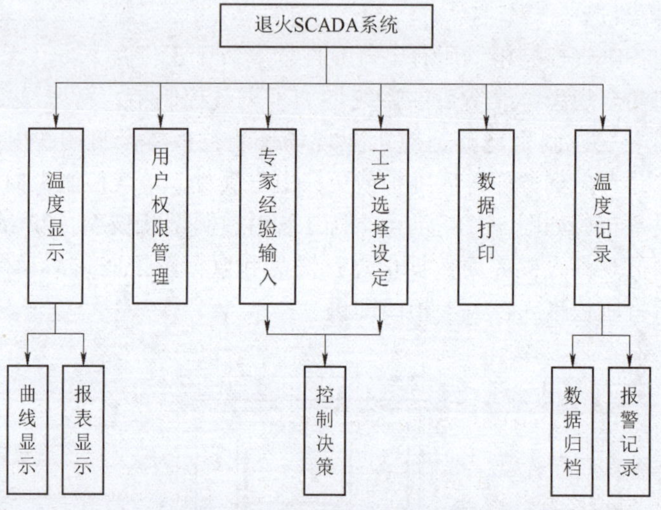

图 5-29　SCADA 系统总体结构设计

1. 人机界面布局设计

画面演示

为了方便操作，人机界面采用比较流行的“画中画”结构，系统设计一个主画面，主画面包括导航区域、标题区域以及画面窗口。项目中所有的画面都在主画面的画面窗口中加载并显示，导航区域由一组按钮组成，通过单击按钮可以在画面窗口中切换不同的画面。标题区域显示与项目相关的标题信息。组态完的不锈钢管退火温度控制系统画面如图 5-30 所示。

图 5-30 中，单击左侧一列的某个导航按钮，就可以在主画面中间的画面窗口中显示出与按钮文本内容相对应的画面。以“主控按钮”为例，该按钮的执行动作为：SetPictureName（“main. pdl”，“画面窗口 1”，“01. pdl”），其中“main. pdl”为主画面的名称，“画面窗口 1”是主画面中画面窗口的名称，“01. pdl”是主控画面的名称。

2. 主控画面组态

主控画面是退火温度控制的操作界面，实时反映退火炉的工作状态。退火温度控制主控画面如图 5-31 所示。

图 5-31 主要由控制按钮、数据输出窗口、台式退火炉系统三部分组成。其中，“工艺温度”为当前待退火管件的退火温度，由操作员在工艺选择画面选定，“温度”“电流”

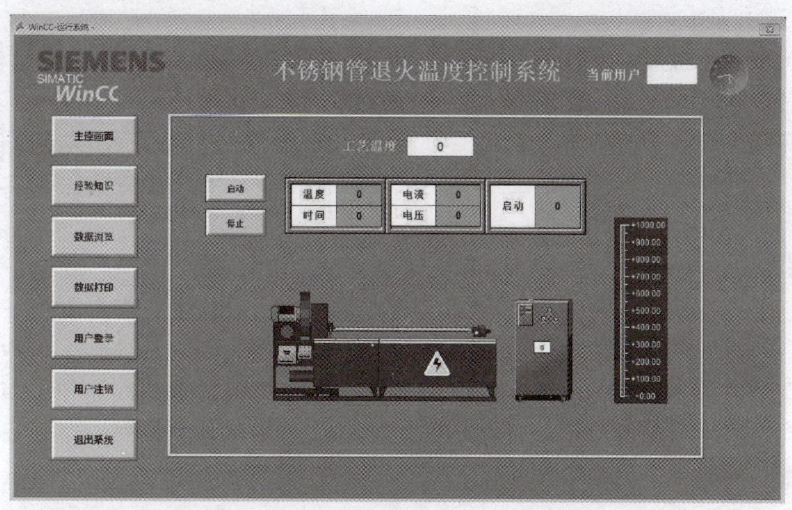

图 5-30　组态完的不锈钢管退火温度控制系统画面

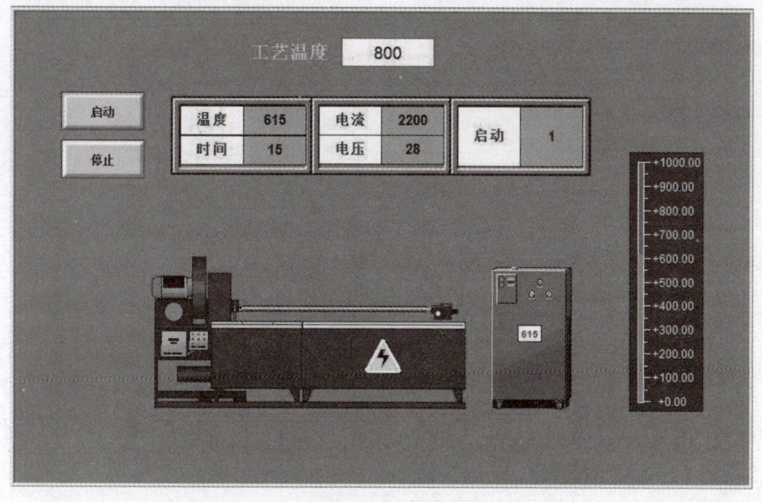

图 5-31　退火温度控制主控画面

“电压”“时间”是数据显示窗口，在退火过程中，各窗口实时显示工艺数据；台式退火炉系统由退火工作台和电气柜组成，退火过程中通过闪烁及颜色变化实时显示退火状态；“启动”“停止”按钮实现退火工艺的启停控制，按钮设置了操作权限，只有以相应的身份登录系统后才可以操作。

知识小贴士：人机界面设计时应考虑美观性和易操作性，人机界面的布局设计根据人体工程学的要求应该实现简洁、平衡和风格一致。典型的人机界面分为三部分：标题菜单部分、图形显示区以及按钮部分。根据一致性原则，保证屏幕上所有对象，如窗口、按钮、菜单等风格的一致。各级按钮的大小、凹凸效果和标注字体、字号都保持一致，按钮的颜色和界面底色保持一致。

3. 专家知识库设计

专家系统本质上就是一组计算机程序，程序运行时从数据库中调用专家知识指导控制过程。专家系统能够像人类中的专家一样，利用经验知识解决实际问题。专家系统最重要的部分就是专家经验。现场经验丰富的技术人员直接掌控着产品的质量。将技术员的经验建成专家知识库，无疑是自动化改造的有效途径。

专家知识库（微课）

1）数据存取结构设计

为了减小上位机系统的开销，保证 IPC 的可靠性和运行速度，本书直接在上位机人机界面中开发。西门子 WinCC 提供了丰富的库函数及功能强大的 C 脚本语言，以满足对软件进行二次开发的需求。目前国内外人机界面组态软件都可以采集并存储开关型或数值型的生产数据，并且提供字符型数据的存储功能，WinCC 也不例外。然而专家知识包含了大量的字符型数据，因此为了有效解决专家经验知识的存储，设计如图 5-32 所示的数据存取结构。

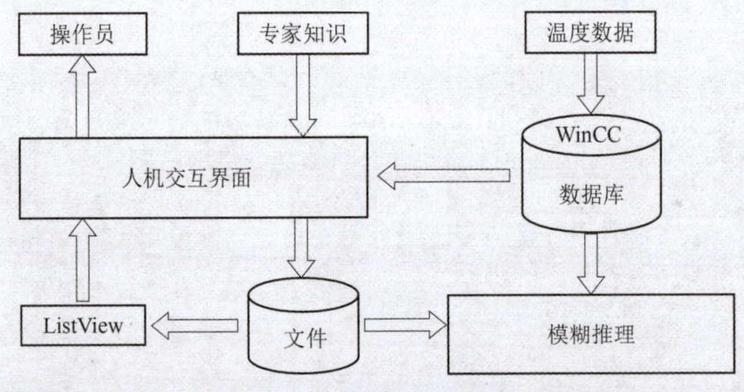

图 5-32　数据存取结构

温度数据直接归档至 WinCC 软件数据库中，专家经验知识从人机界面输入，通过 C 脚本写入文件并存储于 IPC 硬盘中，文件自动保存为 *.dat 格式。退火控制操作员在人机界面中通过鼠标单击“工艺参数显示”按钮，将文件中的数据全部显示于界面中，鼠标单击即可将显示的经验知识提取并传送给控制器执行本次退火制程的控制。

2）经验知识存储

在 WinCC 中，将经验知识以变量的形式逐个写入文件中实现存储。根据工艺需求，在 WinCC 中建立如表 5-13 所示变量。

表 5-13　经验知识输入变量

变量名称	数据类型	备注
产品型号	8 位文本字符集	产品 ID
产品材质	8 位文本字符集	不锈钢种类
退火温度	8 位文本字符集	工艺温度设定值
升温模式	8 位文本字符集	根据专家经验设置
保持时间	8 位文本字符集	根据专家经验设置

将界面中输入的经验知识存储于计算机硬盘中时需要对输入数据进行预处理，以保证输入数据格式的规范性。将表5-13中各变量中的数据写入文件的主要实现方法如下：

```
  char *p;
  char b[20],a[20],c[20],d[20],e[20];
  FILE *fp;
  p=GetTagChar("产品型号");          //获取界面中输入的产品型号
  strcpy(a,p);
  p=GetTagChar("产品材质");          //获取界面中输入的产品材质
  strcpy(b,p);
  p=GetTagChar("退火温度");          //获取界面中输入的退火温度
  strcpy(c,p);
  p=GetTagChar("升温模式");          //获取界面中输入的升温模式
  strcpy(d,p);
  p=GetTagChar("保持时间");          //获取界面中输入的保持时间
  strcpy(e,p);
  fp=fopen("D:\\123.dat","a");     //打开D盘123数据文件
fputs(a,fp);            //输入产品型号到文件
fputs(b,fp);            //输入产品材质到文件
fputs(c,fp);            //输入退火温度到文件
fputs(d,fp);            //输入升温模式到文件
fputs(e,fp);            //输入保持时间到文件
fputs("\r\n",fp);       //输入换行符
fclose(fp);             //关闭文件
```

3）经验知识提取

经验知识存储的目的是指导控制过程，方便使用计算机中存储的经验知识。本书设计了经验知识提取功能，通过单击按钮即可将文件中所有数据逐行提取并显示在界面中，操作员可以通过鼠标双击将经验知识传送至模糊推理机，指导温度控制过程。主要实现方法如下：

```
char a[20],b[20],c[20],d[20],e[20];
FILE *fp;
SetTagChar("产品型号_1","");
SetTagChar("产品材质_1","");
SetTagChar("退火温度_1","");
SetTagChar("升温模式_1","");
SetTagChar("保持时间_1","");
fp=fopen("C:\\123.txt","r");
rewind(fp);
fgets(a,9,fp);
a[9]='\0';
```

```
SetTagChar("产品型号_1",a);
fgets(b,10,fp);
b[10]='\0';
SetTagChar("产品材质_1",b);
fgets(c,5,fp);
c[5]='\0';
SetTagChar("退火温度_1",c);
fgets(d,9,fp);
d[9]='\0';
SetTagChar("升温模式_1",d);
fgets(e,3,fp);
e[3]='\0';
SetTagChar("保持时间_1",e);
fclose(fp);
```

组态完的知识库存取界面如图 5-33 所示。

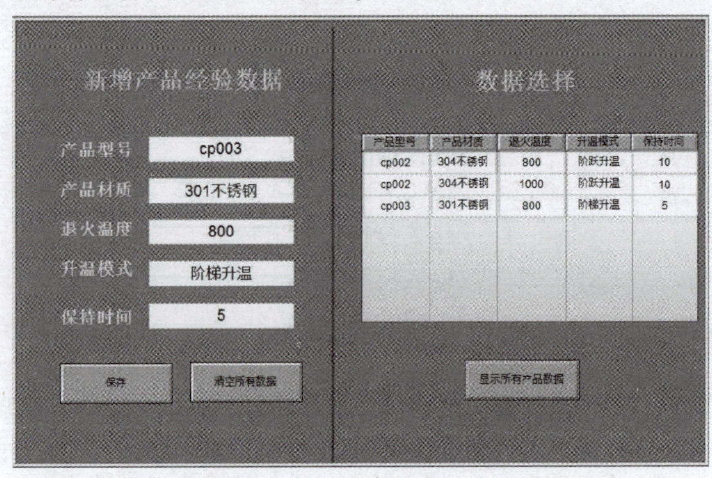

图 5-33 组态完的知识库存取界面

六、温度控制与运行调试

不锈钢电加热管退火温度控制主要有两个过程，即升温过程和温度保持过程，温度保持过程持续数分钟。系统中温度是控制对象，电加热管是负载，不同的负载对控制系统的参数都产生影响。退火过程中负载及控制系统不可避免地受到一些干扰，由于干扰的不可预见性，很难找到合适的数学模型描述。

控制算法

1. 温度控制设计

项目中设计的不锈钢电加热管退火制程温度控制系统中，PLC 直接与现场设备相连，执行控制，控制算法在上位机 WinCC 中用 C 脚本编写，温度控制系统采用典型的闭环结构，其他外围设备采用开环控制。控制系统结构如图 5-34 所示。

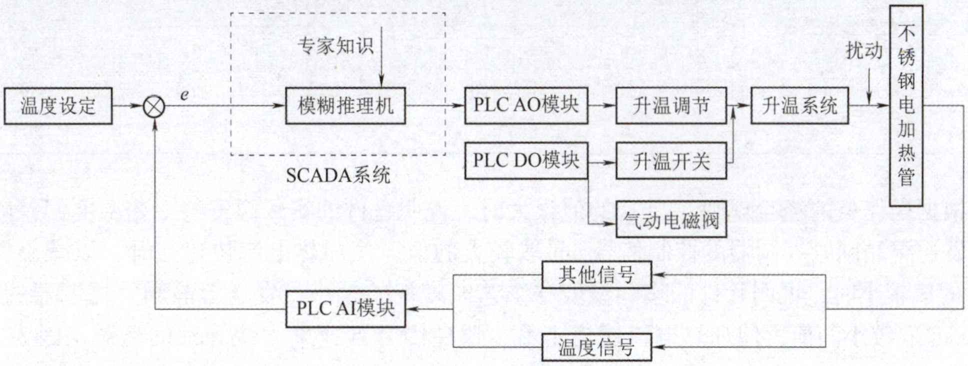

图 5-34 控制系统结构

1）温度控制策略设计

不锈钢管型号及种类众多，不同型号的不锈钢管材质、管径、厚度等参数不尽相同，管件的变化使系统的负载存在较大的随机性，无法通过数学模型设计控制算法。在实际生产中，我们发现不管什么型号的管件，经验丰富的技术员总能保证较好的退火质量，将现场技术员的经验知识编写到控制系统中，使系统能像经验丰富的技术员一样工作必然可以保证管件的退火质量。将现场技术员的经验总结为以下模糊规则：

（1）刚开始升温时应将电流调节为最大，使不锈钢电加热管件迅速升温。

（2）在温度上升的过程中逐步减小加热电流，防止因升温速度太快导致超调。

（3）当实际温度接近工艺温度时，加热电流应调到很小的值，使温度缓慢接近。

（4）出现超调时应立刻切断电源，停止加热，使温度自然冷却到工艺温度精度范围内。

设计 5 个模糊区间：很小（VS）、小（S）、中等（M）、大（L）、很大（VL）表示输入量（温度传感器的测量值与工艺温度的偏差 *et*）。选三角函数为隶属度函数，表示如下：

$$
\begin{aligned}
&\mathrm{VS}(x)=(a_1-x)/(a_1-a),\ a<x\leqslant a_1\\
&\mathrm{S}(x)=\begin{cases} x/a_1, & a\leqslant x\leqslant a_1\\ (a_2-x)/(a_2-a_1), & a_1<x\leqslant a_2\end{cases}\\
&\mathrm{M}(x)=\begin{cases} (x-a_1)/(a_2-a_1), & a_1\leqslant x\leqslant a_2\\ (a_3-x)/(a_3-a_2), & a_2<x\leqslant a_3\end{cases}\\
&\mathrm{L}(x)=\begin{cases} (x-a_2)/(a_3-a_2), & a_2\leqslant x\leqslant a_3\\ (b-x)/(b-a_3), & a_3<x\leqslant b\end{cases}\\
&\mathrm{VL}(x)=(x-a_3)/(b-a_3),\ a_3\leqslant x\leqslant b
\end{aligned}
\tag{1}
$$

本项目中，根据现场工程师经验，隶属度函数中温度偏差 *et* 各分段点以及晶闸管控制器控制信号 out 取值如表 5-14 所示。

表 5-14 函数分段区间

参数名称参数范围		区间分段点				
		a	a_1	a_2	a_3	b
et/℃	[0, 1 500]	20	50	100	200	1 500
out/mA	[4, 20]	4	5	8	12	20

根据操作员的经验规则，当 *et* 的值很大时，说明管件的实际温度与工艺温度偏差较大，因此发送至晶闸管控制器的控制信号 out 取较大的值，使加热电流快速上升，以减小偏差；当 *et* 的值较小时，说明管件的实际温度与工艺温度偏差较小，发送至晶闸管控制器的控制信号 out 取较小的值，使加热电流缓慢上升，避免因升温速度太快导致的超调。因为 *et* 变化方向和 out 的变化方向一致，因此在对应的分段区间内，可近似认为 *et* 和 out 满足一定的线性关系。

设某一时刻，温度偏差 *et*=160 ℃，根据表 5-14，偏差落在了区间[100,200]内，因此激活了式（1）中的 M(x)和 L(x)函数，计算得到 M(160)= 0.4，L(160)= 0.6，取最大隶属度的值 L(160)= 0.6。此时在[a_2,a_3]区间内 *et* 和 out 满足线性关系，此时输出电流满足 out-8/12-8=0.6，计算出 out=10.4 mA。

2）温度控制模式设计

为了满足不同产品的工艺需求，设计了两种不同的温控模式：阶跃模式和阶梯模式，控制模式在 WinCC 中选择即可。理想状态下的控制模式如图 5-35 所示。

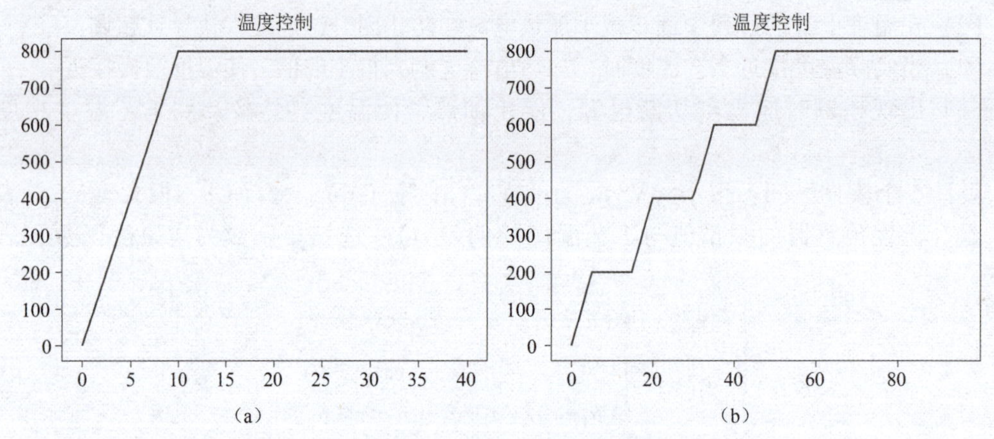

图 5-35 理想状态下的控制模式

(a) 阶跃模式；(b) 阶梯模式

2. 系统运行测试

以两种不同型号的不锈钢电加热管分别在阶跃升温模式和阶梯升温模式下进行测试，通过 WinCC 在线趋势控件采集温度控制数据，如图 5-36 和图 5-37 所示，管件 A 的工艺温度是 800 ℃，管件 B 的工艺温度是 1 000 ℃。

从测试结果看，对于不同型号的不锈钢电加热管，温度在阶跃模式下调节的过程中，都有明显的快速升温和制动过程；温度在阶梯模式下调节的过程中，每一阶梯过渡平稳，接近每一阶梯温度时都有明显的制动过程，没有出现超调或振荡的状态，达到了预期的效果。

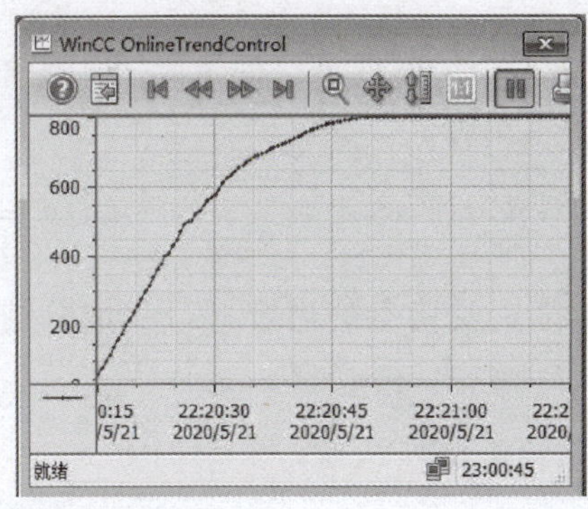

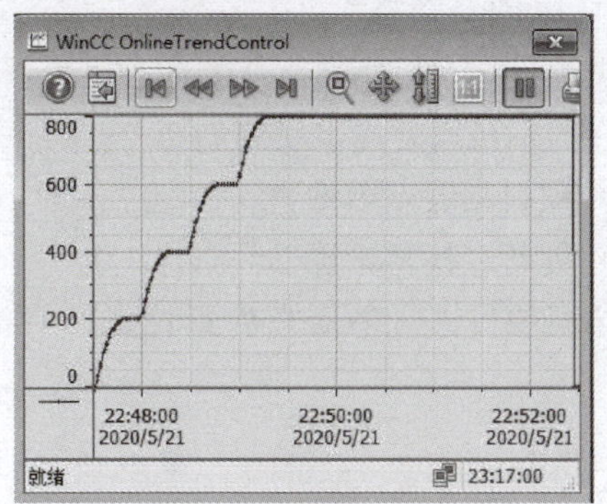

图 5-36　管件 A 测试数据

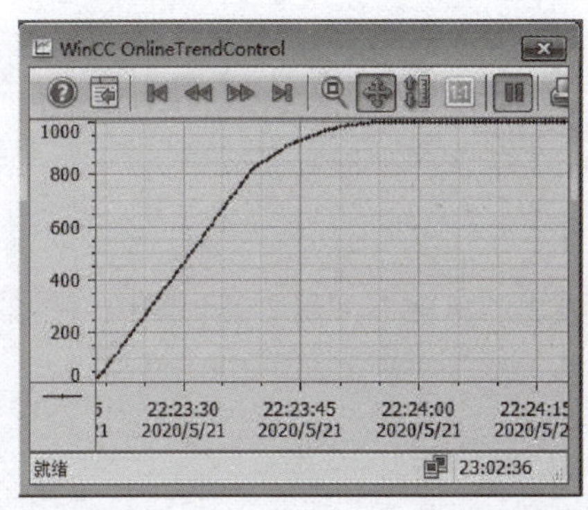

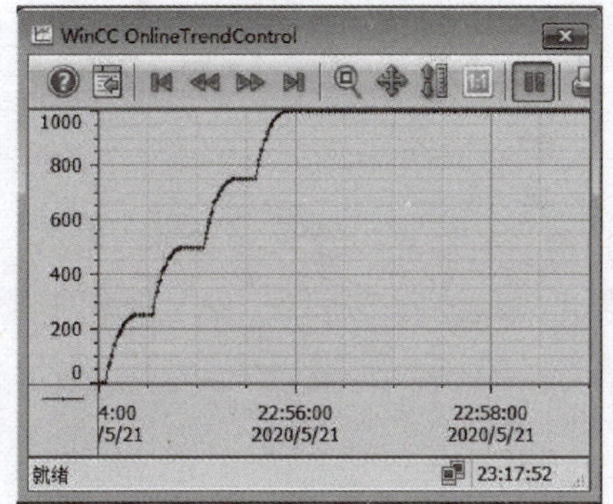

图 5-37　管件 B 测试数据

七、项目拓展延伸

1. 项目技术拓展

本项目的先进性体现在硬件集成、专家经验数据库开发及控制策略上。在硬件上从传统的继电器和常规仪表控制，转变为以 IPC、PLC、触摸屏等先进设备为核心，实现退火制程全过程的精准控制；软件上开发了专家经验数据库，将生产一线的专家知识融入系统，指导退火生产过程的在线监控和调度管理，提高了系统的可操作性及生产效率；在温度控制策略上，采用智能控制算法，满足不同管件的需求，加快了系统的响应速度，有效提高了控制精度，增强了系统智能化水平。

项目研发成果缩短了退火制程的时间，减少了能耗，提高了温度控制精度及升温效率，保证了金属管件的质量，在一定程度上丰富了传统退火制程控制系统的功能，对我国退火装备的发展有重要的意义。本项还有升级改造的空间，总结如下：

（1）不锈钢管件进料系统可以设计为全自动；

（2）一台设备可以对多只不锈钢管同时执行退火制程，提高生产效率；

（3）退火工艺结束后的冷却水槽可以由自动喷淋和传送系统取代。

2. 拓展创新实施

根据项目技术可拓展改造的内容，选择其中的 1 个拓展点进行创新设计，或者针对本项目存在的不足之处提出新的创新点，尝试完成以下内容：

（1）项目拓展点名称：______________________________

（2）创新点检索论证。

对拓展项目进行创新点检索论证，将检索的方式及检索的内容进行归纳总结并填写表 5-15。

表 5-15　项目拓展点检索结果

检索方式（专利、知网等）	检索内容总结

（3）项目拓展点设计方案或设计思路。

绘制相关设计方案框图、电气原理图或控制流程图，能够准确表达出解决问题的思路。

八、展示评价

各小组自由展示创新成果，利用多媒体工具，图文并茂地介绍创新点具体内容、实施的思路及方法、实施过程中遇到的困难及解决办法、创新成果的呈现方式及相关文档整理情况。评价方式由组内自评、组间互评、教师评价三部分组成，围绕职业素养、专业能力综合应用、创新性思维和行动三部分，完成表 5-16 的填写。

续表

表 5-16　项目评价

序号	评价项目	评价内容	分值	自评 30%	互评 30%	师评 40%	合计
1	职业素养 20 分	小组结构合理，成员分工合理	5				
		团队合作，交流沟通，相互协作	5				
		主动性强，敢于探索，不怕困难	5				
		能采用多样化手段检索收集信息	5				
2	专业能力综合应用 20 分	绘图正确、规范、美观	5				
		表述正确无误，逻辑严谨	5				
		能综合融汇多学科知识	10				
3	创新性思维和行动 60 分	项目拓展创新点挖掘	10				
		解决问题方法或手段的新颖性	10				
		创新点检索论证结果	20				
		项目创新点呈现方式	10				
		技术文档的完整、规范	10				
合计			100				
评价人签名：			时间：				

九、项目程序

1. 控制程序 1

```
#include "apdefap.h"
voidOnLButtonDown(char * lpszPictureName, char * lpszObjectName,
char* lpszPropertyName, UINT nFlags, int x, int y)
{
//WINCC:TAGNAME_SECTION_START
//syntax:#define TagNameInAction "DMTagName"
//next TagID :1
//WINCC:TAGNAME_SECTION_END
//WINCC:PICNAME_SECTION_START
//syntax:#define PicNameInAction "PictureName"
//next PicID :1
//WINCC:PICNAME_SECTION_END
char *p;
char b[20],a[20],c[20],d[20],e[20];
FILE *fp;
inti;
int temp;
```

```
p=GetTagChar("产品型号");          //获取界面中输入的产品型号
strcpy(a,p);
temp=strlen(a);
if(temp>8)
{
MessageBox(NULL,"产品型号格式错误,重新输入!","出错",MB_YESNO |MB_ICON-
QUESTION |MB_SETFOREGROUND |MB_SYSTEMMODAL);
return;
}
for(i=0;i<8-temp;i++)
{
strcat(a," ");
}
p=GetTagChar("产品材质");          //获取界面中输入的产品材质
strcpy(b,p);
temp=strlen(b);
if(temp>9)
{
MessageBox(NULL,"产品材质格式错误,重新输入!","出错",MB_YESNO |MB_ICON-
QUESTION |MB_SETFOREGROUND |MB_SYSTEMMODAL);
return;
}
for(i=0;i<9-temp;i++)
{
strcat(b," ");
}

p=GetTagChar("退火温度");          //获取界面中输入的退火温度
strcpy(c,p);
temp=strlen(c);
if(temp>4)
{
MessageBox(NULL,"温度错误,重新输入!","出错",MB_YESNO |MB_ICONQUESTION
|MB_SETFOREGROUND |MB_SYSTEMMODAL);
return;
}
for(i=0;i<4-temp;i++)
{
strcat(c," ");
```

```
}

p=GetTagChar("升温模式");          //获取界面中输入的升温模式
strcpy(d,p);
temp=strlen(d);
if(temp>8)
{
MessageBox(NULL,"模式错误,重新输入!","出错",MB_YESNO |MB_ICONQUESTION
|MB_SETFOREGROUND |MB_SYSTEMMODAL);
return;
}
for(i=0;i<8-temp;i++)
{
strcat(d," ");
}
p=GetTagChar("保持时间");          //获取界面中输入的保持时间
strcpy(e,p);
temp=strlen(e);
if(temp>2)
{
MessageBox(NULL,"保持时间错误,重新输入!","出错",MB_YESNO |MB_ICONQUESTION
|MB_SETFOREGROUND |MB_SYSTEMMODAL);
return;
}
for(i=0;i<2-temp;i++)
{
strcat(e," ");
}
fp=fopen("C:\\123.txt","a");    //打开 D 盘 123 文本中文档
if(fp==NULL)
{
MessageBox(NULL," ErrorText "," MyErrorBox ", MB_OK | MB_ICONSTOP
|MB_SETFOREGROUND |MB_SYSTEMMODAL);
return;
}
fputs(a,fp);                      //输入产品型号到文件
fputs(b,fp);                      //输入产品材质到文件
fputs(c,fp);                      //输入退火温度到文件
fputs(d,fp);                      //输入升温模式到文件
```

```
fputs(e,fp);                        //输入保持时间到文件
fputs("\r\n",fp);
fclose(fp);                         //关闭文件
}
```

2. 控制程序 2

```
#include "apdefap.h"
voidOnLButtonDown(char * lpszPictureName, char * lpszObjectName,
char * lpszPropertyName, UINT nFlags, int x, int y)
{
//WINCC:TAGNAME_SECTION_START
//syntax:#define TagNameInAction "DMTagName"
//next TagID :1
//WINCC:TAGNAME_SECTION_END
//WINCC:PICNAME_SECTION_START
//syntax:#define PicNameInAction "PictureName"
//next PicID :1
//WINCC:PICNAME_SECTION_END
//char *d;
char aa[10];
char a[20],b[20],c[20],d[20],e[20];
FILE *fp;
SetTagChar("产品型号_1","");
SetTagChar("产品材质_1","");
SetTagChar("退火温度_1","");
SetTagChar("升温模式_1","");
SetTagChar("保持时间_1","");

SetTagChar("产品型号_2","");
SetTagChar("产品材质_2","");
SetTagChar("退火温度_2","");
SetTagChar("升温模式_2","");
SetTagChar("保持时间_2","");

SetTagChar("产品型号_3","");
SetTagChar("产品材质_3","");
SetTagChar("退火温度_3","");
SetTagChar("升温模式_3","");
SetTagChar("保持时间_3","");
```

```
fp=fopen("C:\\123.txt","r");
if(fp==NULL)
{
HWND hwnd=NULL;
hwnd=FindWindow(NULL,"WinCC-运行系统 - ");
MessageBox(hwnd,"文件打开出错","警告",MB_OK |MB_ICONSTOP);
return;
}
rewind(fp);
fgets(a,9,fp);
a[9]='\0';
SetTagChar("产品型号_1",a);
fgets(b,10,fp);
b[10]='\0';
SetTagChar("产品材质_1",b);
fgets(c,5,fp);
c[5]='\0';
SetTagChar("退火温度_1",c);
fgets(d,9,fp);
d[9]='\0';
SetTagChar("升温模式_1",d);
fgets(e,3,fp);
e[3]='\0';
SetTagChar("保持时间_1",e);
//if(feof(fp)! =0)
//return;
fgets(aa,3,fp);
fgets(a,9,fp);
if(feof(fp)! =0)
return;
a[9]='\0';
SetTagChar("产品型号_2",a);
fgets(b,10,fp);
b[10]='\0';
SetTagChar("产品材质_2",b);
fgets(c,5,fp);
c[5]='\0';
SetTagChar("退火温度_2",c);
fgets(d,9,fp);
```

```
d[9]='\0';
SetTagChar("升温模式_2",d);
fgets(e,3,fp);
e[3]='\0';
SetTagChar("保持时间_2",e);
fgets(aa,3,fp);
fgets(a,9,fp);
if(feof(fp)! =0)
return;
a[9]='\0';
SetTagChar("产品型号_3",a);
fgets(b,10,fp);
b[10]='\0';
SetTagChar("产品材质_3",b);
fgets(c,5,fp);
c[5]='\0';
SetTagChar("退火温度_3",c);
fgets(d,9,fp);
d[9]='\0';
SetTagChar("升温模式_3",d);
fgets(e,3,fp);
e[3]='\0';
SetTagChar("保持时间_3",e);
fclose(fp);
```

3. 控制程序 3

```
#include "apdefap.h"
long _main(char * lpszPictureName, char * lpszObjectName, char * lpszPropertyName)
{
//WINCC:TAGNAME_SECTION_START
//syntax:#define TagNameInAction "DMTagName"
//next TagID :1
//WINCC:TAGNAME_SECTION_END
//WINCC:PICNAME_SECTION_START
//syntax:#define PicNameInAction "PictureName"
//next PicID :1
//WINCC:PICNAME_SECTION_END
BOOL a;
```

```
intb,c,d,time;
int e;
staticintshijian=0;
a=GetTagBit("启动");
if(a==0)
return 60;
shijian++;
e=GetTagWord("工艺温度");
b=GetTagWord("温度");
c=GetTagFloat("电压");
d=GetTagWord("电流");
if((e-b>=200)&&(e-b<=1500))
{
    b=b+10;
    //c=c+0.2;
    //d=d+24;
SetTagWord("电流",4300);
SetTagWord("电压",36.5);
}
if((e-b>=100)&&(e-b<200))
{
    b=b+5;
SetTagWord("电流",2200);
SetTagWord("电压",28.2);
}
if((e-b>=50)&&(e-b<100))
{
    b=b+3;
SetTagWord("电流",1050);
SetTagWord("电压",15.8);
}
if((e-b>=20)&&(e-b<50))
{
    b=b+2;
SetTagWord("电流",400);
SetTagWord("电压",7.6);
}
if((e-b>0)&&(e-b<20))
{
```

```
    b=b+1;
SetTagWord("电流",100);
SetTagWord("电压",3.2);
}
if(e-b<=0)
{
SetTagWord("电流",0);
SetTagWord("电压",0);
SetTagBit("启动",0);
    //shijian=shijian/4;
    }
SetTagWord("温度",b);
time=shijian;
time=time/4;
SetTagWord("时间",time);
return 60;
}
```

延伸阅读——“大国重器，工匠精神”

刘丽：过硬功夫　源自“铁人”

1. 人物速写

她扎根采油井场近30年，用勤奋与韧劲解决了一个个生产难题。她带领“刘丽工作室”全体成员，先后实现技术革新1 048项，用团结与创新培养了一批批石油领域人才，在实干与奋斗中传承大庆精神、铁人精神、石油精神。

2. 人物事迹

刘丽始终把“我为祖国献石油，保障国家能源安全”作为己任，坚守在生产一线，苦练本领。她专注于解决生产难题，研发各类成果200余项，其中获国家及省部级奖项33项、国家专利及知识产权软著41项。她研制的“上下可调式盘根盒”，使操作时间缩短四分之三，填料使用寿命延长6倍，在60 000多口油井应用，年节约维修工时10万小时、节约用电2.4亿多度。她研发的“螺杆泵井新型封井器装置”等一批成果填补了国际国内技术空白，累计多产油60 000多吨。作为中国石油技能专家协会主任，刘丽带领专家团队行程17万km，走遍石油、炼化、石化生产现场，攻克中国石油生产难题1 000余项，取得国家专利704项，技术技能成果获奖2 081项，为油气勘探领域技术技能进步提供了有力支撑。

模块六

创新点保护与专利申请

模块简介

知识产权，指“权利人对其所创作的智力劳动成果所享有的专有权利”，一般只在有限时间期内有效。各种智力创造比如发明、文学和艺术作品，以及在商业中使用的标志、名称、图像、外观设计等，都可被认为是某一个人或组织所拥有的知识产权。党的十九大明确提出“保护知识产权就是保护创新”，前所未有地将知识产权的保护提升到新的高度。

本模块介绍通过专利申请实现电气产品创新点知识产权保护的方法，重点介绍专利技术文件的撰写内容及撰写规则，并通过两个成功的项目案例详细介绍“发明专利”及“实用新型专利”的撰写过程。

一、项目学习引导

1. 学习目标

(1) 了解知识产权的定义与分类；

(2) 了解申请知识产权的意义及保护知识产权的方法；

(3) 了解专利技术文件的构成及基本组成；

(4) 熟悉专利申请的流程；

(5) 能够撰写实用新型专利技术文档，绘制专利附图；

(6) 能够撰写发明专利技术文档，绘制专利附图；

(7) 学会团队合作、表达、沟通，能够和团队成员分工协作完成项目任务。

2. 项目结构图

项目设计结构如图 6-1 所示。

3. 项目学习分组

项目学习小组信息如表 6-1 所示。

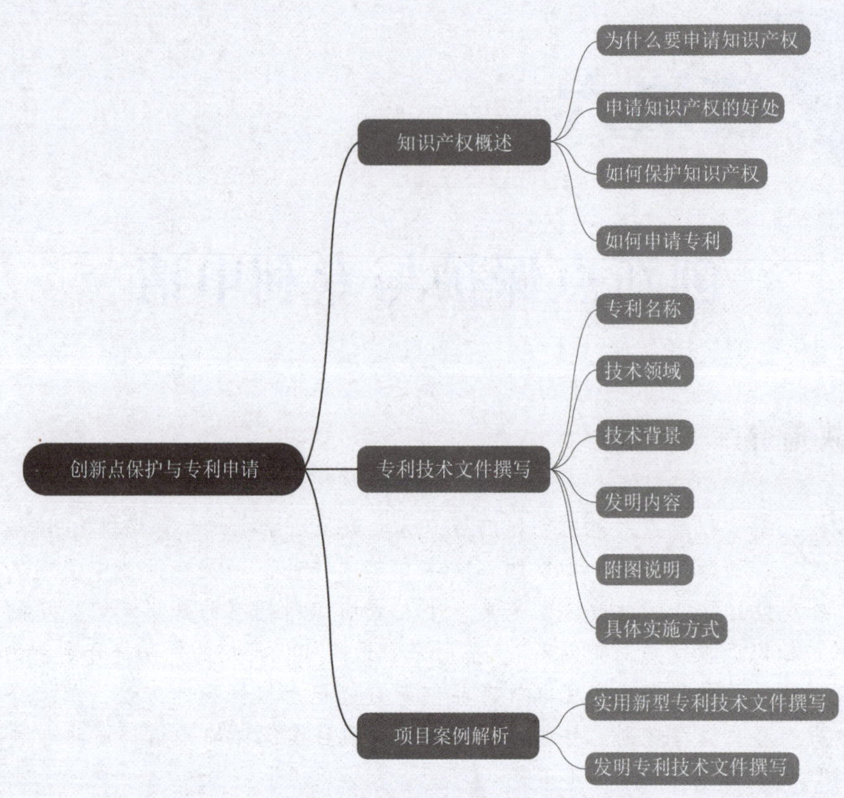

图 6-1　项目设计结构

表 6-1　项目学习小组信息

组名				
成员姓名	学号	专业	角色	项目/角色分工

二、知识产权概述

专利获取与维护

1. 为什么要申请知识产权

一方面，知识产权作为重要的智力资产，是促进企业科技创新、提升核心竞争力的重要源泉。在促进科技创新的同时，对提高产品质量和产品技术水平起到重要作用；另外，产品质量和先进性的大幅提升，也反过来促进了对知识产权的开发、保护和运用，提高了企业科研创新能力以及核心竞争力，使产品在市场竞争中处于领先地位，保证了企业的可持续发展。

另一方面，知识产品的特点决定了知识产品的创造人自己难于依靠自身的力量和能力实现对知识产权的保护，而只能依赖于国家的保护，即知识产权的保护对国家有着极强的

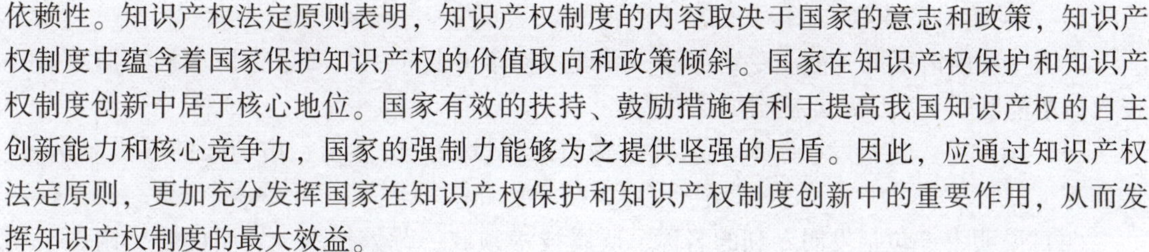

依赖性。知识产权法定原则表明，知识产权制度的内容取决于国家的意志和政策，知识产权制度中蕴含着国家保护知识产权的价值取向和政策倾斜。国家在知识产权保护和知识产权制度创新中居于核心地位。国家有效的扶持、鼓励措施有利于提高我国知识产权的自主创新能力和核心竞争力，国家的强制力能够为之提供坚强的后盾。因此，应通过知识产权法定原则，更加充分发挥国家在知识产权保护和知识产权制度创新中的重要作用，从而发挥知识产权制度的最大效益。

2. 申请知识产权的好处

（1）可以保护自己的技术，促进行业发展，增加研发投入积极性，还可以申报一些科技企业项目，企业还可以将研发投入资金抵扣企业所得税等。

（2）保护产品（以专利为例），专利产品首先可以排除竞争对手的模仿和复制，提高专利产品在相关产品市场中的市场份额。

（3）对企业的防御而言，一方面可以保护自己的产品不被侵权，另一方面也要防止自己的产品侵犯他人的权利。知识产权像“盾”一样，能够有效防止其他企业的“矛”。

（4）增加无形资产，资产不仅包括看得见、摸得着的有形资产，还包括看不见、摸不着的无形资产。无形资产的价值往往比有形资产的价值大得多，如一个技术含量高的专利、一个信誉良好的商标，其蕴含的市场价值是不可估量的。

（5）知识产权是创新能力的证明，要想了解一个企业或机构的创新能力，一个简单的方法便是了解其知识产权拥有量。知识产权拥有量能够强有力地证明企业的创新能力，可以以此获取客户信任、树立企业品牌。

3. 如何保护知识产权

（1）增强知识产权保护意识。信守有关知识产权保护的合同、承诺，既尊重他人的知识产权，也注重对自己知识产权的保护。

（2）完善自主创新机制，积极开展自主创新活动。只有大力开发具有自主知识产权的关键技术和核心技术，拥有所在领域的更多的自主知识产权，才能摆脱受制于人的弱者地位，才能有经济竞争力。为此，我们必须拥有知识产权战略意识，在学习别人的同时立足自主创新，提高知识产权创造、运用和保护的能力。

（3）在日常生产经营活动中、学术交流活动中严格依法办事。不侵害他人的知识产权；不盗用他人的专利技术；不制造、不使用、不传播假冒产品；不盗用和仿造他人的商标、产品标识和外观设计。

（4）积极参与宣传保护知识产权的社会活动，与社会各界共同致力于知识产权事业的健康发展。认真履行与知识产权相关的社会责任，增强全社会知识产权保护意识，为切实推进我国知识产权保护事业的发展做出贡献。

4. 如何申请专利

专利申请：一项发明创造必须由申请人向政府主管部门（在中国，是中华人民共和国国家知识产权局）提出专利申请，经中华人民共和国国家知识产权局依照法定程序审查批准后，才能取得专利权。在中国，发明创造包括三种类型，分别是发明、实用新型和外观设计。在申请阶段，分别称之为发明专利申请、实用新型专利申请和外观设计专利申请。获得授权之后，分别称之为发明专利、实用新型专利和外观设计专利，此时，申请人就是相应专利的专利权人。

1）发明专利的申请

发明专利申请审批流程：专利申请→受理→初审→公布→实质审查请求→实质审查→授权。申请发明专利所需要提交的文件有：

（1）请求书：包括发明专利的名称、发明人或设计人的姓名、申请人的姓名和名称、地址等。

（2）说明书：包括发明专利的名称、所属技术领域、背景技术、发明内容、附图说明和具体实施方式。

（3）权利要求书：说明发明的技术特征，清楚、简要地表述请求保护的内容。

（4）说明书附图：发明专利常有附图，如果仅用文字就足以清楚、完整地描述技术方案的，可以没有附图。

2）实用新型专利的申请

实用新型专利申请审批流程：专利申请→受理→初审→授权。申请发明专利所需要提交的文件有：

（1）请求书：包括实用新型专利的名称、发明人或设计人的姓名、申请人的姓名和名称、地址等。

（2）说明书：包括实用新型专利的名称、所属技术领域、背景技术、发明内容、附图说明和具体实施方式。说明书内容的撰写应当详尽，所述的技术内容应以所属技术领域的普通技术人员阅读后能予以实现为准。

（3）权利要求书：说明实用新型的技术特征，清楚、简要地表述请求保护的内容。

（4）说明书附图：实用新型专利一定要有附图说明。

（5）说明书摘要：清楚地反映发明要解决的技术问题，解决该问题的技术方案的要点以及主要用途。

小试牛刀：专利的种类有发明专利、实用新型专利和外观设计专利，请查阅资料完成下面的内容。

（1）外观专利的申请审批流程：

____

（2）外观专利申请需要提交的文件：

①______________________________

②______________________________

③______________________________

（3）总结发明专利申请与实用新型专利申请的异同对此，并填表 6-2。

表 6-2　发明专利与实用新型专利对比

名称	发明专利	实用新型专利
相同之处		
不同之处		

小贴士：在向国家专利机关提出专利申请时，应提交一系列的申请文件，如请求书、说明书、摘要和权利要求书等。在专利的申请方面，世界各国专利法的规定基本一致，可以自己申请或者找代理事务所申请。专利申请材料的撰写需严格按照要求，语句措辞也有特定的表达方式，为了提高申请效率，可以按照要求自行撰写专利技术文件，请专利代理事务所在措辞方面进行修改润色。

三、专利技术文件撰写

专利申请最重要的部分是专利技术文件的撰写，技术文件的撰写质量直接影响着专利的授权。本项目介绍如何撰写专利技术交底书，专利技术交底书主要从专利名称、技术领域、技术背景、发明内容、附图说明、具体实施方式等几个方面对撰写内容进行详细描述。

专利开发

1. 专利名称

专利名称应简明、准确地表明发明专利请求保护的主题。名称中不应含有非技术性词语，不得使用商标、型号、人名、地名或商品名称等。名称应与请求书中的名称完全一致，不得超过25个字，应写在专利说明书首页正文部分的上方居中位置。

2. 技术领域

所属技术领域应指出本发明技术方案所属或直接应用的技术领域，如家用电器领域、智能机器人领域、水利水电领域等。

3. 技术背景

技术背景是指对发明的理解、检索、审查有用的技术，可以引证反映这些技术背景的文件。技术背景是对最接近的现有技术的说明，它是做出实用技术新型技术方案的基础。此外，还要客观地指出技术背景中存在的问题和缺点，引证文献、资料等应写明其出处。

4. 发明内容

发明内容应包括发明所要解决的技术问题、解决其技术问题所采用的技术方案及其有益效果。

（1）要解决的技术问题：是指要解决的现有技术中存在的技术问题，应当针对现有技术存在的缺陷或不足，用简明、准确的语言写明发明所要解决的技术问题，也可以进一步说明其技术效果，但是不得采用广告式宣传用语。

（2）技术方案：是申请人对其要解决的技术问题所采取的技术措施的集合。技术措施通常是由技术特征来体现的。技术方案应当清楚、完整地说明发明的形状、构造特征，说明技术方案是如何解决技术问题的，必要时应说明技术方案所依据的科学原理。撰写技术方案时，机械产品应描述必要零部件及其整体结构关系；涉及电路的产品，应描述电路的连接关系；机电结合的产品还应写明电路与机械部分的结合关系；涉及分布参数的申请时，应写明元器件的相互位置关系；涉及集成电路时，应清楚公开集成电路的型号、功能等。如“试电笔”的构造特征包括机械构造及电路的连接关系，因此既要写明主要机械零部件及其整体结构的关系，又要写明电路的连接关系。技术方案不能仅描述原理、动作及各零部件的名称、功能或用途。

（3）有益效果：是发明和现有技术相比所具有的优点及积极效果，它是由技术特征直接带来的或者是由技术特征产生的必然的技术效果。

5. 附图说明

附图说明应写明各附图的图名和图号，对各幅附图做简略说明，必要时可将附图中标号所示零部件名称列出，以“一种组合式变压器”附图为例，如图 6-2 所示。

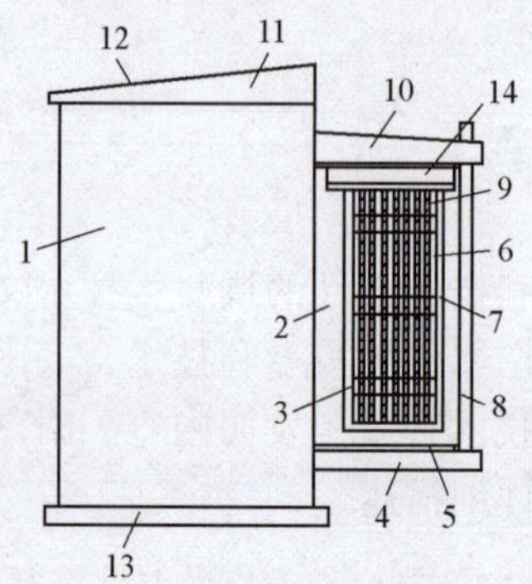

图 6-2 “一种组合式变压器”附图样例

1—高压箱；2—油浸式变压器箱；3—固定板；4—托板；5—嵌条；6—通槽；7—围板；8—挡板；9—散热片；10—顶板；11—导雨板；12—斜面；13—安装底板；14—斜板

6. 具体实施方式

具体实施方式是发明优选的具体实施例。具体实施方式应当对照附图对发明的形状、构造进行说明，实施方式应与技术方案相一致，并且应当对权利要求的技术特征给予详细说明，以支持权利要求。附图中的标号应写在相应的零部件名称之后，使所属技术领域的技术人员能够理解和实现，必要时说明其动作过程或者操作步骤。如果有多个实施例，每个实施例都必须与本发明所要解决的技术问题及其有益效果相一致。

四、项目案例解析

1. 实用新型专利技术文件撰写

1）专利名称

“一种随身感智能插座”。

2）所属技术领域

本实用新型涉及插座技术领域，尤其涉及一种随身感智能插座。

3）技术背景

现有的中国专利数据库中公开了《一种集成温湿度传感器的智能插座》的专利，其申请号为 201520939047.4，申请日为 2015.11.23，授权公告号 CN205355434U，授权公告日 2016.06.29，该装置包括插座体、插座孔和插座头。插座体上设置有采集当前环境的温度信息的温度传感器、采集当前环境的湿度信息的湿度传感器和与每个设备均对应设置的一个调控单元，插座体内部设置有控制器和无线通信模块，无线通信模块包括无线发射单元和无线接收单元。温度传感器和湿度传感器将采集到的当前环境的温湿度信息传送给控制器，控制器将经过处理之后通过无线发射单元发送给路由器，路由器与外部的手持控制器

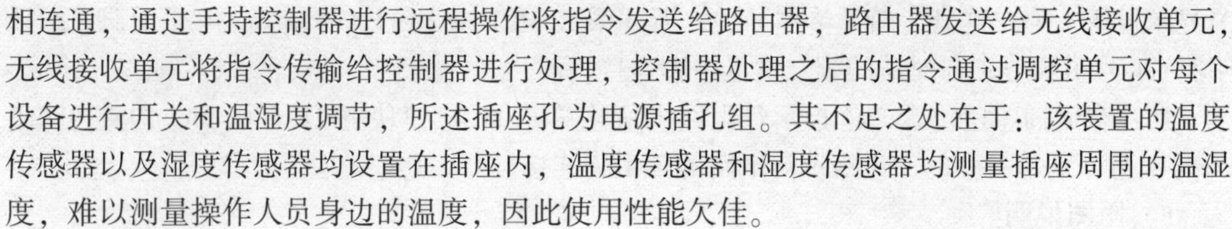

相连通，通过手持控制器进行远程操作将指令发送给路由器，路由器发送给无线接收单元，无线接收单元将指令传输给控制器进行处理，控制器处理之后的指令通过调控单元对每个设备进行开关和温湿度调节，所述插座孔为电源插孔组。其不足之处在于：该装置的温度传感器以及湿度传感器均设置在插座内，温度传感器和湿度传感器均测量插座周围的温湿度，难以测量操作人员身边的温度，因此使用性能欠佳。

4）发明内容

本实用新型的目的是针对现有技术存在的不足，即难以检测操作人员身边的温湿度，提供一种随时测量操作人员周围温度，从而控制通断的随身感智能插座。

为了实现上述目的，本实用新型一种随身感智能插座所采取的技术方案：

一种随身感智能插座，包括随身遥控器以及通过随身遥控器电信号控制的智能插座，所述随身遥控器包括第一电源模块、温度传感器、湿度传感器、第一键盘、第一显示器、无线通信发射模块以及第一 MCU 模块，所述第一电源模块、温度传感器、湿度传感器、第一键盘、第一显示器、无线通信发射模块均与第一 MCU 模块电连接，所述第一 MCU 模块用于处理温度传感器、湿度传感器的数据，同时将处理的数据通过无线通信发射模块发出，所述智能插座包括第二键盘、无线通信接收模块、第二电源模块、第二显示器、继电器以及第二 MCU 模块，所述第二键盘、无线通信接收模块、第二电源模块、第二显示器、继电器均与第二 MCU 模块电连接，无线通信接收模块与无线通信发射模块电信号连接。

本实用新型工作时，操作人员根据随身遥控器第一显示器上显示的温度数据以及湿度数据，操作人员根据需求控制第一键盘，使用无线通信发射模块将信号传送到无线通信接收模块，第二 MCU 模块控制智能插座通断，从而控制插在智能插座上的设备工作。

与现有技术相比，本实用新型的有益效果为：由于温度传感器和湿度传感器均设置在随身遥控器内，随身遥控器可以实时监控操作人员周围的温度数据和湿度数据，从而可根据温度数据和湿度数据，远程控制智能插座的通断，从而控制插在智能插座上的外设装置，来调节操作人员周围的温湿度。

所述第一 MCU 模块采用 STC15W408AS-LQFP44 型号的单片机，温度传感器采用 DS18B20 型号的温度传感器，湿度传感器采用 DHT11 型号的湿度传感器，无线通信发射模块采用 nRF24L01 Module 型号的无线收发器，第一电源模块包括采用 USB-Micro 型号的 USB 接口、采用 CH340G 模块的 USB-TTL 转换电路以及采用 AMS1117-3.3 型号的 DC/DC 电源转换电路，第一显示器采用 LCM1602 的液晶显示模块，第一键盘为四开单控开关，所述第一 MCU 模块的 6 号引脚与湿度传感器的 DATA 引脚接通，第一 MCU 模块的 8 号引脚、9 号引脚、10 号引脚、11 号引脚分别与对应的第一键盘引脚连接，所述第一 MCU 模块的 34 号引脚与温度传感器的 DQ 引脚接通。

所述随身遥控器还包括三色指示灯电路以及蜂鸣器驱动电路，所述第一 MCU 模块的 36 号引脚、37 号引脚、38 号引脚分别与对应的三色指示灯电路的三引脚连接，所述蜂鸣器驱动电路引脚与第一 MCU 模块的 35 号引脚接通。

所述第二 MCU 模块采用 STC15W404AS-SOP28 型号的单片机，无线通信接收模块采用 nRF24L01 Module 型号的无线收发器，第二电源模块包括采用 USB-Micro 型号的 USB 接口、采用 AC 220 V-DC 5 V 型号的 AC/DC 电源转换电路、采用 CH340G 模块的 USB-TTL 转换电路以及采用 AMS1117-3.3 型号的 DC/DC 电源转换电路，第二显示器采用 LCM1602 的液晶显示模块，第二键盘为四开单控开关，所述第二 MCU 模块的 3 号引脚、4 号引脚、5 号引脚、6 号引脚分别与对应的第二键盘引脚连接。

所述智能插座还包括三色指示灯电路，所述第二 MCU 模块的 18 号引脚、19 号引脚、20 号引脚分别与对应的三色指示灯电路的三引脚连接。

5）附图说明

附图 1 所示为本实用新型中随身遥控器的连接示意图。

附图 2 所示为本实用新型中智能插座的连接示意图。

附图 3 所示为本实用新型中第一 MCU 模块的引脚连接示意图。

附图 4 所示为本实用新型中无线通信发射模块的引脚连接示意图。

附图 5 所示为本实用新型中温度传感器的引脚连接示意图。

附图 6 所示为本实用新型中湿度传感器的引脚连接示意图。

附图 7 所示为本实用新型中第一显示器的引脚连接示意图。

附图 8 所示为本实用新型中第一键盘的引脚连接示意图。

附图 9 所示为本实用新型中 USB 接口的引脚连接示意图。

附图 10 所示为本实用新型中 USB-TTL 转换电路的引脚连接示意图。

附图 11 所示为本实用新型中 DC/DC 电源转换电路的引脚连接示意图。

附图 12 所示为本实用新型中 AC/DC 电源转换电路的引脚连接示意图。

附图 13 所示为本实用新型中第二 MCU 模块的引脚连接示意图。

附图 14 所示为本实用新型中无线通信接收模块的引脚连接示意图。

附图 15 所示为本实用新型中继电器的引脚连接示意图。

附图 16 所示为本实用新型中第二显示器的引脚连接示意图。

附图 17 所示为本实用新型中第二键盘的引脚连接示意图。

附图 18 所示为本实用新型中三色指示灯电路的引脚连接示意图。

附图 19 所示为本实用新型中蜂鸣器驱动电路的引脚连接示意图。

其中，1—随身遥控器；101—第一电源模块；102—温度传感器；103—湿度传感器；104—第一键盘；105—第一显示器；106—无线通信发射模块；107—第一 MCU 模块；2—智能插座；201—第二键盘；202—无线通信接收模块；203—第二电源模块；204—第二显示器；205—继电器；206—第二 MCU 模块。

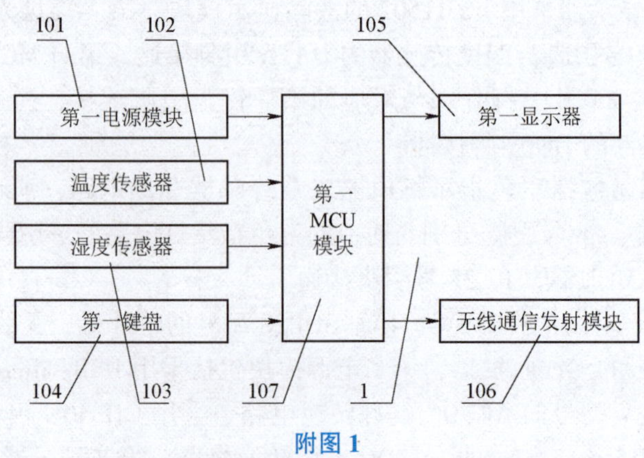

附图 1

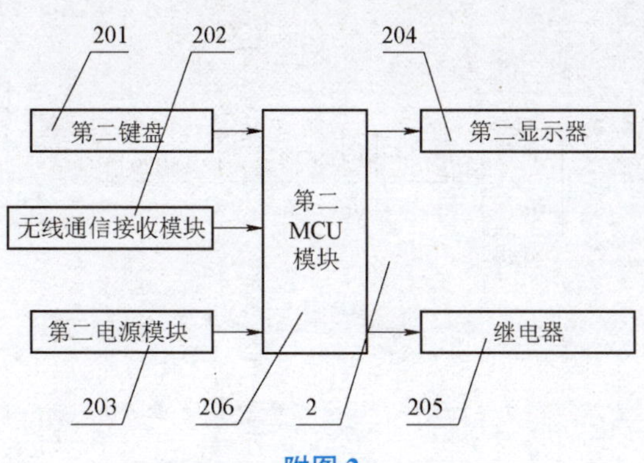

附图 2

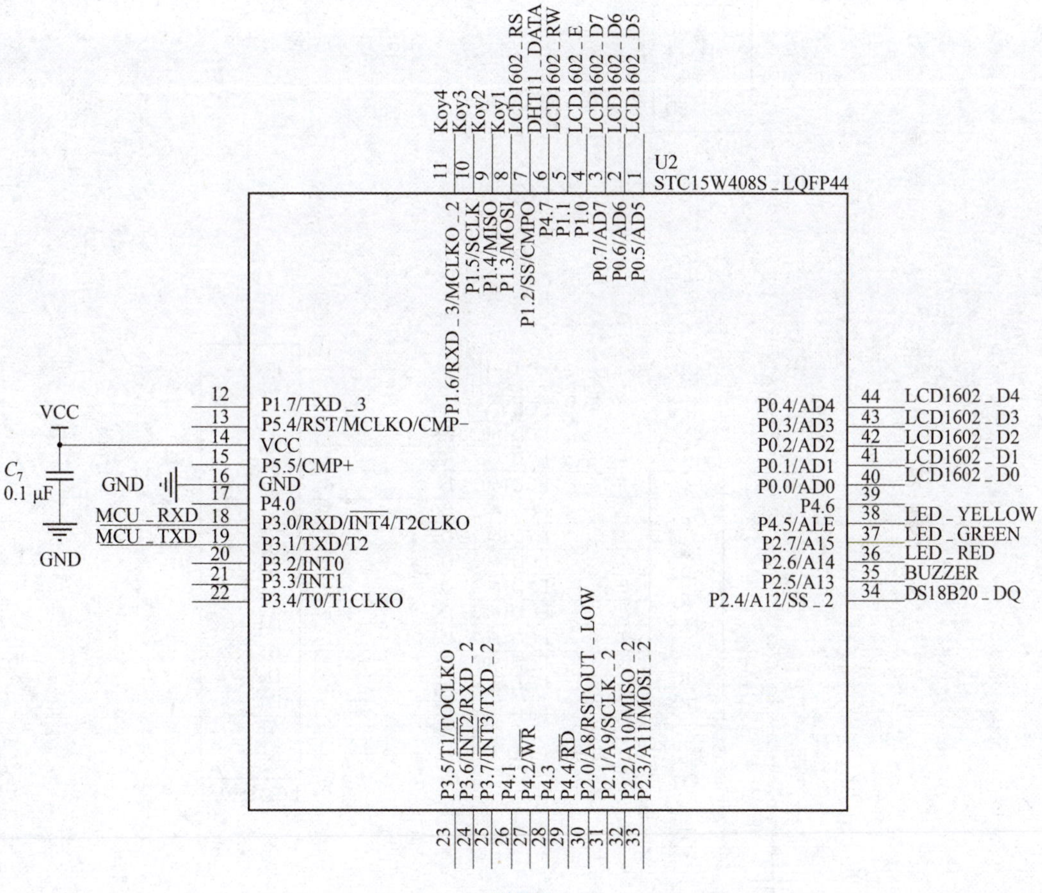

U2
STC15W408S_LQFP44

Koy4 11 P1.6/RXD_3/MCLKO_2
Koy3 10 P1.5/SCLK
Koy2 9 P1.4/MISO
Koy1 8 P1.3/MOSI
LCD1602_RS 7 P1.2/SS/CMPO
DHT11_DATA 6 P4.7
LCD1602_RW 5 P1.1
LCD1602_E 4 P1.0
LCD1602_D7 3 P0.7/AD7
LCD1602_D6 2 P0.6/AD6
LCD1602_D5 1 P0.5/AD5

12 P1.7/TXD_3
13 P5.4/RST/MCLKO/CMP-
VCC 14 VCC
15 P5.5/CMP+
C_7 0.1 μF
GND 16 GND
17 P4.0
MCU_RXD 18 P3.0/RXD/INT4/T2CLKO
MCU_TXD 19 P3.1/TXD/T2
20 P3.2/INT0
21 P3.3/INT1
22 P3.4/T0/T1CLKO
GND

P0.4/AD4 44 LCD1602_D4
P0.3/AD3 43 LCD1602_D3
P0.2/AD2 42 LCD1602_D2
P0.1/AD1 41 LCD1602_D1
P0.0/AD0 40 LCD1602_D0
P4.6 39
P4.5/ALE 38 LED_YELLOW
P2.7/A15 37 LED_GREEN
P2.6/A14 36 LED_RED
P2.5/A13 35 BUZZER
P2.4/A12/SS_2 34 DS18B20_DQ

23 P3.5/T1/T0CLKO
24 P3.6/INT2/RXD_2
25 P3.7/INT3/TXD_2
26 P4.1
27 P4.2/WR
28 P4.3
29 P4.4/RD
30 P2.0/A8/RSTOUT_LOW
31 P2.1/A9/SCLK_2
32 P2.2/A10/MISO_2
33 P2.3/A11/MOSI_2

附图 3

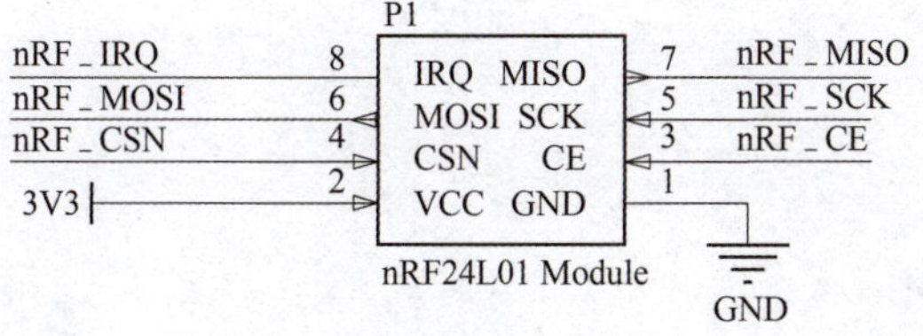

附图 4

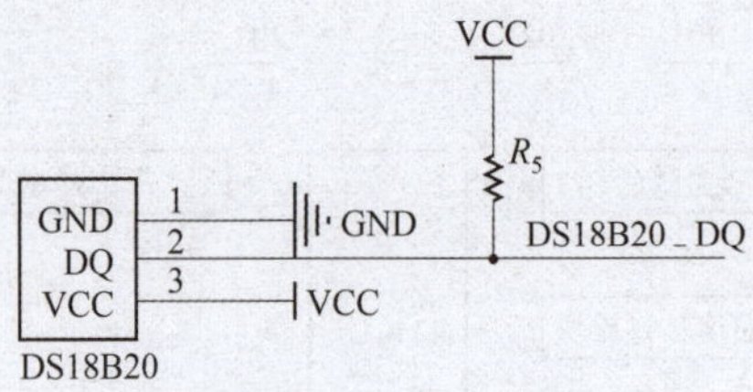
VCC
R_5
GND
DQ
VCC
1
2
3
GND
DS18B20 _ DQ
VCC
DS18B20

附图 5

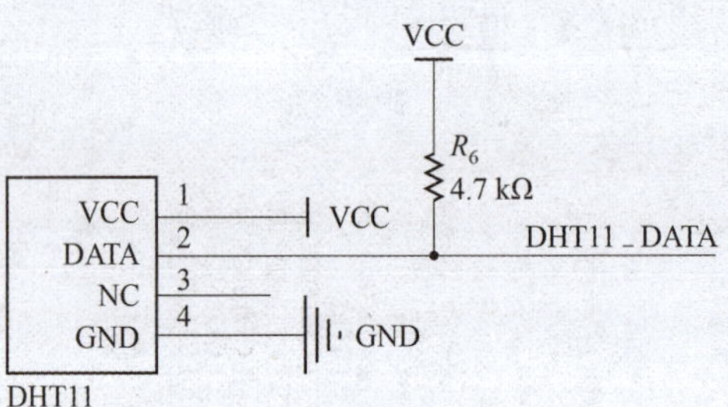
VCC
R_6
4.7 kΩ
VCC
DATA
NC
GND
1
2
3
4
VCC
DHT11 _ DATA
GND
DHT11

附图 6

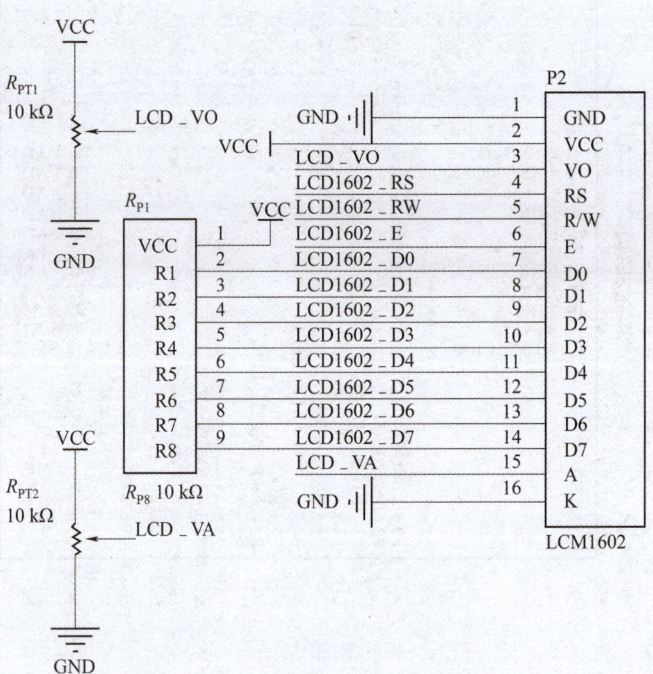
VCC
R_{PT1}
10 kΩ
LCD _ VO
GND
R_{P1}
VCC
R1
R2
R3
R4
R5
R6
R7
R8
R_{P8} 10 kΩ
VCC
R_{PT2}
10 kΩ
LCD _ VA
GND
P2
GND
VCC
LCD _ VO
LCD1602 _ RS
LCD1602 _ RW
LCD1602 _ E
LCD1602 _ D0
LCD1602 _ D1
LCD1602 _ D2
LCD1602 _ D3
LCD1602 _ D4
LCD1602 _ D5
LCD1602 _ D6
LCD1602 _ D7
LCD _ VA
GND
GND
VCC
VO
RS
R/W
E
D0
D1
D2
D3
D4
D5
D6
D7
A
K
LCM1602

附图 7

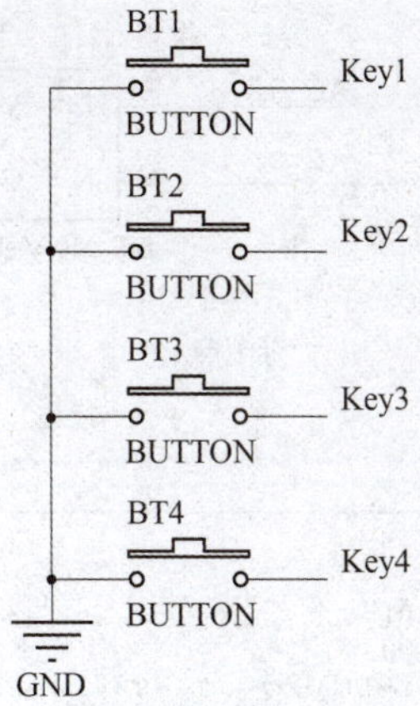

附图 8

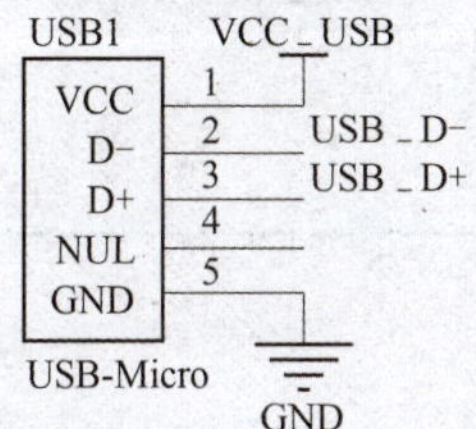

附图 9

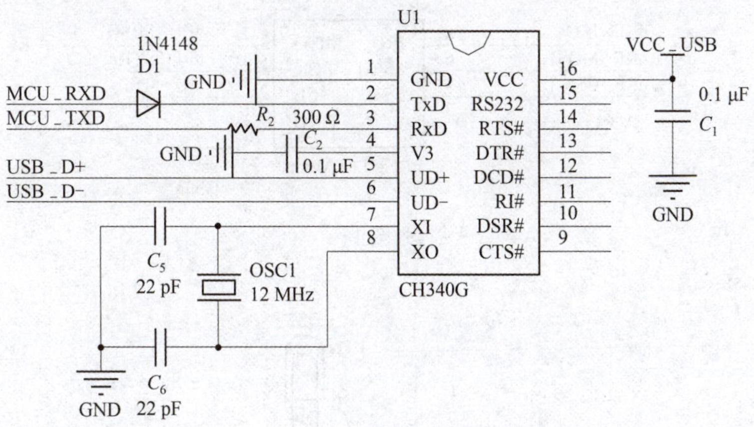

附图 10

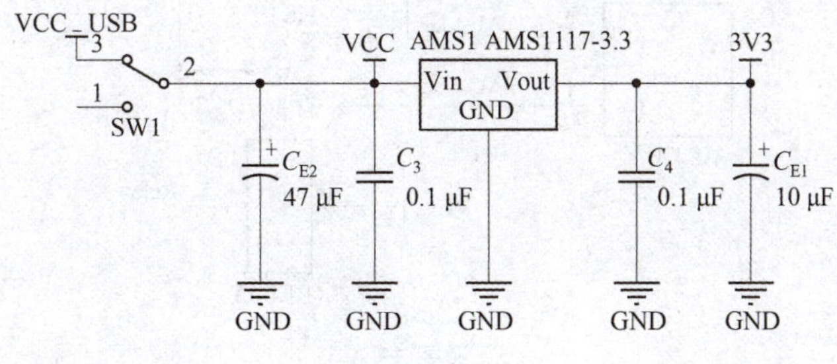

附图 11

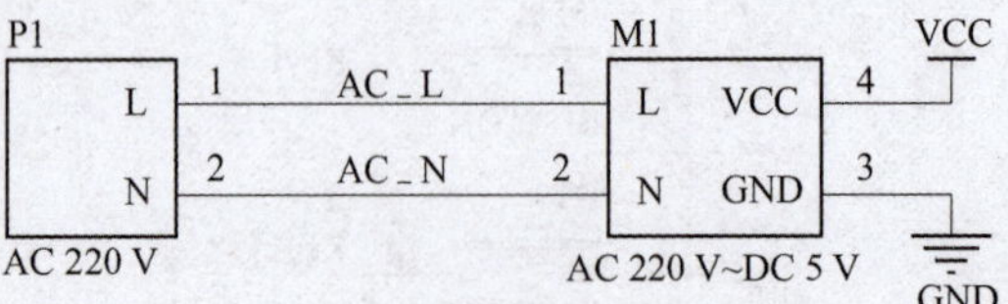

附图 12

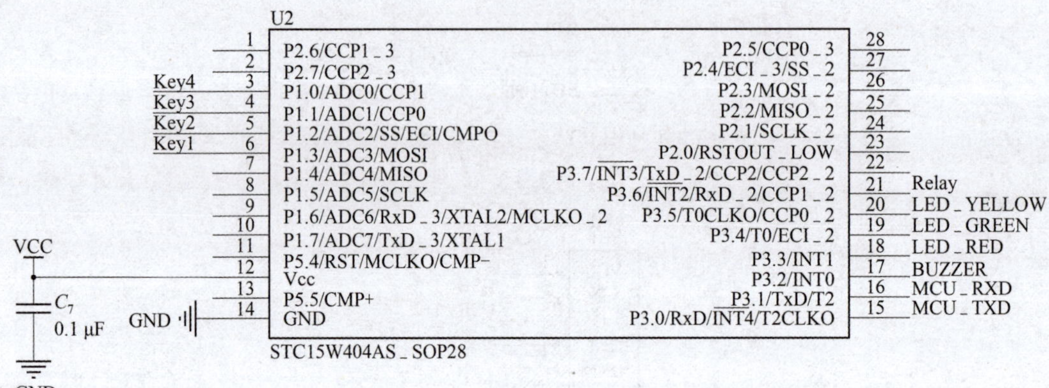

附图 13

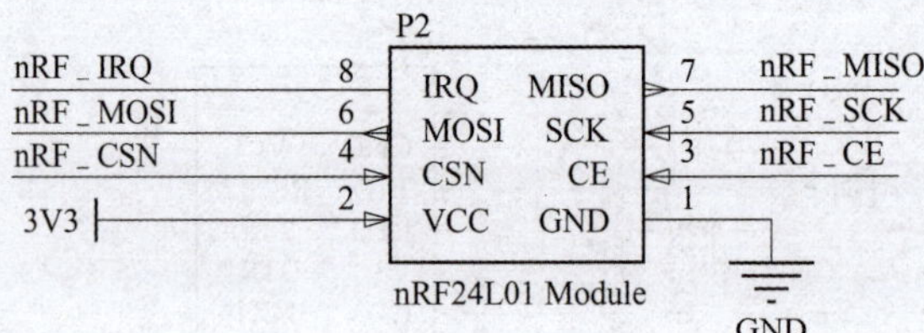

附图 14

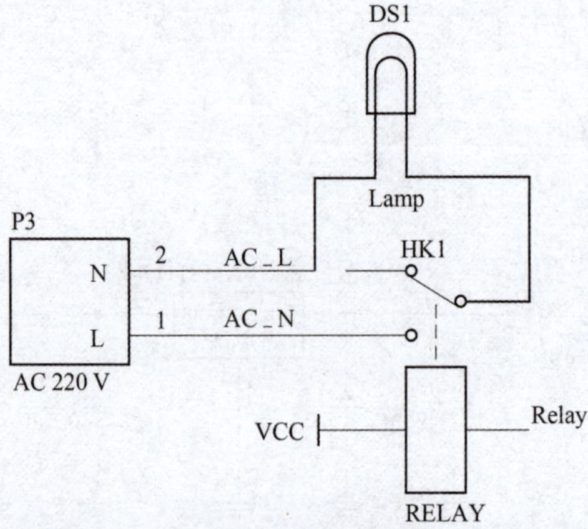

附图 15

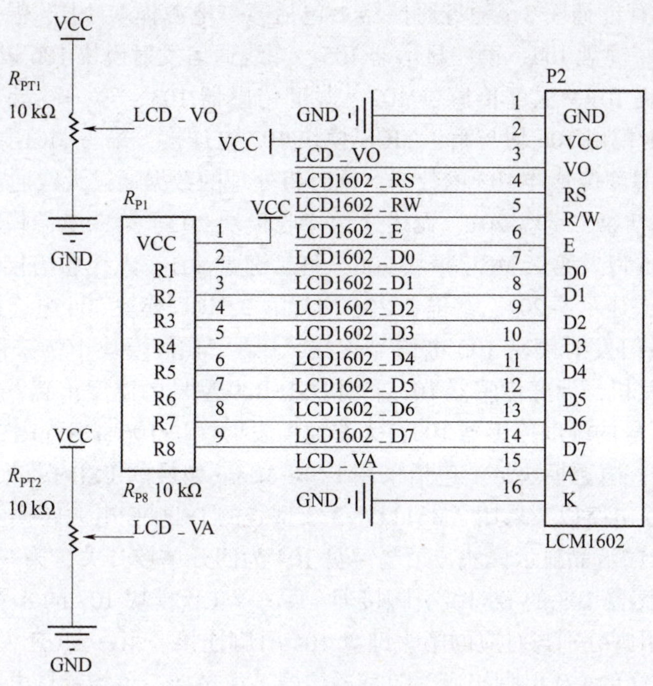

附图 16

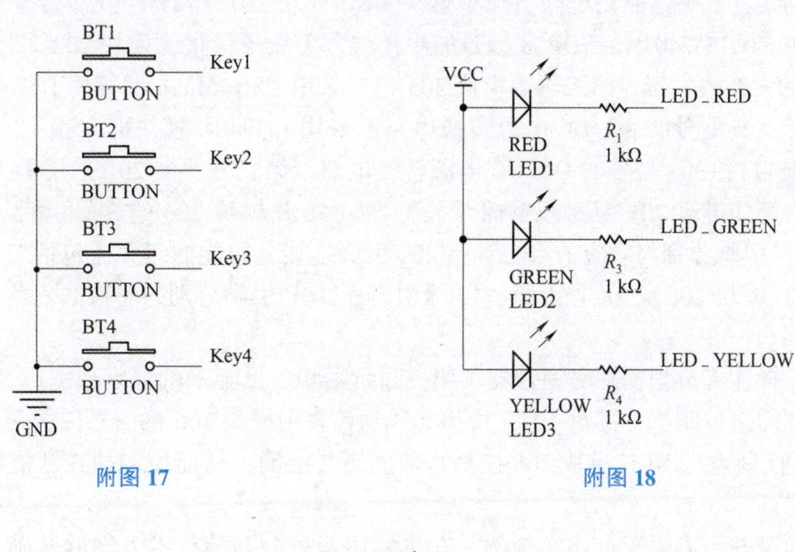

附图 17　　　　附图 18

VCC
BUZZER
BZ1
Buzzer 300 mil

附图 19

6）具体实施方式

附图 1～附图 19 所示为一种随身感智能插座，包括有随身遥控器 1 以及通过随身遥控器 1 电信号控制的智能插座 2，随身遥控器 1 包括第一电源模块 101、温度传感器 102、湿度传感器 103、第一键盘 104、第一显示器 105、无线通信发射模块 106 以及第一 MCU 模块 107，第一电源模块 101、温度传感器 102、湿度传感器 103、第一键盘 104、第一显示器 105、无线通信发射模块 106 均与第一 MCU 模块 107 电连接，第一 MCU 模块 107 用于处理温度传感器 102、湿度传感器 103 的数据，同时将处理的数据通过无线通信发射模块 106 发出，智能插座 2 包括第二键盘 201、无线通信接收模块 202、第二电源模块 203、第二显示器 204、继电器 205 以及第二 MCU 模块 206，第二键盘 201、无线通信接收模块 202、第二电源模块 203、第二显示器 204、继电器 205 均与第二 MCU 模块 206 电连接，无线通信接收模块 202 与无线通信发射模块 106 电信号连接，第一 MCU 模块 107 采用 STC15W408AS-LQFP44 型号的单片机，温度传感器 102 采用 DS18B20 型号的温度传感器 102，湿度传感器 103 采用 DHT11 型号的湿度传感器 103，无线通信发射模块 106 采用 nRF24L01 Module 型号的无线收发器，第一电源模块 101 包括采用 USB-Micro 型号的 USB 接口、采用 CH340G 模块的 USB-TTL 转换电路以及采用 AMS1117-3.3 型号的 DC/DC 电源转换电路，第一显示器 105 采用 LCM1602 的液晶显示模块，第一键盘 104 为四开单控开关，第一 MCU 模块 107 的 6 号引脚与湿度传感器 103 的 DATA 引脚接通，第一 MCU 模块 107 的 8 号引脚、9 号引脚、10 号引脚、11 号引脚分别与对应的第一键盘 104 引脚连接，第一 MCU 模块 107 的 34 号引脚与温度传感器 102 的 DQ 引脚接通，随身遥控器 1 还包括三色指示灯电路以及蜂鸣器驱动电路，第一 MCU 模块 107 的 36 号引脚、37 号引脚、38 号引脚分别与对应的三色指示灯电路的三引脚连接，蜂鸣器驱动电路引脚与第一 MCU 模块 107 的 35 号引脚接通，第二 MCU 模块 206 采用 STC15W404AS-SOP28 型号的单片机，无线通信接收模块 202 采用 nRF24L01 Module 型号的无线收发器，第二电源模块 203 包括采用 USB-Micro 型号的 USB 接口、采用 AC 220 V-DC 5 V 型号的 AC/DC 电源转换电路、采用 CH340G 模块的 USB-TTL 转换电路以及采用 AMS1117-3.3 型号的 DC/DC 电源转换电路，第二显示器 204 采用 LCM1602 的液晶显示模块，第二键盘 201 为四开单控开关，第二 MCU 模块 206 的 3 号引脚、4 号引脚、5 号引脚、6 号引脚分别与对应的第二键盘 201 引脚连接，智能插座 2 还包括三色指示灯电路，第二 MCU 模块 206 的 18 号引脚、19 号引脚、20 号引脚分别与对应的三色指示灯电路的三引脚连接。

工作时，操作人员根据随身遥控器 1 第一显示器 105 上显示的温度数据以及湿度数据，操作人员根据需求控制第一键盘 104，使用无线通信发射模块 106 将信号传送到无线通信接收模块 202，控制第二 MCU 模块 206 控制智能插座 2 通断，从而控制插在智能插座 2 上的设备工作。

本实用新型并不局限于上述实施例，在本实用新型公开的技术方案的基础上，本领域的技术人员可根据所公开的技术内容，不需要创造性的劳动就可以对其中的一些技术特征做出一些替换和变型，这些替换和变型均在本实用新型的保护范围内。

2. 发明专利技术文件撰写

1）专利名称

“一种轨道式巡检机器人行走控制方法、系统及机器人”。

2）所属技术领域

本发明属于巡检机器人领域，具体涉及一种轨道式巡检机器人行走控制方法、系统及

机器人。

3）技术背景

国内外对水利行业设施的监测一般采用无人机或常规摄像头，对于空间结构复杂的水利设施，给无人机的飞行带来潜在的威胁；单个摄像头监测范围有限，需要大量摄像头才能覆盖全部监测区，大量摄像头需要配备大量的磁盘阵列及视频服务器，设备成本、施工成本及维护成本都较高。目前，采用导磁轨道式巡检机器人进行巡检的方式已经开始作为一个主要的研究方向，但是目前机器人的运行都是通过电机进行传动，采用这种方式不但噪声大而且功耗高，电机寿命直接影响机器人的使用。

4）发明内容

根据本发明第一方面实施例的轨道式机器人行走控制方法，包括以下步骤：将机器人吊装于导磁轨道上；机器人通过电磁力与所述导磁轨道作用，使其自身沿导磁轨道运行；停止作用于所述导磁轨道上的电磁力，机器人静止于所述导磁轨道上。

本发明的轨道式机器人行走控制方法，至少具有以下技术效果：通过电磁力为动力驱动机器人运转，相对于传统的电机驱动噪声会更小，同时采用电磁驱动的方式也会使运动能量的损耗降低。通过将机器人吊装于导磁轨道上，相较于设置于导磁轨道上方的方式，可以使机器人固定更为简洁和牢靠。

所述电磁力通过螺线管式直流线圈产生，所述螺线管式直流线圈和所述导磁轨道之间的夹角为 θ。

所述机器人还通过制动电磁力与所述导磁轨道作用，所述制动电磁力通过制动螺线管式直流线圈产生，所述制动电磁力与所述电磁力在所述导磁轨道上的分力方向相反。

所述机器人静止于所述导磁轨道上通过惯性运动自然停止或通过所述电磁力进行制动停止。

根据本发明第二方面实施例的机器人行走控制系统，包括行走机构、壳体以及设置于所述壳体上的控制单元、螺线管式直流线圈、制动螺线管式直流线圈、蓄电池；所述行走机构用于活动连接导磁轨道；所述壳体设置于所述导磁轨道下方并与所述行走机构连接；所述蓄电池、螺线管式直流线圈、制动螺线管式直流线圈皆与所述控制单元电性连接。

本发明的机器人行走控制系统，至少具有以下技术效果：通过螺线管式直流线圈、制动螺线管式直流线圈可以使机器人与导磁轨道之间产生电磁力和制动电磁力，通过电磁力和制动电磁力实现对机器人的正向和反向运动的控制，同时也具备了正向和反向制动的能力。机器人通过内置蓄电池，可以让机器人的运行摆脱电缆的限制，同时通过设置充电桩，也可以方便机器人进行电量补充。

上述机器人行走控制系统还包括与所述控制单元电性连接的距离传感器，所述距离传感器用于检测与所述充电桩之间的距离。

上述机器人行走控制系统还包括两个分别与所述蓄电池连接的充电口，所述两个充电口分别为公插头和母插头；所述公插头用于连接充电桩。

根据本发明第三方面实施例的巡检机器人，包括任一上述的行走控制系统和设置于所述行走控制系统上的图像采集模块，所述图像采集模块与所述控制单元连接。所述行走控制系统吊装在所述导磁轨道上。

本发明的巡检机器人，至少具有以下技术效果：通过行走控制系统可以实现沿着轨道反向进行运动和制动。通过图像采集模块也可以实现对农作物的生产情况的实时采集。

所述导磁轨道通过大棚本身结构中的安装立柱进行安装。

所述充电桩设置于所述安装立柱上。

本发明的附加方面和优点将在下面的描述中部分给出，部分将从下面的描述中变得明显，或通过本发明的实践了解到。

5）附图说明

本发明的上述和/或附加的方面和优点结合下面附图对实施例的描述中将变得明显和容易理解，其中：

附图 1 所示为本发明实施例的电磁力的分解图。

附图 2 所示为本发明实施例的机器人主视简图。

附图 3 所示为本发明实施例的机器人剖视简图。

附图 4 所示为本发明实施例的机器人结构框图。

附图 5 所示为本发明实施例的整体结构简图。

其中，100—导磁轨道；200—充电桩；310—行走机构；320—壳体；330—图像采集模块；340—控制单元；350—螺线管式直流线圈；360—制动螺线管式直流线圈；370—距离传感器；380—充电口；400—安装立柱。

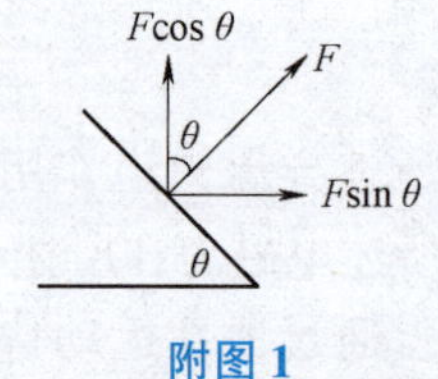

附图 1

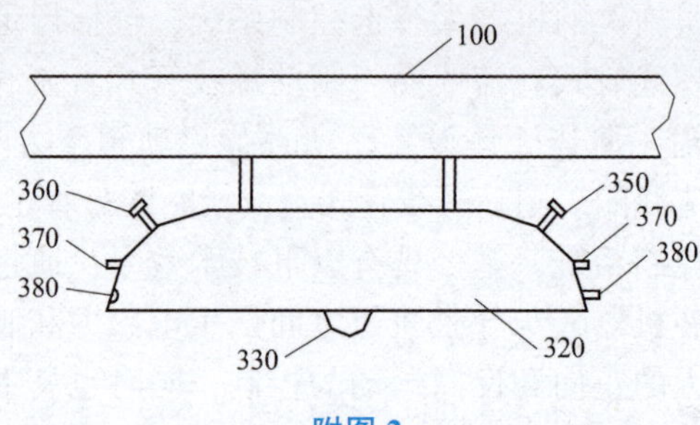

附图 2

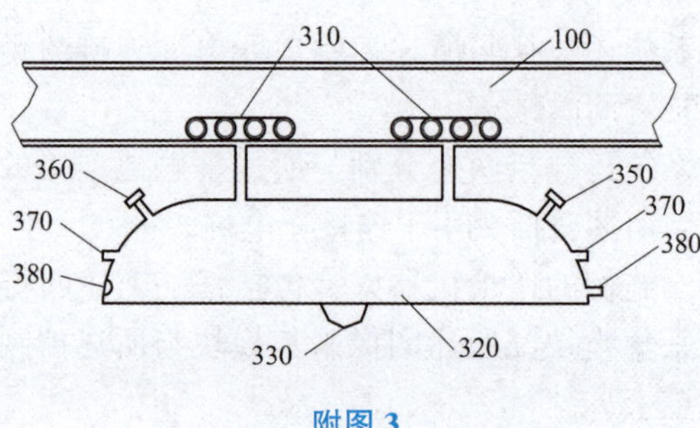

附图 3

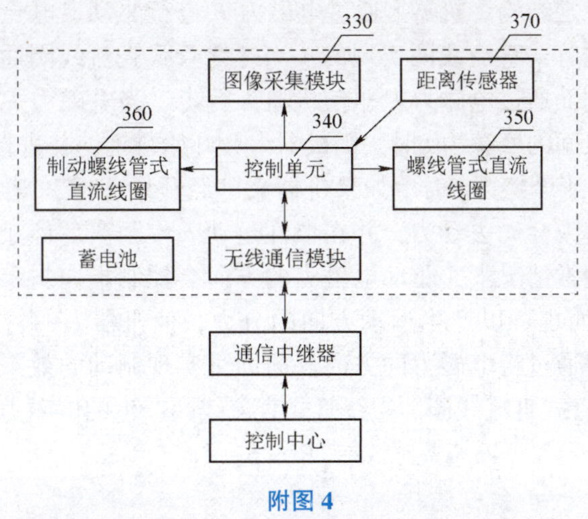

附图 4

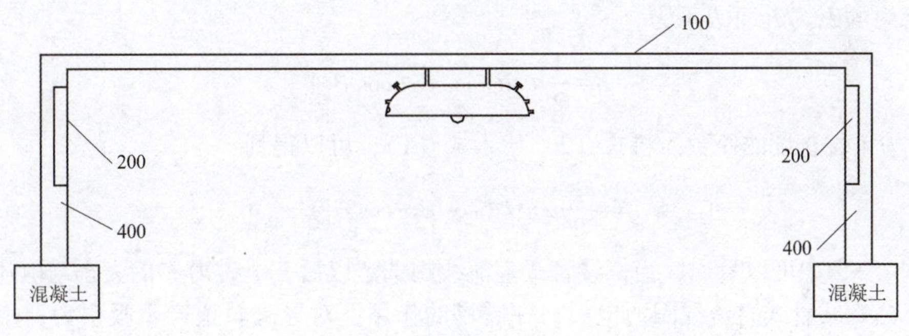

附图 5

6）具体实施方式

下面详细描述本发明的实施，实施的示例在附图中示出，其中自始至终相同或类似的标号表示相同或类似的元件或具有相同或类似功能的元件。下面通过参考附图描述的实施例是示例性的，仅用于解释本发明，而不能理解为对本发明的限制。

在本发明的描述中，如果有描述到第一、第二、第三、第四等只是用于区分技术特征为目的，而不能理解为指示或暗示相对重要性或者隐含指明所指示的技术特征的数量或者隐含指明所指示的技术特征的先后关系。

本发明的描述中，除非另有明确的限定，设置、连接等词语应做广义理解，所属技术领域技术人员可以结合技术方案的具体内容合理确定上述词语在本发明中的具体含义。

下面根据附图 1～附图 3 描述本发明第一方面实施例的轨道式巡检机器人行走控制方法。

发明实施例的轨道式巡检机器人行走控制方法，包括将机器人吊装于导磁轨道上；机器人通过电磁力与导磁轨道作用，使其自身沿导磁轨道运行；停止作用于导磁轨道上的电磁力，机器人静止于导磁轨道上。

参考附图 1～附图 3，机器人采用吊装的方式安装在导磁轨道的正下方。机器人的行走机构设置在导磁轨道的内部。吊装的方式相对于安装在导磁轨道上方的方式可以更为稳定，可以减少很多辅助的稳定结构。机器人通过电磁力 F 进行驱动。电磁力 F 的产生是通过设置在机器人内部的螺线管式直流线圈实现的，当螺线管式直流线圈通电后就会与导磁轨道之间产生相互作用，进而通过电磁力 F 驱使机器人行走。当电磁力 F 在轨道方向的分力大于机器人和导磁轨道之间的摩擦力 f 时，则机器人会开始行走，并进行加速运动。当电磁力 F 在运动方向的分力等于摩擦力 f 时，如果机器人已经开始运动，则会保持匀速直线运动。当停止电磁力时，机器人会失去动力，并在惯性运动一段距离后停止。机器人的运动关键是对电磁力的控制，通常情况下，驱动电磁力的方向会控制指向斜上方，这样一方面可以减小摩擦力 f，另一方面也可以产生运动方向的分力，使机器人的行走能够更加的节约能源；当需要反向进行时通过将电磁力的方向反向即可实现制动的效果。螺线管式直流线圈主要采用 24 V 的螺线管式直流线圈。螺线管式直流线圈产生的电磁力的大小可以表示为

$$F=\frac{B^2 \cdot S}{2\mu_0} \tag{1}$$

式中，μ_0 为空气的磁导率；S 为截面积；B 为磁场强度。以载流为 I 的螺线管式直流线圈为例，其管内的磁场 B 可表示为

$$B=\frac{1}{2}\mu_0 nI(\cos\beta_2-\cos\beta_1) \tag{2}$$

式中，n 为单位长度的匝数。将式（2）代入式（1），可以得到

$$F=\frac{1}{8}\mu_0 n^2 I^2(\cos\beta_2-\cos\beta_1)^2 s \tag{3}$$

从式（3）中可以看出，当螺线管式直流线圈选定以后，电磁力 F 的大小与电流的平方成正比。当螺线管式直流线圈通电后，在磁场的作用下对导磁轨道产生吸引力，由于导磁轨道固定且力的作用是相互的，导磁轨道对机器人产生大小相同方向相反的吸引力，这个吸引力可以看作是电磁力 F。参考附图 1，电磁力的方向与轨道之间的角度为 θ，将电磁力 F 做垂直方向和水平方向的力的分解，可以得到当 $F \cdot \sin\theta>f$ 时，才能使机器人运动。当机器人需要停止时，只需要停止向螺线管式直流线圈通电就可以停止产生电磁力 F，机器人会在摩擦力 f 的作用下停止。如果电磁力反向，则会加速机器人的停止。

根据本发明实施例的轨道式巡检机器人行走控制方法，通过电磁力为动力驱动机器人运转，相对于传统的电机驱动噪声会更小，同时采用电磁驱动的方式也会使运动能量的损耗降低。通过将机器人吊装于导磁轨道上，相较于设置于导磁轨道上方的方式，可以使机器人固定更为简捷和牢靠。

在本发明的一些实施例中，电磁力通过螺线管式直流线圈产生，螺线管式直流线圈和导磁轨道之间的夹角为 θ。螺线管式直流线圈的安装需要注意安装的方向，通常 θ 角的确定需要考虑实际的摩擦力、机器人的重量等因素，为了使机器人的运转更为节能，反应时间越快。

在本发明的一些实施例中，机器人还通过制动电磁力与导磁轨道作用，制动电磁力通过制动螺线管式直流线圈产生，制动电磁力与电磁力在导磁轨道上的分力方向相反。采用制动电磁力与电磁力进行配合工作，可以更好地加快机器人的运转效率。且通过制动电磁力和电磁力的协同使用，可以更容易和便捷地实现机器人沿轨道前后运行和制动。

在本发明的一些实施例中，机器人静止于导磁轨道上通过惯性运动自然停止或通过电

磁力进行制动停止。在实际使用中，需要根据实际情况选择停止的方式。在摩擦力较大或机器人运行速度较慢的情况下，可以直接选择惯性运动到停止，仅靠摩擦力进行制动。在一些运行速度快或较为紧急的情况下，则需要使用电磁力辅助进行制动。此外，通过制动电磁力进行制动也可以起到更好的制动效果，更可以采用制动电磁力和电磁力结合使用的方式进行制动。

在本发明的一些实施例中，机器人的一次运动过程大致分为以下几个阶段：电磁力 F 驱动机器人进行加速运动，持续时长 t_0；加速结束后，在 t_1 时长内快速降低电磁力 F 的大小，使电磁力 F 在导磁轨道方向的分力等于机器人与导磁轨道之间的摩擦力 f，使机器人进入匀速运行的状态；运行到目标地点停止电磁力，开始减速并停止运动，持续时长为 t_3。在 t_3 时间段内主要用于图像采集，且最好在机器人完全停止后进行采集，可以保证采集的图像清晰。在实际情况中，为了使机器人加速到合适速度后进行匀速运动，则加速时长 t_0 应该要适当不要太长，t_1 应该尽可能短。在通过 t_0、t_1 时段的调整后，则会进入匀速状态，匀速行走时长为 t_2，主要用于让机器人行走到接近目标位置，之后停止电磁力，或者在停止电磁力的同时还进行制动。

根据本发明第二方面实施例的机器人行走控制系统，包括行走机构 310、壳体 320，以及设置于壳体 320 上的控制单元 340、螺线管式直流线圈 350、制动螺线管式直流线圈 360、蓄电池；行走机构 310 用于活动连接导磁轨道 100；壳体 320 设置于导磁轨道 100 下方并与行走机构 310 连接；蓄电池、螺线管式直流线圈 350、制动螺线管式直流线圈 360 皆与控制单元 340 电性连接。

参考附图 2~附图 5，机器人行走控制系统吊装在导磁轨道 100 上，机器人在没有电时，会行走到充电桩 200 的位置进行充电。行走机构 310 主要是用于与导磁轨道 100 进行装配，并且可实现沿导磁轨道 100 方向进行移动。在一些实施例中，行走机构 310 具体采用了静音尼龙滑轮，一方面可以减小阻力，另一方面可以进一步减小噪声。螺线管式直流线圈 350、制动螺线管式直流线圈 360 在控制单元 340 控制下可以产生电磁力 F 和制动电磁力，为机器人行走控制系统提供行走的动力。蓄电池作为电能供给的重要来源，是整个机器人行走控制系统的动力源。控制器可采用 PLC 作为核心控制器件，具体采用三菱 5U 系列 PLC，具体型号为 FX5U-32MT/ES。

根据本发明的机器人行走控制系统，通过螺线管式直流线圈、制动螺线管式直流线圈可以使机器人与导磁轨道之间产生电磁力和制动电磁力，通过电磁力和制动电磁力实现对机器人的正向和反向运动的控制，同时也具备了正向和反向制动的能力。机器人通过内置蓄电池，可以让机器人的运行摆脱电缆的限制，同时通过设置充电桩，也可以方便机器人进行电量补充。

在本发明的一些实施例中，上述机器人行走控制系统还包括与控制单元 340 电性连接的距离传感器 370，距离传感器 370 用于检测与充电桩 200 之间的距离。距离传感器 370 用于检测与充电桩 200 之间或与其他机器人之间的距离。通过检测与充电桩 200 之间距离，可以及时减速，避免在运行到充电桩 200 的过程中因为制动不及时，造成不必要的损坏。同时，在实际生产中，通常会采用多个机器人，那么更需要采用距离传感器 370 来避免多个机器人之间发生碰撞。距离传感器 370 通常采用超声波距离传感器，超声波距离传感器具备准确度高且成本低、性能稳定等特点。此外，距离传感器 370 也可以采用激光测距传感器，但是成本会相较于超声波传感器有所提高。超声波传感器采用超声波接近开关，具体为佳美公司的 UM18-211126111。

在本发明的一些实施例中，上述机器人行走控制系统还包括两个分别与蓄电池连接的充电口 380，两个充电口 380 分别为公插头和母插头；公插头用于连接充电桩 200。通过这种设计，既可以满足不同形式的充电桩的要求，同时也可以实现多个机器人之间的电能交换。在机器人较多的情况下，有部分机器人可能无法接近充电桩 200，因此需要通过其他的充电桩进行充电。

根据本发明第三方面实施例的巡检机器人，包括上述任一的行走控制系统和设置于行走控制系统上的图像采集模块 330，图像采集模块 330 与控制单元 340 连接；行走控制系统吊装在导磁轨道 100 上。

参考附图 2~附图 5，图像采集模块 330 主要用于采集农作物的图像信息，在机器人每次运行一段时间后，会进行图像采集。采集图像可以直接存储到图像采集模块 330 中等后续统一进行处理，也可以采用性能较高的智能摄像设备，通过网络实现图像共享，直接完成图像的处理工作。对于图像的采集工作主要在 t_3 时间段内完成。此外，农作物的生长周期较长，因此对于机器人的运动速度不会要求很快。再通过采用电磁驱动的方式，可以进一步减小机器人产生的噪声。图像采集模块 330 采用 OpenMV，具体型号为 OpenMV4 H7。

根据本发明的机器人行走控制系统，通过行走控制系统可以实现沿着轨道方向进行运动和制动。通过图像采集模块也可以实现对农作物的生产情况的实时采集。

在本发明的一些实施例中，导磁轨道 100 通过大棚本身结构中的安装立柱 400 进行安装。在实际情况中，巡检机器人大多用于大面积范围的检测。以水利行业为例，导磁轨道 100 通常会直接通过水利设施结构中的安装立柱 400 进行安装，而不会再重新进行单独的安装。当然也可以单独进行安装布置，重新布置新的安装立柱 400，只不过成本要略微提高。

在本发明的一些实施例中，充电桩 200 设置于安装立柱 400 上。充电桩 200 可以进行单独的安装。但是直接复合到安装立柱 400 上可以进一步节省成本，同时也便于管理。

在本发明的一些实施例中，机器人还包括与控制单元 340 电性连接的无线通信模块。通过设置无线通信模块，一方面可以通过遥控的方式改变机器人的运行过程，另一方面也便于机器人及时地将采集的数据传输到控制中心。此外，还便于在具有多个机器人时，实现统一的控制。无线通信模块可采用 ZigBee 模块、蓝牙模块或网络模块。控制中心同样采用 PLC 作为控制部件，也可以直接采用计算机作为控制部件。

在本发明的一些实施例中，存在由多个机器人构成的巡检系统，在机器人数量增多时或机器人距离控制中心较远时，还需要通过通信中继器进行信息传输。通常通信中继器具有多个，每个通信中继器用于辅助多个机器人与控制中心进行数据交互。巡检面积较大时，控制中心很难通过自身的无线信号对远端实现控制，且机器人也很难独自将数据传回控制中心。此时增加适量的通信中继器进行信号加强可以使单个机器人的使用范围变得更大。

在本说明书的描述中，参考术语“一个实施例”“一些实施例”“示意性实施例”“示例”“具体示例”或“一些示例”等的描述意指结合该实施例或示例描述的具体特征、结构、材料或者特点包含于本发明的至少一个实施例或示例中。在本说明书中，对上述术语的示意性表述不一定指的是相同的实施例或示例。而且，描述的具体特征、结构、材料或者特点可以在任何的一个或多个实施例或示例中以合适的方式结合。

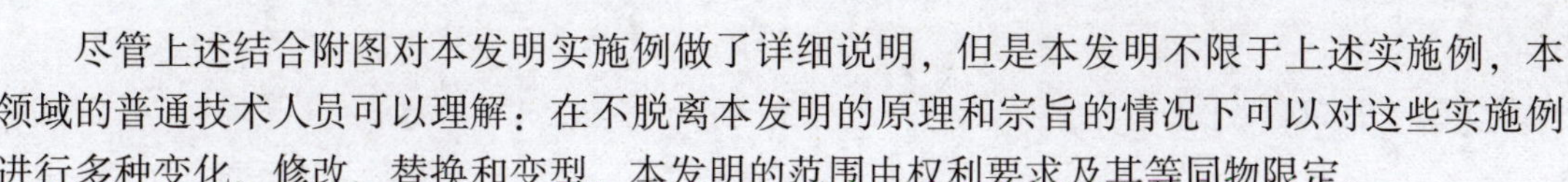

尽管上述结合附图对本发明实施例做了详细说明，但是本发明不限于上述实施例，本领域的普通技术人员可以理解：在不脱离本发明的原理和宗旨的情况下可以对这些实施例进行多种变化、修改、替换和变型，本发明的范围由权利要求及其等同物限定。

五、项目拓展实践

根据本模块中介绍的两个专利技术文件撰写案例，试以教材中某一个项目的拓展实践内容或者自拟项目为专利名称，以小组为单位，简要完成专利技术文件的撰写，内容如下：

1. 专利名称

____

____

2. 所属技术领域

____

____

3. 技术背景

4. 发明内容

5. 附图说明

六、展示评价

各小组自由展示创新成果，利用多媒体工具，图文并茂地介绍创新点具体内容、实施的思路及方法、实施过程中遇到的困难及解决办法、创新成果的呈现方式及相关文档整理情况。评价方式由组内自评、组间互评、教师评价三部分组成，围绕职业素养、专业能力综合应用、创新性思维和行动三部分，完成表 6-3 的填写。

表 6-3　项目评价

序号	评价项目	评价内容	分值	自评 30%	互评 30%	师评 40%	合计
1	职业素养 20 分	小组结构合理，成员分工合理	5				
		团队合作，交流沟通，相互协作	5				
		主动性强，敢于探索，不怕困难	5				
		能采用多样化手段检索收集信息	5				
2	专业能力综合应用 20 分	绘图正确、规范、美观	5				
		表述正确无误，逻辑严谨	5				
		能综合融汇多学科知识	10				
3	创新性思维和行动 60 分	项目拓展创新点挖掘	10				
		解决问题方法或手段的新颖性	10				
		创新点检索论证结果	20				
		项目创新点呈现方式	10				
		技术文档的完整、规范	10				
合计			100				
评价人签名：		时间：					

延伸阅读——“大国重器，工匠精神”

刘更生：修旧如旧　匠心楷模

1. 人物速写

凭借多年的经验和精湛技艺，心怀对中华传统文化的热爱与尊重，他先后参与了故宫博物院、国家博物馆、颐和园和香山等多处古旧家具的大修与复刻，让许多珍贵文物重现光彩；他数次承担国家外事活动所用家具的设计与制作，向世界展示着中式家具所蕴含的中华文化的独特魅力。

2. 人物事迹

刘更生是中国非物质文化遗产“京作”硬木家具制作技艺代表性传承人，从事“京作”硬木家具制作与古旧家具修复已近 40 年。他多次参与重要文物的大修与复制，2013 年故宫博物院“平安故宫”工程中，他成功修复故宫养心殿的无量寿宝塔、满雕麟龙大镜屏等数十件木器文物，复刻了故宫博物院金丝楠鸾凤顶箱柜、金丝楠雕龙朝服大柜，使经典再现、传承于世，为“京作”技艺、民族文化的继承和发扬做出了贡献。

他多次承担国家重点工程任务，参与制作了香山勤政殿、颐和园延赏斋、北京首都机场专机楼元首厅等项目的经典家具，设计制作了2014年APEC峰会21位元首桌椅、内蒙古自治区成立70周年大座屏、宁夏回族自治区成立60周年贺礼、国庆70周年天安门城楼内部木质装饰等国家重点工程家具。他设计的“APEC系列托泥圈椅”荣获世界手工艺产业博览会“国匠杯”银奖。2021年4月，天坛家具成为“北京2022年冬奥会和冬残奥会官方生活家具供应商”，他秉承“产业报国、传承经典”理念，向世界讲好中国优秀传统文化，在冬奥会场馆中再现中华传统文化魅力。

参 考 文 献

［1］石辛民，郝整清．模糊控制及其 MATLAB 仿真［M］．2 版．北京：北京交通大学出版社，2018．

［2］孟淑丽，于福华．电气控制技术［M］．北京：机械工业出版社，2022．

［3］张春林，赵自强．机械创新设计［M］．4 版．北京：机械工业出版社，2021．

［4］马长胜，王茗情，王云良．工业传感网应用技术［M］．北京：北京理工大学出版社，2021．

［5］蒙臻．电气设计创新实践［M］．西安：西安电子科技大学出版社，2022．

［6］杨亚芳，罗贤，刘黎．电气控制技术［M］．西安：西安电子科技大学出版社，2023．

［7］朱晓慧，党金顺，胡江川，等．电气控制技术［M］．2 版．北京：清华大学出版社，2023．

［8］蒋玲．电气控制技术及应用［M］．北京：电子工业出版社，2017．

［9］贺继伟，冯海明，赵丹丹．大学生创新创业指导教程［M］．北京：中国传媒大学出版社，2019．

［10］周恢，钟晓红．创新创业教育［M］．北京：北京理工大学出版社，2019．